HOFFNUNG IST KEINE STRATEGIE

CHRISTIAN UNDERWOOD
JÜRGEN WEIGAND

HOFFNUNG IST KEINE STRATEGIE

Mit dem StrategyFrame® Ihre Unternehmensstrategie einfach machen

Campus Verlag
Frankfurt/New York

Impressum
ISBN 978-3-593-51618-9 Print
ISBN 978-3-593-45166-4 E-Book (PDF)

Umschlag-, Buch- und Grafikdesign: ZIMMERMANN – Büro für visuelle Kommunikation

Druck und Bindung: Beltz Grafische Betriebe GmbH, Bad Langensalza
Beltz Grafische Betriebe ist ein Unternehmen mit finanziellem Klimabeitrag (ID 15985-2104-1001).

Printed in Germany
www.campus.de

Für Zoe und Brit

Für Nicole, Sebastian und Sammy

INHALT

STRATEGIEUMSETZUNG

VORWORT

Gestartet sind wir 2020 mit unserem Podcast »HOFFNUNG IST KEINE STRATEGIE«. In unserer langjährigen Arbeit in der Unternehmensberatung und Managementausbildung stellten wir immer wieder fest, dass Strategie für viele Entscheider*innen, Manager*innen oder Mitarbeiter*innen ein Buch mit sieben Siegeln, etwas Abgehobenes, Praxisfernes oder gar Esoterisches darstellt. Und das trotz eines überwältigenden Angebots an universitären und nicht-akademischen Management-Aus- und -Weiterbildungen, Beratungsleistungen jeglicher Couleur, schlauen Fach- und Sachbüchern und unzähligen »online tools«. Wir wollten den Mythos »Strategie« entzaubern und herausfinden, warum Strategiearbeit oft stiefmütterlich behandelt, handwerklich schlecht gemacht oder, wenn durch Dritte zu leisten, als unbezahlbar angesehen wird.

Die vielen Podcast-Gespräche mit großartigen Strategiemacher*innen aus allen Unternehmensklassen, von KMU bis Großkonzern, die unzähligen Kommentare und Rückfragen unserer mittlerweile mehr als fünftausend Abonnent*innen sowie unsere eigenen Erfahrungen machten uns in der Zusammenschau dann eines schnell klar: Zum Thema Strategie ist noch lange nicht alles gesagt.

Das Rad der Strategie muss aber nicht neu erfunden werden. Im Gegenteil: Wir sind davon überzeugt, dass alles, was es an Theorien, Konzepten und Handwerkszeug für eine gute Strategiearbeit braucht, bereits existiert. Um Isaac Newtons berühmtes Zitat zu paraphrasieren: Wir können weitersehen, wenn wir auf den Schultern von Strategiegiganten stehen. Aber wie am besten das Vorhandene auf Nützlichkeit prüfen, zusammenführen und anwenden?

Dieses »Arbeitsbuch« macht das für Sie. Keine Scheu mehr vor dem großen Wort »Strategie«. Wir räumen Vorbehalte aus und geben Ihnen eine praxiserprobte Anleitung an die Hand, wie Sie Ihr Unternehmen mit einem klug aufgesetzten Strategieprozess aufblühen lassen können – von der Entwicklung der Strategie bis zu ihrer Implementierung und darüber hinaus.

Lernen ist am wirksamsten, wenn das Erlernte direkt ausprobiert oder umgesetzt werden kann. Der Strategieprozess ist ein großartiger Ort für organisationales Lernen. Unser Arbeitsbuch nutzt den »workflow learning«-Ansatz, um Ihnen in Ihrer Strategiearbeit dann kontext- und zeitgenau Unterstützung zu geben, wenn Sie sie brauchen. In einem kontinuierlichen und transparenten Arbeitsfluss entwickeln Sie mit Ihrem Team die Strategie und setzen sie Schritt für Schritt um. Damit nicht genug: Unsere gemeinsame Reise führt auch in den digitalen Raum: Sie finden alle Materialien dieses Buches zum Download auf www.campus.de/hoffnungistkeinestrategie. Wenn Sie Strategie auf der digitalen Ebene machen wollen, bieten wir Ihnen auf www.Strategy-Frame.com eine neuartige Strategie-Software und -Plattform für alles, was Ihrem Strategieprozess noch fehlt oder ihn smarter und effektiver macht.

Gemeinsam machen wir Strategie zu Ihrer neuen Routine. Ab morgen trainieren Sie nicht mehr nur Ihren operativen, sondern endlich auch den strategischen Muskel. Auf zwei Beinen steht es sich bekanntlich besser.

Wir wünschen Ihnen mit diesem Buch strategische Inspiration für Ihren operativen Alltag!

Ihr
Christian Underwood & Jürgen Weigand
Düsseldorf & Vallendar, November 2022

Alle Materialien dieses Buches zum Download
campus.de/hoffnungistkeinestrategie

Alles, was Sie für den digitalen Strategieprozess brauchen
strategy-frame.com

Der Podcast zum Buch
hoffnungistkeinestrategie.de

Die Downloadmaterialien und ein vergünstigter Zugang zum digitalen StrategyFrame® sind durch ein Passwort geschützt, das Sie in diesem Buch finden. Es handelt sich dabei um drei Wörter aus diesem Buch. Das erste finden Sie auf Seite 9, Zeile 1, Wort Nummer 4. Wort Nummer 2 haben wir auf Seite 19, Zeile 15 an 3. Stelle versteckt. Zuletzt suchen Sie sich das 1. Wort in Zeile 5 auf Seite 118 heraus. Tippen Sie diese Kombination ohne Leerzeichen in die Eingabemaske, um auf die Downloadmaterialien oder den digitalen StrategyFrame® zugreifen zu können.

STRATEGIE

KÖNIGSDISZIPLIN ODER ZEITVERSCHWENDUNG

»Strategie ist ein großes Wort. Oft übergroß. Wenn es im Meeting fällt, erstarren alle zur Salzsäule, und jeder hofft auf den Messias, der den Weg weist. Doch man muss sich bewusst machen, dass Strategie oft nur das probate Mittel für die Schwachen ist. Strategie ist wichtig (…) für den, der es mit schierer Leistung nicht schafft.«

Holger Jung und Jean Remy von Matt, *Momentum* (2002)

Eine Strategie zu entwerfen, wird von vielen Manager*innen und Unternehmenslenker*innen als Königsdisziplin der Unternehmensführung glorifiziert. Andere, wie die zitierten deutschen Werbeikonen, halten das Strategiemachen für Zeitverschwendung. Dies ist die polare Realität nach einer mehr als 100 Jahre andauernden Diskussion über Sinn und Zweck von Strategie. Zwischen diesen Polen bewegt sich das Alltagsverständnis von Strategie.

Jede*r kennt den Begriff, jede*r verbindet etwas anderes damit, je nach Kontext. Strategie ist ambivalent und mit Vorbehalten belastet. Zum einen verstehen wir, dass es bei Strategie um beabsichtigtes und gezieltes Handeln mit rationaler Logik geht. Zum anderen hat Strategie etwas Schillerndes, aber auch Geheimnisvolles, Anrüchiges und Gefährliches, denn sie wird unterschwellig oft mit Vorstellungen über die Schaffung von relativer Überlegenheit zum Hintergehen, Austricksen und Ausnutzen anderer und so mit einem moralisch bedenklichen Verhalten verbunden. Diese Vorurteile zeigen Wirkung! Die Mehrdeutigkeit führt in der Praxis nicht zuletzt dazu, Strategie als Thema unbewusst oder bewusst aus Eigennutz oder Eigenschutz misszuverstehen. Denn was wir nicht richtig verstehen, beschreiben oder greifbar machen können, dem begegnen wir mit Skepsis, Ablehnung oder gar Angst.

Was ist Strategie?

Beginnen wir daher am Anfang. Was ist Strategie? Für uns lautet die einfachste Antwort: Strategie ist der Weg, auf dem wir vom Heute zu unserer gewünschten Zukunft gelangen wollen. Die Basis von Strategie ist eine klare Vorstellung darüber, wie unsere Zukunft aussehen soll, und davon, was wir brauchen, um dort hinzukommen. Für Jack Welch, der ehemalige Vorstandsvorsitzende von General Electric, ist Strategie ganz unkompliziert: »You pick a general direction and implement like hell.« Doch wenn wir nicht wissen, wohin wir wollen, landen wir im Irgendwo. Schiere Leistung, wie von unseren Werbeikonen behauptet, reicht dann nicht aus.

Wenn sich Unternehmenslenker*innen mit »ihrer« Strategie beschäftigen, geht es meist um nicht weniger als die generelle Ausrichtung des Unternehmens sowie um die entscheidenden Fragen und Weichenstellungen für seine Zukunftsfähigkeit. Vielmehr wird in Forecast- und Planungsrunden um Budgets gerungen und Zahlenschieberei betrieben. Selbst die in vielen Großunternehmen übliche, sich jährlich wiederholende zeitweise Einkasernierung (»retreat«) der Führungsteams in Klöstern, extravaganten Tagungsstätten und attraktiven Orten (»offsite«) zur Strategieklausur trägt selten zu einer systematischen Ausformung des strategischen Denkens und Handelns im Unternehmen und zu einer kontinuierlichen Entwicklung der Unternehmensstrategie bei.

Das macht nichts, mögen Anti-Strategen nun einwenden. Was will man strategisch planen in einer komplexen Welt voller Disruptionen und ungesetzmäßiger Entwicklungen, in der nur eines gewiss ist: dass die Zukunft ungewiss ist. Wie sagte doch Albert Einstein? »Ich denke niemals an die Zukunft. Sie kommt früh genug.« Daher wagen Unternehmenslenker, die im Hier und Jetzt verhaftet sind, den Drahtseilakt: Sie antworten auf Veränderungen erst dann, wenn sie passieren – mit Agilität, Flexibilität und Resilienz. Schöne Schlagworte! In einer Überschätzung der eigenen Leistungsfähigkeit oder gar in einem Gefühl der Genialität folgen diese Drahtseilakteure lieber dem bekannten rheinländischen Grundgesetz: »Et hätt noch emmer jot jejangen.« Doch mit dem Prinzip Hoffnung als Leitlinie ist es eher selten gut gegangen – weder im großen Konzern noch beim Mittelständler, der mal Hidden Champion war. Ohne Strategie ist alles nichts – oder doch nur Zufall.

Selbst wenn es eine Strategie gibt, ist die Unternehmensführung längst noch nicht auf der sicheren Seite. Kennen und verstehen die Mitarbeiter*innen die Strategie? Glauben sie an Machbarkeit und Erfolg? Eine 2019 unter 6000 Führungskräften vom Beratungsunternehmen strategy& durchgeführte Befragung kommt zu einem dramatischen Ergebnis: 75 Prozent der Befragten gaben an, dass sie nicht an den Erfolg der Strategie des eigenen Unternehmens glauben. 19 Prozent antworteten, dass es in ihrem Unternehmen gar keine richtungsweisende Strategie gäbe. 33 Prozent sahen das Problem in der schwierigen und langwierigen Implementierung, da sich die Marktverhältnisse ständig und schnell verändern. So scheitern nach anderen Untersuchungen von Sull, Homkes und Ch. Sull (1/2019) sowie Collins (Juli bis August 2021) rund zwei Drittel aller Unternehmensstrategien an der Implementierung.

Solche Ergebnisse sind Wasser auf die Mühlen derjenigen, die Strategie für Zeitverschwendung halten. Strategiemacher*innen müssen sich daher mit der Frage auseinandersetzen, warum Strategie mehr sein soll als »l'art pour l'art« und offensichtlich so selten funktioniert.

Aus unser Erfahrung mit Strategieprozessen in unterschiedlichen Unternehmensrealitäten sind es drei Faktoren, die für die erfolgreiche Formulierung und Implementierung einer Unternehmensstrategie zusammenkommen müssen:

Drei Erfolgsfaktoren

1. Es braucht eine klare Definition und ein gemeinsames Verständnis darüber, was genau Strategie bedeutet und beinhaltet.
2. Für die Entwicklung einer Strategie ist eine systematische und analytische Herangehensweise unerlässlich, um nicht in Beliebigkeit und im Irgendwo zu enden.
3. Die Umsetzung von Strategie erfordert einen disziplinierten strukturierten Prozess, in dem Koordination und Kommunikation essenziell sind.

Aus unser Erfahrung mit dem, was in der Praxis funktioniert und was nicht, haben wir einen einfachen Denk- und Handlungsrahmen entwickelt, den StrategyFrame®, der Strategiemacher*innen hilft, diese drei Faktoren zu erfüllen.

EIN KLEINES BLATT PAPIER UND SEINE KONSEQUENZEN

Wenn wir Führungskräfte im Rahmen von Fortbildungsseminaren oder Beratungsmandaten zum Einstieg bitten, die Strategie ihres Unternehmens kurz und prägnant auf einem vor ihnen liegenden kleinen Blatt Notizpapier zu formulieren, entsteht meist eine seltsame Stille. Mit diesem Auftakt haben sie offensichtlich nicht gerechnet. Schweigendes Nachdenken. »Sie haben 3 Minuten Zeit.« Zeitdruck. Fertig werden. »Bitte lesen Sie doch mal vor.«

Es folgen dann Strategiebeschreibungen wie »Unsere Strategie hat vier Wertehebel: innovative Produktlösungen, optimierte operative Leistungsfähigkeit, Kundenorientierung und Nachhaltigkeit«, »Wir erreichen profitables Wachstum durch strategische Kapitalallokation« oder »Wir sind Volumenführer für ... und bieten unseren Kunden value for money«. Alles klar?

Nichts ist klar. In der anschließenden kritischen Diskussion entlarven sich diese Beschreibungsversuche schnell als aneinandergereihte Worthülsen. Was bedeuten »innovativ«, »optimiert« oder »strategisch« konkret? Wir provozieren weiter: »profitables Wachstum« ist ein Ziel, keine Strategie! Und obendrein ist es unspezifisch: »Was« soll denn wachsen, »warum« und »wohin«? In den Himmel? Wann ist das Wachstum profitabel?

Der Blutdruck der Führungskräfte steigt. Sie schalten in den Verteidigungs- und Rechtfertigungsmodus. »Unser Kundenfeedback ist hervorragend. Also machen wir etwas richtig.« Geschenkt. Aber was ist mit den Kunden, die nicht bei Ihnen kaufen? »Wir sind Marktführer, das können Sie doch an unserem Marktanteil von 22 Prozent sehen. Das ist eine objektive Messung.« Einverstanden, aber wie Bruce Henderson (1989), Gründer der Beratungsfirma BCG, anmerkte:

»Market share is a meaningless number unless a company defines the market in terms of the boundaries separating it from its rivals.«

Henderson meint damit, dass die Quantifizierung einer Marktposition weder das »Warum« noch das »Wie« beantwortet. Warum genau ist man gefühlt oder gemessen Marktführer? Weil man ein großer Fisch in einem kleinen Teich ist? Was unterscheidet den großen Fisch von den kleinen Rivalen? Wie wurde diese Marktposition erreicht? Zudem: Wenn wir den Teich nur klein genug definieren, steigt der Marktanteil auf 100 Prozent. Hier ein Beispiel: Der Marktanteil von Coca-Cola im globalen Markt für kohlensäurehaltige Erfrischungsgetränke betrug 2021 24,3 Prozent. Der Marktanteil von Coca-Cola im globalen Markt für kohlensäurehaltige Erfrischungsgetränke der Marke Coca-Cola hingegen ist 100 Prozent.

Wir bleiben beim sokratischen Analyseansatz und fragen weiter: Wie profitabel ist es, ein großer Fisch zu sein? Antwort: »Natürlich sind wir profitabel.« Wunderbar, herzlichen Glückwunsch! Könnten Sie nicht noch besser abschneiden, wenn der Teich größer oder gar ein anderer wäre? Die Diskussion wird nun hitzig und erreicht ihren Höhepunkt. »Für einen größeren Teich sind wir strategisch nicht aufgestellt.« Okay, also kein Expansionsplan vorhanden? »Und, bitte schön, was soll denn ein anderer Teich sein? Sollen wir morgen etwa Versicherungen verkaufen?«

Wir danken den von unserer Strategiefrage überrumpelten Führungskräften für ihre erhellenden Diskussionsbeiträge und beruhigen sie – sie befinden sich in guter Gesellschaft, wie Markides (2022) im *Harvard Business Review* aufzeigt: Viele Unternehmensstrateg*innen verwechseln Ziele und Strategie. Wirksame Strategieformeln setzen ein gemeinsames Verständnis von Strategie voraus. Selten wird jedoch in der Praxis viel Zeit auf die Klärung von Begrifflichkeiten und den sich dahinter verbergenden Annahmen, Konzeptionen oder Interpretationen verwendet, um so zu einer tragfähigen Strategieformulierung zu kommen, die dann tatsächlich auf ein Blatt Notizpapier passt und verstanden werden kann. Viel Zeit, unzählige Diskussionsrunden und Hunderte von PowerPoint-Folien werden in Strategieprozessen oftmals auf Aktivitäten verwendet, die sich mit »Planung« bezeichnen lassen. Aber Strategie ist ein Plan, keine Planung.

Eine letzte Frage haben wir aber noch für die Führungskräfte, mit Bitte um eine wirklich ehrliche und unemotionale Antwort: »Wenn Ihr Unternehmen morgen nicht mehr existierte, würde es jemand vermissen?« Unsere ehrliche Antwort: Die Mehrheit der Befragten kommt zu dem Ergebnis, dass die Kunden ihrer Unternehmen diese nicht allzu lange vermissen und relativ schnell Ersatz finden würden. Wenn man schnell ersetzt werden kann, wo ist dann der Unterschied zu den Rivalen? Reicht »we too« als Daseinsberechtigung aus? Was ist der Plan, um in der Zukunft relevant zu sein? Harte Fragen, auf die Strategiemacher*innen Antworten finden müssen. Wie der Managementtheoretiker und Strategievordenker Henry Mintzberg (1994, S. 333) betont, ist Strategie nicht die Konsequenz von Planung, sondern ihr Ausgangspunkt. Und damit notwendig.

DAS NOTWENDIGE VERSTEHEN

Strategie als Begriff, Konzeption und Anwendung ist im militärischen Bereich entstanden. Das Wort Strategie leitet sich vom Altgriechischen »strategia« – ein Heer, »stratos«, führen – ab. »Strategos« ist der Anführer des Heeres. Er/sie gibt die Richtung vor – wo die Truppen eingesetzt werden – und bestimmt den Fokus – welche Schlacht wann geschlagen wird. Wie die Truppen agieren, welche Maßnahmen sie ergreifen, um zu siegen, hängt zum einen vom Terrain ab, in dem sie sich bewegen, und zum anderen von ihrem Reservoir an taktischen Fähigkeiten und wie sie dieses Reservoir nutzen, um die verfolgte Strategie umzusetzen.

Im Wirtschaftsbereich ist das »Unternehmen« die Armee. Die »Anführer« sind üblicherweise entweder die Unternehmensgründer*innen, ihre Nachfolger oder angestellte Führungskräfte. Es ist die Hauptaufgabe der Unternehmensleitung, das Unternehmen auszurichten, die Kernziele zu definieren, die notwendigen Ressourcen verfügbar zu machen und die Organisation zu einer profitablen Aufgabenerfüllung zu führen. Der Wirtschaftshistoriker Alfred D. Chandler (1962) hat in *Strategy and Structure*, seiner bahnbrechenden Untersuchung der Erfolgsfaktoren von Großunternehmen, mit »... strategy is the determination of the basic long-term goals and objectives of an enterprise, and the adoption of courses of action and the allocation of resources necessary for carrying out these goals« die klassische Definition von Strategie geliefert.

Klassische Strategiedefinition

Wir leben in einer Welt begrenzter Ressourcen. Unternehmen sind daher gezwungen, effizient zu wirtschaften, das heißt, die verfügbaren Ressourcen bestmöglich und ohne Verschwendung einzusetzen. Sie müssen Strategien entwickeln, die sich mit diesen Ressourcen umsetzen lassen. Bei gegebenen Ressourcen ist effizientes Wirtschaften ein Nullsummenspiel: Wofür auch immer wir die Ressourcen einsetzen, reduziert ihre Verwendbarkeit für alternative Einsatzmög-

Begrenzte Ressourcen

lichkeiten. Wollen wir mehr Geld in einen Geschäftsbereich investieren, müssen wir das »Mehr« in anderen Bereichen einsparen. Die Verteilung der Unternehmensressourcen unterliegt somit Zielkonflikten und erfordert Abwägungsentscheidungen (»trade-offs«). Diese Entscheidungen zu treffen, ist die Aufgabe der Unternehmenslenker*innen. Die Begrenztheit von Ressourcen ist somit der erste fundamentale Grund für die Notwendigkeit von Strategie.

Der Wettbewerb

Der zweite fundamentale Grund ist Wettbewerb. Unternehmen operieren nie in einem Vakuum. Sie konkurrieren mit anderen. Selbst wenn sie eine herausragende Marktstellung haben, sind sie angreifbar. Nehmen wir zum Beispiel Intel. Das amerikanische Unternehmen war lange Zeit globaler Marktführer bei Mikroprozessoren für Computer mit Marktanteilen von über 80 Prozent, nur gefolgt von AMD mit Marktanteilen von unter 20 Prozent. Seit 2016 ist Intels Marktanteil kontinuierlich auf knapp 60 Prozent gesunken, während AMD seinen Marktanteil verdoppelt hat. Was ist passiert? Intels Wettbewerbsvorteil resultierte aus überlegener Produkttechnologie, Exzellenz in der Produktion und starker Marke (»Intel inside«). Erfolgsverwöhnt hat das Unternehmen sich vollziehende Umbrüche in Technologie und Nutzung von Mikroprozessoren unterschätzt. Die Smartphone-Revolution wurde verschlafen. Das taiwanesische Unternehmen Tscm hat sich nach massiven Investitionen in hypermoderne Produktionstechnologie und -kapazitäten in diesem Industriesegment als Marktführer mit über 50 Prozent Marktanteil etabliert und Samsung sowie Intel weit hinter sich gelassen. Neben Mikroprozessoren für Smartphones und die Automobilindustrie ist Tscm ebenfalls hocheffizienter Auftragsfertiger für AMD's innovative Mikroprozessoren. Mit niedrigeren Kosten und besserer Fertigungs- und Produktqualität durch die Kooperation mit Tscm konnte AMD seinen Marktanteil signifikant zu Lasten von Intel verbessern.

Der Wettbewerb zwischen Intel und AMD erscheint als Nullsummenspiel, weil AMD circa 20 Prozentpunkte an Marktanteil gewonnen hat, während Intel diese verloren hat. Aber Wettbewerb liefert nicht notwendigerweise ein »I win what you lose«-Ergebnis. Vielmehr ist Wettbewerb oft ein Nicht-Nullsummenspiel. Wenn Wettbewerb zum Beispiel zu besseren Produkten und einer erhöhten Nachfrage führt, können alle Wettbewerber profitieren. Es entsteht eine Win-win-Situation. Umgekehrt führt ein Preiskrieg zu einem »win« für die Kunden, aber einem »Lose-lose« für die konkurrierenden Unternehmen.

Die Herausforderung für Ihr Unternehmen besteht nun darin, die beiden konträren »Spiele« – das interne Allokationsspiel und das externe Wettbewerbsspiel – gleichzeitig zu meistern, und zwar unter Zeitdruck in Bewegungsumfeldern, die aufgrund von systemischer Komplexität und volatilen Dynamiken nur schwer lesbar sind. Hierfür braucht es strategisches Denken und Handeln, also Aktion statt Reaktion. Aber wie sollen wir agieren? Indem wir zunächst die relevanten Fragen stellen und beantworten.

WELCHE FRAGEN SIE STELLEN UND BEANTWORTEN SOLLTEN

Kurz zusammengefasst ist Strategie die notwendige Antwort auf die Realität begrenzter Ressourcen und von Wettbewerb in sich kontinuierlich wandelnden Umfeldern. Sie ist die risikobehaftete Wette auf eine ungewisse Zukunft. Um nicht Opfer dieser Zukunft zu werden, sollten Strategiemacher*innen versuchen, diese proaktiv zu gestalten. Hierfür sollten fünf grundlegende Fragen beantwortet werden:

#1: WAS WOLLEN WIR ERREICHEN?

Wirtschaftsunternehmen sind gewinnorientiert. Ihr finanzielles Kernziel heißt Profitabilität: Der Ertrag des investierten Kapitals sollte die Kosten der Nutzung von Eigen- und Fremdkapital übersteigen.

#2: WER DEFINIERT, WONACH DAS UNTERNEHMEN STREBEN SOLL, WER DIE ZIELRELEVANTEN ENTSCHEIDUNGEN TRIFFT UND WER SIE AUSFÜHREN WIRD?

Es liegt in der Verantwortung der Unternehmensleitung, die Richtung für das Unternehmen vorzugeben, die Ziele zu definieren, Prioritäten zu setzen, den Rahmenplan für die angedachten Aktivitäten abzustecken, die notwendigen Ressourcen zur Verfügung zu stellen, adäquate Strukturen und Prozesse für die Strategieumsetzung zu schaffen und die Ausführung der Strategie zu überwachen.

#3: WARUM UND FÜR WEN WOLLEN WIR GERADE DIESE ZIELE ERREICHEN?

Strategie braucht Klarheit über die Zweckbestimmung des Unternehmens und eine Perspektive für die Zukunft. Die Unternehmensleitung muss in einem sinnstiftenden »Narrativ« die langfristige Intention für das Unternehmen herausarbeiten und ein überzeugendes Bild zeichnen, wie die Zukunft bei Realisierung der angedachten Strategie aussehen könnte und was dies für die verschiedenen Interessengruppen im Unternehmen bedeutet.

#4: WO UND WANN WOLLEN WIR UNSERE RESSOURCEN UND KOMPETENZEN EINSETZEN?

Die Unternehmensstrategie legt fest, wo, wann und in welchem Umfang das Unternehmen operiert. Da die verfügbaren Ressourcen begrenzt sind, kommt es hier zum bereits charakterisierten internen Nullsummenspiel. Handlungsoptionen sind darauf zu prüfen, ob sie im Ressourcenverzehr substitutiv sind, also zu Verteilungskonflikten führen, oder ob sie sich möglicherweise ergänzen und rentable Synergien schaffen.

Diese Verteilungsfragen müssen von der obersten Führungsebene mit dem Ziel entschieden werden, die beste Anpassung des Unternehmens an sein Betätigungsfeld zu finden. Den richtigen strategischen »Fit« herzustellen, ist eine kontinuierliche Aufgabe. Da sich das strategische Umfeld laufend verändert, muss die Strategie regelmäßig auf ihre Beständigkeit überprüft werden.

#5: WIE SOLLEN DIE RESSOURCEN UND KOMPETENZEN EINGESETZT WERDEN?

Ein wesentlicher Teil der Unternehmensstrategie besteht darin, festzulegen, wie sich ein Unternehmen in seinen jeweiligen Geschäftsfeldern und Fokusmärkten positioniert und welche Instrumente es nutzt, um profitable Kunden zu gewinnen und die Konkurrenz auf Abstand zu halten. Die Wettbewerbsstrategie bestimmt und integriert in kohärenter Weise die erforderlichen funktionalen Strategieelemente, wie etwa Marketing, Vertrieb, Personal und Forschung & Entwicklung.

Die Antworten auf diese fünf Kernfragen legen fest, wie das Unternehmen verfügbare Ressourcen, Kapital und Mitarbeiter im Wettbewerb in der bestmöglichen Weise zur Gewinnerzielung nutzen will. Da es selten an Konkurrenz mangelt, geht es in der Strategiefindung vor allem darum, wie sich das Unternehmen in den jeweiligen Aktivitätsbereichen von der Konkurrenz abheben kann.

DIE WAHRHEIT LIEGT AUF DEM PLATZ

Was machen Sie, wenn die gute alte Konkurrenz oder neue Gegenspieler aggressiv und mit Raffinesse versuchen, Ihnen Marktanteile abzujagen oder Sie gar aus dem Markt zu drängen? Wenn die Gegner Ihr Nutzenversprechen an die Kunden mit ähnlichen Angeboten und Kampfpreisen torpedieren? Wenn sich die Spielregeln in Ihrer Branche schlagartig verändern und der Erfolg von gestern heute nichts mehr zählt? Bewahren Sie einen kühlen Kopf, treten Sie einen Schritt zurück und analysieren Sie sorgfältig die augenblickliche Lage. Wer sind die relevanten Gegenspieler, die aktuellen und mögliche zukünftige? Was zeichnet sie aus? Was sind ihre Schwächen? Wer sind die Kunden? Was wollen sie? Wie können Sie profitable Kunden gewinnen und behalten?

Strategie ist Ihr Plan, wie Ihr Unternehmen anders sein soll, um sich gegen die Konkurrenz durchzusetzen, und welche Ressourcen und Fähigkeiten Sie hierfür brauchen. Mit den Worten des Meisterstrategen Michael Porter (1969):

»Competitive strategy is about being different. It means deliberately choosing a different set of activities to deliver a unique mix of value.«

Im Fußball liegt die Wahrheit bekanntlich auf dem Platz und bemisst sich an den erzielten Toren. Wir müssen Spieler*innen haben, die Tore erzielen können. Gleichzeitig brauchen wir Spieler*innen, die den Gegner am Toreschießen hindern. Und wir müssen sie alle im Team so spielen lassen, dass sie mehr Tore schießen als der Gegner. Das »So-spielen-lassen« ist die Spielidee oder Strategie: defensive oder offensive Ausrichtung, aggressive Balleroberung und schnelles Umschaltspiel, hoher Ballbesitz oder Konterspiel etc. Die taktischen Maßnahmen sind die einstudierten oder improvisierten Spielzüge, die kurzfristig in der Interaktion mit dem Gegner von den Spieler*innen gewählt werden.

Für Unternehmen zeigt sich die Wahrheit im Markt und bemisst sich an der Profitabilität des Erreichten. Sie müssen die Fähigkeit besitzen, ihre begrenzten Ressourcen so einzusetzen, dass sie sich von den Rivalen abheben und von den Kunden gewählt werden. Um dieses Anderssein zu erreichen, ist die erste Aufgabe der Strategiemacher*innen, zu entscheiden, was nicht gemacht wird (Porter 1996, S. 70). Und das ist keine einfache Entscheidung.

TREFFEN SIE BESSERE ENTSCHEIDUNGEN

Wir treffen jeden Tag an die 20 000 Entscheidungen. Nur einen sehr kleinen Teil dieser Entscheidungen fällen wir bewusst, reflektierend und Nutzen gegen Kosten abwägend. Anders als in den akademischen Modellen ökonomischer Entscheidungen ist unsere Rationalität begrenzt. Wir entscheiden unter Zeitdruck, bei unvollständiger Information und beeinträchtigt von systematischen Urteilsfehlern.

Ökonomisches Prinzip der Entscheidung

Menschliche Entscheidungsprozesse folgen dem ökonomischen Prinzip. Es besteht darin, mit möglichst geringem Aufwand (Zeit, Verarbeitungskapazität etc.) zu einer Entscheidung zu kommen. Wir wenden daher auch bei sehr komplexen oder folgenreichen Entscheidungen vereinfachende Heuristiken an, um unsere begrenzte Rationalität auszugleichen. Gerne greifen wir dabei intuitiv auf unser Erfahrungswissen zurück. Hier wird es gefährlich.

Zum einen ist Erfahrungswissen in Zeiten disruptiver und interdependenter gesellschaftlicher und wirtschaftlicher Transformationsprozesse (Digitalisierung, Nachhaltigkeit & Co.) kein Wettbewerbsvorteil mehr. Wenn sich mehrere Variablen einer Bestimmungsgleichung gleichzeitig radikal ändern, reicht die Algebra der ersten Management-Klasse nicht mehr aus, um die Ergebniskonsequenzen abzuschätzen.

Zum anderen begünstigen unbewusste kognitive Verzerrungen, wie zum Beispiel Ankereffekte, Bestätigungsfehler oder selektive Informationsauswahl, Urteilsfehler. Ähnelt zum Beispiel eine Entscheidungssituation einer früheren, können die in der früheren Situation gewonnenen Erfahrungen und erzielten Ergebnisse zum Anker in der neuen Situation werden, wenn die tatsächliche Vergleichbarkeit der Situationen nicht hinreichend geprüft wird. Sich kognitiver Verzerrungen bewusst zu werden, sollte für Strategiemacher*innen vor allem bei komplexen strategischen Entscheidungen höchste Priorität haben.

Strategische Entscheidungen unterscheiden sich fundamental von taktischen oder operativen Maßnahmen. Den Unterschied macht Willie Pietersen, Professor für praktisches Management an der Columbia Business School, New York, in seinen Seminaren deutlich:

»We have to lay the railroad tracks first before we can make the trains run on time.«

Strategie bedeutet, sich in einer bestimmten Vorgehensweise auf die Zukunft zu verpflichten – in Schienen zu investieren und sie in eine bestimmte Richtung zu verlegen, um in Pietersens Bild zu bleiben – und sich damit zu binden. Selbstbindung erzeugt längerfristige Konsequenzen. Strategische Entscheidungen sind daher nicht einfach rückgängig zu machen. Sind die Schienentrassen erst einmal gelegt, lassen sie sich kurzfristig nicht in eine neue Richtung umlegen. Taktische Maßnahmen hingegen, wie die genauen An- und Abfahrtszeiten der Züge, können kurzfristig verändert werden. Der Grad der Selbstbindung ist gering, und die Änderungskosten sind niedrig.

Stolpersteine: Kognitive Verzerrungen, Störgeräusche und persönliche Wertvorstellungen

Auch wenn wir uns unsere begrenzte Entscheidungsrationalität bewusst machen, wenn wir Informationsdefizite und kognitive Verzerrungen reduzieren, sind wir nicht auf der sicheren Seite. Wie Nobelpreisträger Daniel Kahneman (2011) und Ko-Autoren (2021) zeigen, können Menschen bei identischer Ausgangslage einer Entscheidungssituation zu völlig unterschiedlichen Schlussfolgerungen und Entscheidungen kommen. Neben kognitiven Verzerrungen führen Kahneman und Kollegen hierfür einen weiteren Faktor an: »Störgeräusche«. Überall dort, wo Menschen Entscheidungen treffen, werden sie von vielen Störgeräuschen beeinflusst, die selbst bei identischem Sachverhalt je nach Persönlichkeit zu unterschiedlichen Entscheidungen führen. Diese psychologischen Faktoren spielen auch bei der Festlegung und Umsetzung einer neuen Strategie im Unternehmen eine wesentliche Rolle. Hinzu kommen die persönlichen Wertvorstellungen der Entscheider*innen sowie soziopsychologische Dynamiken, die etwa auf der alljährlichen Strategieklausur durch das Zusammenwirken oder Gegeneinander unterschiedlicher Alphatypen entstehen.

Ist es nicht alles eine Frage des Vorgehens? Können wir einen Entscheidungsprozess aufsetzen und ihn so systematisieren, dass das Risiko von Fehlschlüssen minimiert wird?

VERTRAUEN SIE DEM PROZESS

Wir alle haben Erfahrung mit gruppenbasierten Entscheidungsprozessen. Oftmals haben wir schlechte Erfahrungen gemacht. Unternehmensvertreter*innen berichten uns immer wieder von ineffektiven Strategieprozessen, die demotivieren und frustrieren. Wertvolle Zeit in unzähligen unstrukturierten und daher ergebnislosen Diskussionsrunden verschwendet, Ego-getriebene Profilierungswettkämpfe erlebt und Dutzende von Strategie-Updates gesehen. Um am Ende mit einem flauen Gefühl festzustellen, dass sich die Erde weitergedreht hat und dass der ganze Einsatz wohl ohne große positive Wirkung auf das Unternehmen oder die eigene Karriere bleiben wird. Wen wundert es daher, wenn es Entscheider*innen schwerfällt, Bedeutung und Inhalt von Strategie konkret zu machen und den erforderlichen Strategieprozess erfolgreich zu gestalten.

Der Strategieprozess ist ein schwieriges Projekt. Viel schwieriger als die Formulierung einer Strategie. Bei einem schwierigen Projekt kann es hilfreich sein, sich zunächst auf das zu konzentrieren – zu vertrauen –, was man kontrollieren kann – den Prozess –, und nicht auf das Ergebnis. »Trust the process« ist ein bekannter Slogan der Fans der Philadelphia 76ers in der US-amerikanischen NBA, der inzwischen auch in anderen Bereichen populär geworden ist. Geprägt wurde er während einer schwierigen Phase des Teams und bedeutet: »Die Dinge mögen jetzt schlecht aussehen, aber wir haben einen Plan, um es besser zu machen.«

Das ist der Knackpunkt: Wir haben einen Plan, wie wir uns verbessern wollen. Und das allein ist für die Führung von Unternehmen und ihren Menschen ein Wert an sich. Statt auf bessere Zeiten zu hoffen, schafft ein gemeinsamer Plan Klarheit und Zuversicht, die eigene Zukunft aktiv gestalten und verändern zu können und nicht Spielball universeller Marktkräfte zu werden.

Aus unserer Praxiserfahrung lassen sich vier wesentliche Probleme bei Strategieprozessen identifizieren:

Hürden

1. Die Unternehmensstrategie ist nur vage formuliert, weil es auf der Führungsebene keine Klarheit und Einigkeit über Ausgangslage, Zielbild und Handlungsfelder gibt. Das führt besonders in größeren Unternehmen mit Matrix-Struktur unweigerlich zu widersprüchlichen Strategien in den Geschäfts- und Funktionsbereichen. Es entstehen zu viele parallele strategische Projekte. Überblick und Kommunikation, wie diese auf die Unternehmensstrategie einzahlen sollen und wie sie miteinander verbunden sind, gehen verloren.

2. Es gibt keine klare Prozessarchitektur und nur unzureichende Verantwortlichkeiten für die angestrebte Umsetzung.
3. Es fehlen Ressourcen und Routinen, sich neben dem operativen Tagesgeschäft richtig um die strategische Arbeit zu kümmern.
4. Die Bedeutung von Strategie und ihrer Wirksamkeit wird im Unternehmensalltag meist durch das operative Geschäft und seine kurzfristigen Ergebnisse verdeckt. Strategie ist in die Zukunft gerichtet und liefert Ergebnisse deshalb erst zeitversetzt. Wenn die Ergebnisse schlecht sind, wird schnell von der falschen Strategie gesprochen. Wenn sie hingegen gut sind, war es eine gelungene Umsetzung. So wird ein Glückstreffer schnell und im Nachgang mit strategischem Vorgehen begründet. Wieviel aber strategisches Denken und Handeln wirklich zum erzielten Ergebnis beigetragen haben, bleibt häufig im Dunkeln. Zudem können gute operative Ergebnisse unmittelbare Karrierebeschleuniger für Manager*innen sein. Warum also lange über Strategie nachdenken, wenn sich das Spiel auf dem Platz respektive im Markt entscheidet?

Entmutigt? Enttäuscht? Können wir die beschriebenen Hürden, unbefriedigende Realitäten, strategischen Legenden und menschlichen Unzulänglichkeiten aus der Gleichung des Strategieprozesses entfernen? Wie lässt sich Strategieentwicklung »end-to-end«, von der Formulierung bis zur Ausführung, in einem Unternehmen etablieren? Hat es in diesen ungewissen und volatilen Zeiten überhaupt noch Sinn, über die Strategie für ein Unternehmen nachzudenken?

Wir meinen: Ja, absolut. Gerade in Zeiten von großer Ungewissheit reicht Hoffnung, dass die richtige Lösung vom Himmel fallen wird, nicht aus. Es braucht aber auch keine neuen Theorien für den strategischen Diskurs. Gefragt sind vielmehr Ansätze und Instrumente zur Strategiefindung und -umsetzung, die auch im Unternehmensalltag gebrauchstauglich sind.

Aus diesem Grund haben wir in den vergangenen 15 Jahren eine pragmatische Handlungsanleitung zum strategischen Denken und Handeln für Strategiemacher*innen entwickelt und in der Unternehmenspraxis ausgiebig erprobt – unseren StrategyFrame®. Mit ihm bekommt der End-to-end-Strategieprozess einen Orientierungsrahmen. Der StrategyFrame® unterstützt Unternehmenslenker*innen und ihre Führungsteams dabei, die Ausgangslage zu klären, den strategischen Fokus richtig zu setzen und die passenden Handlungsfelder zu definieren sowie Anpassungsmaßnahmen in der Organisation zur Zielerreichung und Einhaltung des Fokus zu priorisieren und anzugehen.

Unsere Erfahrungen in der Unternehmenspraxis, in der Managementausbildung und im Beratungskontext haben uns gezeigt: Nur wer Klarheit über die eigene Situation schafft, seine Ziele richtig setzt und genau weiß, wer, wann, wo und wie anpacken muss, kann zum richtigen Zeitpunkt mit der passenden Lösung am richtigen Ort sein. Der StrategyFrame® hilft Durchblick zu bekommen, den Überblick zu behalten und Weitblick zu entwickeln. Mit einem austarierten Strategieprozess kann Momentum in der Organisation erzeugt werden. Denn Menschen wollen Perspektiven, tragfähige Strukturen, transparente Prozesse und konsistente Handlungen – das Gesamtbild muss in sich stimmig sein. Nur wenn sie verstehen, warum die Reise wohin geht, werden sie auch an Bord kommen und sich einbringen.

In der Tat: Das Spiel wird auf dem Platz entschieden. Aber unsere Strategie entscheidet darüber, ob wir mitspielen dürfen und wie wir spielen können. Ist Strategie daher die »Königsdisziplin« der Unternehmensführung? Geschmackssache. Mit Sicherheit aber keine Zeitverschwendung, sondern Notwendigkeit.

RELEVANT SEIN UND BLEIBEN

Wenn es unser Unternehmen morgen nicht mehr gäbe, würde es irgendjemand vermissen?

Wie relevant ist Ihr Unternehmen auf den aktuellen Spielfeldern? Wenn Sie von der eigenen Relevanz überzeugt sind, sehr schön. Aber Ihre Meinung ist irrelevant. Was zählt, ist die Kundensicht. Stellen Sie daher die schon bekannte Existenzfrage: Wenn es unser Unternehmen morgen nicht mehr gäbe, würde es irgendjemand vermissen? Sollte die Antwort der Kunden sein »Ja, natürlich, die sind nicht leicht zu ersetzen!«, dann haben Sie zumindest für den kurzen Zeithorizont eine Daseinsberechtigung und sind relevant. Lautet die Antwort jedoch »Nein, nicht wirklich, es gibt genug andere Anbieter, zu denen wir ohne Probleme wechseln können!«, dann ist Ihr Unternehmen bestenfalls ein »We-too«-Fall und wird ohne substanzielle Veränderung über kurz oder lang im »ewigen Sturm der kreativen Zerstörung« (Schumpeter 1942, S.82–83) durch den Wettbewerb verdrängt werden. Selbstredend wünschen wir Ihnen, dass Ihre Kunden Ihr Unternehmen vermissen würden. Aber wie John Maynard Keynes (1924, S. 80) in einem anderen Zusammenhang formulierte:

»In the long run we are all dead.«

Das bedeutet, dass sich selbst bei heutiger Relevanz und Kundenakzeptanz unter dem Gesichtspunkt eines längeren Zeithorizonts die Frage nach der Überlebensfähigkeit Ihres Unternehmens stellt. Strategie ist somit die Antwort darauf, wie Ihr Unternehmen relevant bleiben kann.

»THE ESSENCE OF STRATEGY IS CHOOSING WHAT NOT TO DO.«

Michael E. Porter, US-amerikanischer Ökonom und Universitätsprofessor für Wirtschaftswissenschaft am Institute for Strategy and Competitiveness an der Harvard Business School

STRATEGYFRAME®

INSTRUMENT AUS DER PRAXIS – FÜR DIE PRAXIS

Wer sich als Unternehmenslenker*in auf den Weg zur neuen Strategie macht, kann sich vor schlauen Ansätzen aus der Wissenschaft, von Berater*innen und selbsternannten Expert*innen jeglicher Couleur kaum retten. An Methoden und Instrumenten mangelt es in einschlägigen Managementbüchern, Fachmagazinen und dem Internet zum Thema Strategie wirklich nicht.

Da bilden die BCG-Matrix, Porters Branchenstrukturanalyse (Five Forces), die Balanced Scorecard, PESTEL, CAGE, SWOT, Blue Ocean oder auch das Business Model Canvas nur die Spitze des Eisbergs. Warum braucht die Welt der strategischen Unternehmensführung noch ein weiteres Strategie-Tool? Ist das vorhandene Handwerkszeug nicht ausreichend? Müssen wir den alten Wein immer wieder in neuen Schläuchen verkaufen?

Diese kritischen Fragen haben wir uns auch bei der Entwicklung unseres StrategyFrame® und schließlich beim Verfassen dieses Buches gestellt. Natürlich haben die bekannten Werkzeuge ihre Berechtigung in ihren jeweiligen Einsatzfeldern, nur werden sie leider den grundsätzlichen Bedürfnissen heutiger Strategiemacher*innen und ihrer Organisationen nicht vollkommen gerecht. Die singuläre Anwendung dieser Strategiewerkzeuge, meist in Kombination mit aufwendigen Excel-Tabellen und umfangreichen PowerPoint-Präsentationen, macht alleine noch keinen »Strategiesommer«. Vielen Strategieverantwortlichen fällt es deshalb schwer, den richtigen Weg für das Entwickeln und Implementieren einer schlüssigen und aktivierenden Unternehmensstrategie zu finden. Nach Monaten aufreibender Strategiearbeit neben dem Tagesgeschäft sind Begeisterung und Momentum auf der Strecke geblieben und am Ende ist man vom Ergebnis enttäuscht.

Aus unserer Arbeit mit Strategieverantwortlichen sowohl in kleinen und mittelständischen Unternehmen als auch in Konzernen kennen wir die Fragen, die sie umtreiben:

Welche Fragen haben Sie?

- Welcher strategische Denk- und Arbeitsrahmen ist der richtige für uns? Welche Elemente gehören dazu?
- Wie sollen wir in der Strategieentwicklung und -umsetzung methodisch vorgehen?
- Wie können wir die verschiedenen Elemente des Strategieprozesses effizient und effektiv bearbeiten?
- Wie schaffen wir Akzeptanz für die entwickelte Strategie?

Diese Bedürfnisse der Strategiepraktiker haben uns angetrieben, ein einfaches, praxistaugliches Werkzeug für den Strategieprozess von der Formulierung einer Strategie bis zu ihrer Umsetzung zu entwickeln. Der StrategyFrame® verbindet und visualisiert die wesentlichen Elemente der Strategiearbeit in einem Gesamtbild, das allen Beteiligten und Betroffenen inhaltliche, prozessuale und vielleicht sogar emotionale Orientierung und Klarheit gibt. Entlang seiner drei Kernmodule lassen sich die zentralen Grundfragen – was müssen wir wissen, was müssen wir entscheiden und was müssen wir tun – beantworten.

DIE DREI KERNMODULE

Der StrategyFrame® im Überblick

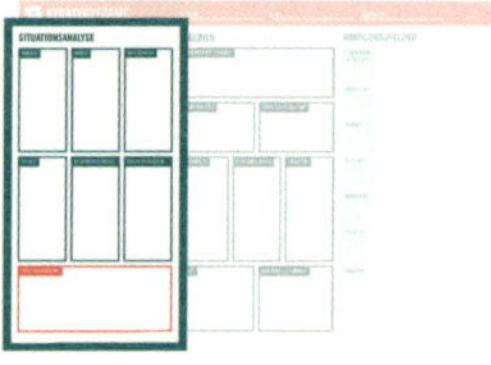

SITUATIONSANALYSE

Hier geht es darum, die Lage Ihres Unternehmens in seinen gegenwärtigen Handlungsfeldern zu analysieren, mögliche neue Felder zu identifizieren und das externe Umfeld zu verstehen. Es gilt Antworten auf folgende Fragen zu finden: Wo liegen Ihre größten Potenziale im »Markt«? Welche Märkte werden adressiert? Was sind die Bedürfnisse der »Kunden« und wie verändern sie sich? Wer sind die »Wettbewerber«? Welche »Trends« verändern Ihre Industrie? Was geschieht im »allgemeinen Umfeld«? Wie sehen Ihre »eigenen Realitäten« aus? Schließlich: Welche »Herausforderungen« ergeben sich für Ihr Unternehmen?

KUNDEN	MARKT	WETTBEWERB
TRENDS	ALLGEMEINES UMFELD	EIGENE REALITÄTEN

HERAUSFORDERUNG

ZIELBILD

2.

Im zweiten Kernmodul entwickeln Sie den »Fokus« Ihrer Unternehmensstrategie auf vier Zielebenen:

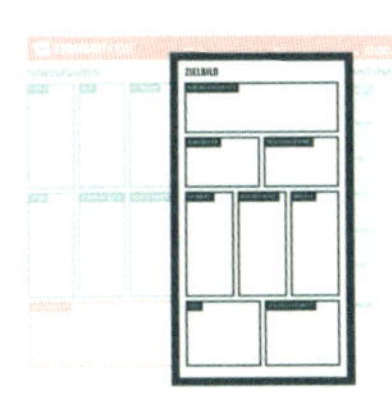

1. WIRKUNG

Mit dem »Wirkungsversprechen« (Impact Statement) legen Sie fest, wie Ihr Unternehmen eine nachhaltige Wirkung für Wirtschaft, Umwelt und Gesellschaft erzielen will.

2. KUNDENNUTZEN & ÜBERLEGENE GEWINNE

Mit dem differenzierenden »Kundennutzen« machen Sie klar, was Ihr Unternehmen besser oder anders als der Wettbewerb machen und wie es damit »überlegene Gewinne« erzielen will, um dem Wettbewerb einen Schritt voraus zu sein.

3. SPIELFELD

Herzstück der Fokussierung ist das Abstecken der Spielfelder für Ihr Unternehmen. Auf welchen »Zielmärkten« wollen Sie agieren? Welche »Kundensegmente« wollen Sie mit welchen »Angeboten« adressieren? Mit welchen Wettbewerbern steigen Sie in den Ring?

4. PRIORITÄTEN

Mit den »Zielen« und »Schlüsselergebnissen« definieren Sie, was in welcher Reihenfolge für Ihr Unternehmen ansteht. Ziele und Schlüsselergebnisse können dabei sowohl quantitativ als auch qualitativ motiviert sein.

WIRKUNGSVERSPRECHEN

KUNDENNUTZEN | **ÜBERLEGENE GEWINNE**

ZIELMÄRKTE | **KUNDENSEGMENTE** | **ANGEBOTE**

ZIELE | **SCHLÜSSELERGEBNISSE**

1. 2. 3.

HANDLUNGSFELDER

Wenn Ihr Zielbild steht, geht es um seine Verwirklichung. Was müssen Sie mit Ihrer Mannschaft im Unternehmen anpacken? Welche »Strukturen & Prozesse« sind nötig? Wie lassen sich »Daten & IT« im digitalen Zeitalter bestmöglich nutzen? Welche »Menschen« mit welchen Fähigkeiten braucht Ihr Unternehmen? Welche »Kultur« entfesselt die Kraft für »Innovationen«? Welche strategischen »Partner« könnten Ihnen bei der Zielerreichung helfen?

Wenn Ihre Unternehmensstrategie für verschiedene Geschäftseinheiten, Geografien und Funktionalbereiche Wirkung entfalten soll, können Sie hier den erwarteten Wertbeitrag der einzelnen Einheiten festlegen.

Damit Ihre Strategie keine reine Absichtserklärung bleibt, stellen Sie einen »Fahrplan« für ihre Implementierung und die Transformation Ihres Unternehmens auf. Er bestimmt die zeitliche und inhaltliche »Steuerung«, die »Kaskadierung« der Strategie durch die einzelnen Geschäftseinheiten, Geografien und Funktionen und mit welcher »Dramaturgie« Sie in den unterschiedlichen Phasen agieren möchten.

STRUKTUREN & PROZESSE
MENSCHEN
KULTUR
DATEN & IT
INNOVATION
PARTNER

ZIEL 1 | ZIEL 2 | ZIEL 3 | ZIEL 4 | ZIEL 5

FAHRPLAN

EIN GEMEINSAMES VERSTÄNDNIS

Ohne eine gemeinsame Vorstellung von dem zu haben, was sein kann, wenn Sie eine gemeinsame Strategie verfolgen, wird es nicht gehen. Wenn Sie sich nicht von einer gemeinsamen Basis aus in die Zukunft aufmachen, wird die Strategiearbeit mit vielen Reibungsverlusten und Missverständnissen verbunden und daher wenig effektiv sein.

Der modulare StrategyFrame® schafft Klarheit und Überblick über alle in der Strategiearbeit zu berücksichtigenden Elemente. Er hilft mögliche Lücken in den strategischen Überlegungen zu identifizieren, konsolidiert die gewonnenen Einsichten, macht die entscheidenden Punkte der Strategie direkt für alle im Unternehmen sichtbar und versteckt diese nicht hinter tausendundeins PowerPoint-Folien. Mit dem StrategyFrame® verlieren Sie während des Strategieprozesses nie den Blick für den Gesamtkontext und bekommen dennoch ausreichend Raum, in die notwendigen Details abzutauchen, um einen echten Durchblick zu erhalten.

Strategie auf einen Blick

Der StrategyFrame® dient somit als organisatorische und inhaltliche Plattform für die Strategieentwicklung, sei es für die erstmalige, die regelmäßigen Strategie-Meetings oder die jährliche Überprüfung und Adjustierung der Strategie. Gleichzeitig lässt er sich als visuelles Instrument für die Kommunikation mit und die Einbindung von Mitarbeiter*innen oder anderen Interessengruppen (Investoren, Banken) nutzen.

Zentrale inhaltliche Plattform

BEREICH

SITUATIONSANALYSE

KUNDEN

MARKT

WETTBEWERB

TRENDS

ALLGEMEINES UMFELD

EIGENE REALITÄTEN

HERAUSFORDERUNG

ZIELBILD

WIRKUNGSVERSPRECHEN

KUNDENNUTZEN

ZIELMÄRKTE

KUNDENSEGMENTE

ZIELE

NAME

ZEITHORIZONT

HANDLUNGSFELDER

STRUKTUREN & PROZESSE

MENSCHEN

KULTUR

DATEN & IT

INNOVATION

PARTNER

ZIEL 1

ZIEL 2

ZIEL 3

ZIEL 4

ZIEL 5

ÜBERLEGENE GEWINNE

ANGEBOTE

SCHLÜSSELERGEBNISSE

FAHRPLAN

STRATEGIE-WORKFLOW

IM MOMENT DER ANWENDUNG LERNEN

»Lernen ist am effektivsten, wenn man es tut, daher ist der Arbeitsprozess ein großartiger Ort zum Lernen. Performance-Support oder Workflow-Learning mit einem digitalen Coach bietet maßgeschneidertes Lernen und Unterstützung genau dann, wenn sie gebraucht wird.«

Oliver Kern, Performance-Support-Experte

Hand aufs Herz: Wie viele der Managementbücher in Ihrem Regal haben Sie wirklich gelesen? Wie viele davon haben Ihnen konkret bei der Lösung Ihrer unternehmerischen Herausforderungen geholfen? Und an welche Inhalte und Erkenntnisse können Sie sich auch nach einem Jahr noch erinnern? Es dürfte jeweils eine überschaubare Anzahl sein.

Das 70:20:10-Modell bringt es als einfache Formel auf den Punkt: Das in den 1980er Jahren von den Führungsforschern Morgan McCall, Michael M. Lombardo und Robert A. Eichinger entwickelte Modell zeigt, dass wir rund 70 Prozent unseres beruflichen Wissens durch tägliches »learning and doing on the job« erlangen. Von Kolleg*innen und anderen Personen stammen etwa 20 Prozent unseres Wissens. Lediglich 10 Prozent tragen Weiterbildungsmaßnahmen aller Art (etwa traditionelle Seminare oder E-Learning) bei. Die bloße Verfügbarkeit von attraktiven Wissensquellen reicht nicht aus, dass Manager*innen diese auch zielgerichtet nutzen. Zeit ist eine knappe und kostbare Ressource, die niemand gerne für trockene Wissensvermittlung aufwendet.

Vielmehr haben wir erlebt, dass effektives Lernen in der Anwendung und der sich daraus ergebenden Erfahrung manifestiert. Vergleichbar mit einem Flugsimulator für das Training von Pilot*innen nutzen wir zum Beispiel softwarebasierte Simulationen zum Training der Entscheidungsfähigkeit und zum Austesten der Konsequenzen von strategischen und operativen Entscheidungen. Nichts bleibt besser haften als das Ausprobierte und Erfahrene.

Lernen entlang des Workflows

Wir leben heute in einer Zeit des Informationsüberflusses. Mehr Daten als je zuvor sind verfügbar. Wir setzen zunehmend künstliche Intelligenz ein, um die Datenflut zu kanalisieren, Daten aufzubereiten und sie auszudeuten. Trotz der Unterstützung durch digitale Automatisierung müssen Strategieverantwortliche die für Entscheidungen relevanten Informationen herausfiltern. Was ist im Strategieprozess wann und wie zu analysieren, zu durchdenken, zu besprechen und abzustimmen? Rasch kann dabei der Überblick verloren gehen. Aus Informationsüberfluss wird dann Überlastung, und Überblick verwandelt sich in Tunnelblick.

Die beiden Learning-Experten Dr. Conrad Gottfredson und Bob Mosher (2010) haben die fünf Bedarfsmomente des Lernens kategorisiert: »Etwas Neues zu lernen« (01) und »Mehr über etwas zu lernen« (02) zählen als Bedarfsmomente zum »Formalen Lernen«. Die Wissensvermittlung im Formalen Lernen findet in erster Linie durch traditionelle Methoden, wie Seminare sowie E-Learning in Form von Online-Schulungen, statt.

Hinzu kommen drei Bedarfsmomente, die sich auf die Umsetzung von Gelerntem beziehen: »Etwas anwenden oder erinnern« (03), »Wenn ein Problem auftritt« (04) oder »Wenn sich etwas ändert« (05).

Die weiteren Bedarfsmomente ergeben sich in der Regel aus dem Arbeitsfluss. Hier setzen wir an.

UNSER WORKFLOW

Wir wollen, dass Sie im Strategieprozess den Überblick behalten und auch Durchblick haben. Sie sehen den Wald und seine Bäume. Unserem Strategy-Frame® liegt die Idee des Lernens im Moment der Anwendung zugrunde. Daher haben wir unseren Strategieprozess als »Workflow« angelegt. Der StrategyFrame® ist so konzipiert, dass Sie die für Ihre Strategiearbeit »richtigen« Ressourcen zur »richtigen« Zeit in der »richtigen« Menge an Inhalten in konsumierbarer Form und auf kaskadierenden Anleitungsebenen bereitstellen können. Aus diesem Grund haben wir diese Inhalte nicht an Fachthemen ausgerichtet und aufbereitet, sondern gliedern sie in einzelne konkrete Aufgaben, die im Strategieprozess zu erledigen sind. So erhalten Sie im Augenblick des Bedarfs unmittelbar die relevante Unterstützung.

Unser Workflow umfasst acht Aktionsschritte, die Sie im Strategieprozess gehen sollten. Wir erklären die Notwendigkeit des jeweiligen Prozessschritts und geben Ihnen zur Bearbeitung eine konkrete Handlungsanleitung mit Leitfragen, Tipps, Beispielen und Werkzeugen. Der Workflow ist aber keine Einbahnstraße. Sie werden den StrategyFrame® mehrfach entlang des Workflows durchlaufen.

Prozessschritte:

1. Planen
2. Analysieren
3. Fokussieren
4. Adaptieren
5. Kaskadieren
6. Transformieren
7. Experimentieren
8. Adjustieren

STRATEGIEENTWICKLUNG

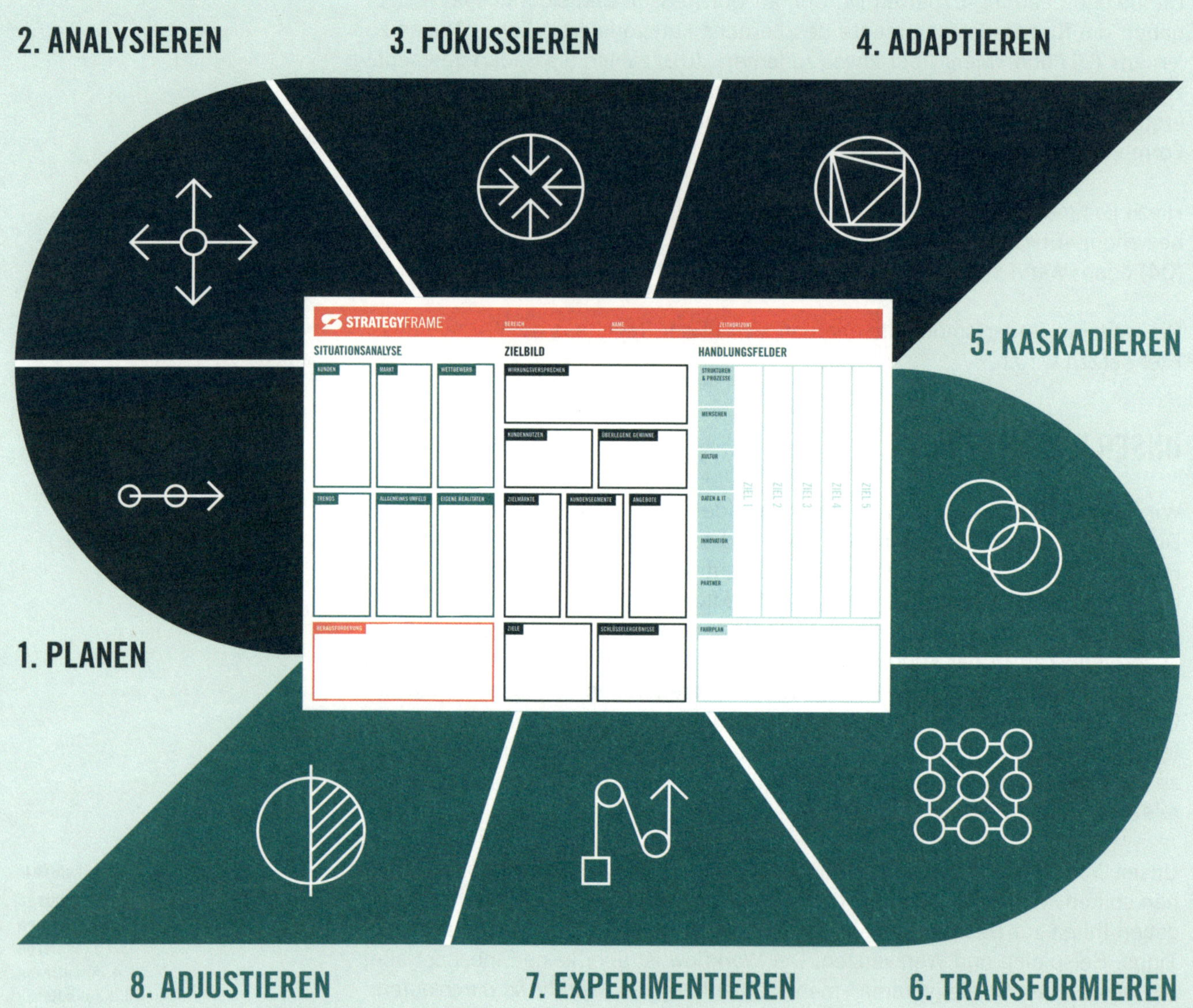

STRATEGIEUMSETZUNG

WORKFLOW

1. PLANEN

Die richtigen Fragen zur Organisation des Prozesses stellen und beantworten.

2. ANALYSIEREN

Quantitative und qualitative Daten zusammentragen und mit den richtigen Tools analysieren.

3. FOKUSSIEREN

Daten und Analysen gemeinsam reflektieren und besprechen, um strategische Entscheidungen zu treffen.

4. ADAPTIEREN

Passgenaue Maßnahmen entwickeln, um die Organisation auf das Zielbild anzupassen.

5. KASKADIEREN

Die Strategie richtig in Szene setzen und über alle Ebenen kaskadieren.

6. TRANSFORMIEREN

Die Transformation aufsetzen, starten und Veränderung beschleunigen.

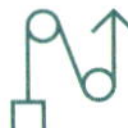

7. EXPERIMENTIEREN

Einzigartige Fähigkeiten und Ressourcen nutzen, um Ihren Wachstumsmotor von übermorgen zu schaffen.

8. ADJUSTIEREN

Regelmäßig die Strategie hinterfragen und nachschärfen.

»ICH LIEBE ES, WENN EIN PLAN FUNKTIONIERT.«

Hannibal Smith, *Das A-Team*

PLANEN

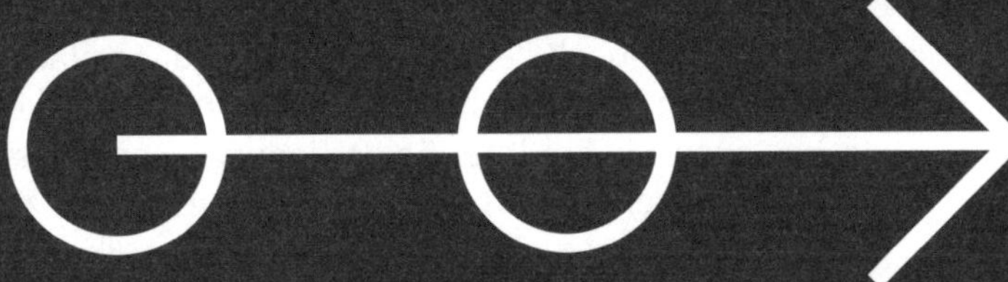

STRATEGIEPROZESS RICHTIG PLANEN

WOMIT SIE STARTEN

Die erste Frage ist offensichtlich: Können wir es selbst? Ein Strategieprozess, der gelingen soll, braucht sehr gute Planung und bei den Beteiligten auch Spaß am Machen. Ohne durchdachte Planung und Freude am Machen verwandelt sich der Strategieprozess schnell in eine zeitfressende, wenig motivierende, als Belastung empfundene Veranstaltung mit geringem Engagement vieler Beteiligter und im Endergebnis mit wenig Zählbarem. Vielleicht dann doch besser eine Beratung beauftragen? Werden sie mit »fancy« Methoden auf uns losgehen, mit Kanonen auf Spatzen schießen? Müssen wir nach zahllosen Interviewrunden in einer Serie von Workshops Post-its mit den Kolleg*innen kleben? Werden wir am Ende von einer Lawine aus zahlenschweren Excel-Sheets und vollgepackten PowerPoint-Folien überwältigt? Und was machen wir dann damit? So sieht leider häufig die Realität von Unternehmen in der Strategiefindung aus!

Entmutigt? Viel Aufwand für Wenig? Und obendrein blank gescheuerte Nerven? Neigen Sie nun doch den Anti-Strategen zu – einfach das machen, was wir können, nur noch besser als zuvor? Dann braucht es keine Strategie? Oder doch? Wir begleiten Sie bei Ihrer Selbstfindung. Ohne eigenen Einsatz geht es nicht, wenn Sie an der Zukunft schrauben. Vieles gilt es zu bedenken, bevor Sie sich in die Arbeit stürzen. Bierernst muss es deshalb noch lange nicht zugehen.

Strategie selber machen

Im Folgenden geht es um das große Ganze: Wie planen Sie einen richtig guten Strategieprozess? Wie schaffen Sie es, dass der Prozess neben dem Tagesgeschäft sogar Freude bereiten kann? Welche Fragen müssen Sie vor dem Prozessstart beantworten? Wir geben Ihnen einen Leitfaden an die Hand, um im Entwicklungsprozess häufig auftretende Probleme zu vermeiden oder ihre Lösung von Beginn an mitzudenken.

DEM KIND DEN RICHTIGEN NAMEN GEBEN

»Am Anfang war das Wort«, heißt es im Johannes-Evangelium. Das Wort »Strategie« wird am Beginn von Veränderungsprozessen gerne aus internen Gründen vermieden, weil als unklar, übernutzt oder zu hochtrabend empfunden. Lieber spricht man von Annual Review, Neuausrichtung oder neuer Mission. Besonders Mission klingt nach Aufbruch und setzt auf den Chief Evangelist als Obermissionar*in zur Anfeuerung der Märkte und Kunden.

Strategie wird allzu oft mit der Formulierung von Zielen gleichgesetzt oder verwechselt, wie beispielsweise »Wir wollen unseren Gewinn jedes Jahr um 10 Prozent steigern«. Wie bitte? Warum nicht um 50 Prozent? Oder warum überhaupt?

Ziele sind aber keine Strategie, keine umsetzbaren Handlungsanweisungen, sondern erhoffte Ergebnisse. Ziele entspringen unseren Ambitionen, Wünschen und Absichten. Die entscheidende Frage in der Strategiefindung ist nicht, welche Ziele Sie anstreben wollen, sondern vor welchen Herausforderungen Ihr Unternehmen steht und welche Gelegenheiten sich zur Weiterentwicklung bieten. Strategie ist kein Wunschkonzert, sondern Ihre Idee, wie Sie diese Herausforderungen meistern und Gelegenheiten gewinnbringend nutzen können. Die anzustrebenden Ziele leiten sich dann aus den Herausforderungen und Gelegenheiten ab.

Hier ist Ihr erster Arbeitsauftrag: Sorgen Sie für Klarheit. Nennen Sie das Kind beim richtigen Namen. Entwickeln Sie mit Ihrem Führungsteam und allen, die zum Gelingen Ihrer Strategie beitragen sollen, ein gemeinsames Verständnis darüber, was Strategie sein und leisten soll. Kommen wir damit zu den grundlegenden Fragen, die Sie vor einem beabsichtigten Veränderungsprozess beantworten müssen:

#1: FÜR WELCHEN BEREICH IHRES UNTERNEHMENS SOLL DIE STRATEGIE ENTWICKELT WERDEN?

FÜR …

… DAS GESAMTE UNTERNEHMEN = UNTERNEHMENSSTRATEGIE:

Der erste und weitreichendste Geltungsbereich erstreckt sich über das gesamte Unternehmen oder über alle Teile einer Unternehmensgruppe. Wir sprechen dann von einer Unternehmens- oder Konzernstrategie. Sie legt fest, wo, wann und wie die Ressourcen des Unternehmens einzusetzen sind, um die erkannten Herausforderungen zu meistern und sich bietende Gelegenheiten zu nutzen. Einfach ausgedrückt geht es um das Bestimmen und Abstecken der Spielfelder: In welchen Märkten und Branchen will das Unternehmen aktiv sein? Welche Synergien können in einem Portfolio aus unterschiedlichen Produkten, Dienstleistungen und Geografien geschaffen werden?

… EINEN GESCHÄFTSBEREICH = GESCHÄFTSBEREICHSSTRATEGIE:

Größere Unternehmen haben in der Regel mehrere Geschäftsbereiche, die aufgrund ihrer Unterschiedlichkeit individuelle Strategien im Gesamtkontext der Unternehmensstrategie erfordern. Die Geschäftsfeldstrategie legt fest, wie die diagnostizierten Herausforderungen und Gelegenheiten im konkreten Betätigungsfeld angegangen werden sollen und wie sich der Geschäftsbereich gegenüber dem Wettbewerb positionieren will.

… FÜR FUNKTIONSBEREICHE = FUNKTIONSBEREICHSSTRATEGIE:

Der dritte organisatorische Geltungsbereich betrifft die einzelnen Funktionsbereiche eines Unternehmens wie Einkauf, Produktion, Marketing, Vertrieb, Finanzierung oder Personal. Hier liegt das Hauptaugenmerk auf der Einbindung der einzelnen Funktionsbereiche, um einen Wertbeitrag zum angestrebten Unternehmenserfolg zu leisten. Funktionalstrategien können nicht isoliert etabliert werden. Sie müssen vielmehr mit den übergeordneten Strategieebenen »Geschäftsbereich« und »Unternehmen/Konzern« abgestimmt sein und auf diese einzahlen. Das zeigen die aktuellen Themen »Digitale Transformation« mit dem Funktionsbereich IT als Gravitationszentrum oder »Nachhaltigkeit«, die bei produzierenden Unternehmen besonders die Bereiche Produktion, Einkauf und Logistik betrifft (etwa mit dem Ziel, den »CO2-Fußabdruck« zu verringern).

…REGIONEN = GLOBALE, MULTINATIONALE ODER LOKALE STRATEGIE:
Zur organisatorischen Dimension der Strategie kommt der geografische Geltungsbereich. International operierende Unternehmen haben meist eine globale Unternehmens- oder Gruppenstrategie, unter die sich lokale Geschäftsfeldstrategien für unterschiedliche geografische Märkte einordnen (»glocalize«).

AUS DER PRAXIS

Einen solchen Ansatz verfolgt zum Beispiel der Sport- und Freizeitartikelhersteller Adidas (2022).

Die als »own the game« bezeichnete Unternehmensstrategie fokussiert auf Glaubwürdigkeit, Konsumerlebnis und Nachhaltigkeit. Sie soll durch kontinuierliche Innovation und Digitalisierung umgesetzt werden. Die strategischen Märkte beziehungsweise Regionen sind China, Nordamerika und EMEA. Für jede dieser Regionen hat Adidas »einen maßgeschneiderten Ansatz, der lokale Trends aufgreift« mit dem Ziel »in allen drei strategischen Märkten Marktanteile zu gewinnen«.

Dass die jeweiligen Geschäftsbereichs-, Markt- und Funktionalstrategien in der Unternehmens- oder Gruppenebene zu verankern sind, erscheint selbstverständlich. In der Praxis sehen sich Geschäftsbereichs- und Funktionsverantwortliche aber immer häufiger mit dem Fehlen von strategischen Überlegungen auf der obersten Ebene konfrontiert. Nach einer Untersuchung der Beratung strategy& (2019) haben weniger als ein Drittel der deutschen Unternehmen eine eindeutig festgelegte Strategie, die über allgemeine Statements hinausgeht. Wenn es unklar ist, wie der Ressourceneinsatz auf das Unternehmenskonto einzahlt und welche konkreten Erwartungen es von »oben« gibt, entsteht eine Beliebigkeit im Handeln aller Entscheider*innen. Wenig überraschend breitet sich dann Silodenken aus und verhindert eine an den Herausforderungen und Gelegenheiten ausgerichtete integrative Strategie.

#2: WELCHE ÜBERGEORDNETE ZIELSETZUNG VERFOLGEN SIE MIT DER STRATEGIE UND WELCHER IST IHR FOKUS?

Worum geht es bei Ihren strategischen Überlegungen wirklich? Soll das gegenwärtige Geschäftsmodell hinterfragt werden? Geht es um eine Neuausrichtung des Kerngeschäfts? Sollen neue Geschäftsfelder/Geschäftsmodelle entwickelt werden oder soll sogar ein dualer Ansatz, der beides verbindet und parallel vorantreibt, verfolgt werden? Bevor Sie sich an solche konkreten Fragen machen, ist es wichtig zu verstehen, welche strategischen Herausforderungen überhaupt vorliegen. Rumelt (2022) unterscheidet drei Arten strategischer Herausforderungen. In der ersten Art der Herausforderung »choice challenge« verstehen Sie die Ursache-Wirkung Zusammenhänge und kennen alternative Lösungen. Ihre Herausforderung besteht darin, unter Bedingungen der Unsicherheit und nicht vollständig quantifizierbaren Risiken die optimale Entscheidung zu treffen. Elon Musk hat in Berlin-Brandenburg eine Produktionsanlage, die Gigafactory, errichten lassen, um den erwarteten Nachfrageanstieg für E-Fahrzeuge in Deutschland und Europa bedienen zu können. Er ist damit eine längerfristige Bindung an diesen Produktionsstandort eingegangen. Mit Sicherheit hatten Musk und seine Strateg*innen sowohl alternative Standorte als auch alternative Größen von Produktionsstätten auf ihrer Analyseliste. Musk ist als wenig risikoscheu bekannt und hat sich daher wenig überraschend für »klotzen statt kleckern« entschieden.

1. Choice challenge

Bei der zweiten Art der Herausforderung »engineering design challenge« gibt es keine vordefinierten oder bekannten Lösungsalternativen, aus denen man unter Abwägung von Kosten und Nutzen die beste wählt. Es braucht eine neuartige Lösung. Doch gibt es zumindest Vorbilder oder Blaupausen aus der eigenen Erfahrung oder aus der Beobachtung, wie andere in ähnlicher Situation vorgegangen sind. Gegen diese Muster lässt sich der entstehende neue Ansatz dann testen. Die Discounter Aldi und Lidl sind in den vergangenen Jahrzehnten in verschiedene neue Auslandsmärkte eingetreten. Auch wenn jeder Landesmarkt seine Eigenheiten hat, wenden diese Unternehmen erprobte Eintritts- und Expansionsmuster an und nutzen die neuen Umgebungen zudem für Experimente (*Business Insider Deutschland*, 2018).

2. Engineering design challenge

Die dritte Art der Herausforderung »gnarly design challenge« ist besonders kniffig, denn sie beschreibt eine Entscheidungssituation, in der es für die gesuchte Strategie weder bekannte Alternativen noch übertragbare Handlungsschablonen gibt. Wirkungszusammenhänge sind unklar, relevante Informationen fehlen und die vorliegenden Daten lassen sich unterschiedlich interpretieren. Nach Kay und King (2020) herrscht »radikale Unsicherheit«:

3. Gnarly design challenge

»The result of our incomplete knowledge of the world, or about the connection between our present actions and their future outcomes. (…) There are things we do not know, and things we do not know that we do not know. And sometimes things we do know that are just not so.«

Klarheit über die Art der strategischen Herausforderung hilft Ihnen, den »Fokus« der zu entwickelnden Strategie zu definieren und die richtigen Analysen durchzuführen. Nach unserer Praxiserfahrung liegt der Fokus von Strategien üblicherweise auf einem der folgenden vier Bereiche:

PORTFOLIO:

- ☐ Wachstum (Investieren)
- ☐ Stabilisierung (Halten)
- ☐ Schrumpfung (Desinvestieren)

PRODUKTE/MÄRKTE:

- ☐ Marktdurchdringungsstrategie
- ☐ Marktentwicklungsstrategie
- ☐ Produktentwicklungsstrategie
- ☐ Diversifikationsstrategie

WETTBEWERBSVORTEILE/MARKTABDECKUNG:

- ☐ Kostenführerschaft
- ☐ Produktdifferenzierung
- ☐ Konzentration (Gesamtmarkt oder Nische)

MARKTVERHALTEN:

- ☐ Angriff
- ☐ Verteidigen
- ☐ Win-win

PORTFOLIO (Unternehmens-/Konzernebene)
(BCG Matrix, Henderson 1970): Hier geht es um die optimale Allokation Ihrer begrenzten Ressourcen auf die verschiedenen Unternehmenseinheiten. In welchen Geschäftsfeldern wollen Sie wachsen? Wachstum setzt Investitionen voraus. Wo soll die aktuelle Marktposition gehalten werden? Wo wollen Sie Ihr Engagement zurückfahren, um Ressourcen freizusetzen?

PRODUKTE/MÄRKTE (Geschäftsfeld-/Marktebene)
(Ansoff Matrix, Ansoff 1965): Wollen Sie mit Ihren vorhandenen Produkten bestehende Märkte durchdringen (beispielsweise durch verstärkte Marketingmaßnahmen) und Ihren Marktanteil erhöhen? Wollen Sie bestehende Märkte für Ihr Unternehmen durch neue Produkte entwickeln? Wollen Sie mit Ihren vorhandenen Produkten in neue Märkte eintreten und diese für Ihr Unternehmen entwickeln? Oder wollen Sie diversifizieren und neue Produkte in neuen Märkten etablieren?

POSITIONIERUNG IM WETTBEWERB (Geschäftsfeld-/Marktebene)
(Porters Wettbewerbsmatrix, Porter 1980): Wollen Sie sich in den gewählten Geschäftsfeldern oder Märkten von den Konkurrenten durch deutliche »Differenzierung« im Hinblick auf Preis und Qualität oder durch »Kostenführerschaft« abheben? Wo soll die »Konzentration« liegen, auf dem gesamten Markt oder auf einer Nische?

MARKTVERHALTEN (Marktebene)
Wollen Sie mit Ziel der Marktdurchdringung die Konkurrenz frontal angreifen und ihnen Marktanteile wegnehmen, wie das DHL vor einigen Jahren in den USA gegen FedEx und UPS versucht hat? Oder wollen Sie eher defensiv agieren, sich nicht im Gesamtmarkt exponieren, um nicht intensive Gegenwehr etablierter Akteure auszulösen? Red Bull wählte beim Markteintritt in den amerikanischen Energy-Drink-Markt eine defensive Herangehensweise, um Gegenschläge der Platzhirsche Coca-Cola und Pepsi zu vermeiden. Vielleicht können Sie auch Win-win-Situationen schaffen, indem beispielsweise Ihre Aktivitäten zur Marktentwicklung die Gesamtnachfrage erhöhen und Ihre Konkurrenten davon profitieren.

Ob es nun um die Reduktion von bekannten Alternativen (long-list) zum Beispiel auf die besten drei (short-list) für die optimale Wahl einer Lösung geht oder um eine komplexe Herausforderung wie Wachstum in einem saturierten Marktumfeld: klären Sie mit Ihrer Führungsmannschaft die Art der strategischen Herausforderung, stecken Sie die Spielfelder ab und bestimmen Sie dann den Fokus Ihrer Strategie.

#3: SPRECHEN WIR DIE GLEICHE SPRACHE UND MEINEN WIR DAS GLEICHE?

»Die Grenzen meiner Sprache bedeuten die Grenzen meiner Welt.«
Ludwig Wittgenstein, *Tractatus logico-philosophicus, 1918*

Um eine Strategie zu entwickeln und umzusetzen, brauchen wir nicht nur inhaltlich ein gemeinsames Verständnis, sondern wir müssen in unserer internen und externen Kommunikation auch eine gemeinsame Sprache sprechen. Denn Sprache schafft Wirklichkeit. So lautet eine Interpretation des Wittgenstein Zitats. Eine gemeinsame Sprache, oder besser An-Sprache, schafft Nähe, Verbindlichkeit und Verbundenheit.

Daher sollten Sie schon vor Beginn der Strategiereise nicht nur das Kind beim richtigen Namen nennen, sondern auch eine inspirierende Beschreibung für Ihr Unterfangen geben. Im Unternehmensalltag finden sich meist wenig kreative Bezeichnungen von Strategien oder Strategieprozessen wie zum Beispiel »Strategie 2025«, »Stahlstrategie 20-30« oder schlicht »Unsere Strategie«. Wir haben nichts gegen Pragmatismus und Sachlichkeit, wenn sich dahinter nicht reine Einfallslosigkeit verbirgt. Aber wenn Strategie eine Organisation wirklich einnehmen und begeistern soll, dann braucht es eine gewisse Emotionalität und eine starke Botschaft nach innen wie nach außen. Warum also nicht von »bold moves« statt von »Strategie 2025« sprechen? Oder wie etwa Bertelsmann mit »Morgen ist schon heute« der Strategie eine Überschrift geben, die herausstellt, worum es geht und was auf dem Spiel steht?

Sprache macht einen Unterschied

Sprache ist nicht nur bei Namensgebung und Formulierung der Strategie entscheidend. Vielmehr ist zu überlegen, in welcher Sprache der Strategieprozess durchgeführt werden soll. In vielen multinationalen Unternehmen ist Englisch die Arbeitssprache. Oft finden sich aber unter den beteiligten Entscheidern keine oder nur wenige Muttersprachler. Unterschiedliche sprachliche Fähigkeiten der Teilnehmer können die inhaltliche Diskussion verzerren, Muttersprachlern die Deutungshoheit in Bezug auf Begrifflichkeiten geben und die Machtverhältnisse im Strategieprozess verändern. Diese Problematik ist selbst in internationalen Top-Teams auf Konzernebene ein großes Thema. Einer der Autoren dieses Buches hat es kürzlich wieder in einem Strategie-Workshop mit Bereichsleiter*innen eines internationalen Großunternehmens erlebt. Als Workshop-Sprache war mit dem Vorstand Englisch vereinbart. Es stellte sich jedoch nach kurzer Zeit heraus, dass die Sprachfertigkeiten in der Gruppe zu unterschiedlich waren, um Begrifflichkeiten, Inhalte und Fragestellungen gut und zeiteffizient für eine sinnvolle Diskussion zu verarbeiten. Der Wechsel zu Deutsch war selbst für die Teilnehmer*innen mit anderer Muttersprache besser als beim Englischen zu bleiben. Machen Sie sich also frühzeitig Gedanken über Sprache und ihre Wirkung für Ihren Strategieprozess.

#4: WELCHE HALBWERTSZEIT SOLL IHRE STRATEGIE HABEN?

Die Frage nach der zeitlichen Gültigkeit einer Strategie lässt sich in unserer heutigen »VUCA«-Welt nur schwer beantworten. Die beste Antwort ist die typische Antwort eines Ökonomen: es kommt darauf an – auf das Unternehmen, die Branche, und all die anderen Faktoren, die wir in unserer Situationsanalyse erfassen wollen. Wir wissen nicht, und können nicht wissen, wie volatil, ungewiss, komplex und vieldeutig die Zukunft sein wird. Aus unserer Beobachtung und Analyse der Unternehmenspraxis ergibt sich als Halbwertszeit von Unternehmensstrategien ein zeitlicher Korridor von etwa 3 bis maximal 5 Jahren.

Ob es nun mehr oder weniger Jahre sind: Strategie ist nicht in Stein gemeißelt. Bestimmte Strategieelemente (etwa Produktstrategie) können je nach Umfeldveränderungen und unter Wettbewerbsdruck schneller obsolet werden als andere (beispielsweise Produktionsstrategie). Sie müssen daher in kürzeren Abständen überprüft werden und verlangen eine agilere Vorgehensweise, wenn sich neue Herausforderungen oder Gelegenheiten ergeben. Wie schnell eine Unternehmensstrategie adaptiert werden kann, hängt wesentlich von der Unternehmensgröße ab. Die Erfahrung zeigt, dass große Unternehmungen mindestens 2 bis 3 Jahre benötigen, um eine neue Strategie zu entwickeln, sie in der Organisation umzusetzen und sie für Kunden erfahrbar zu machen.

Mindestens 2 bis 3 Jahre

#5: AUF WELCHER BASIS WIRD DIE STRATEGIE NEU AUSGERICHTET?

Haben Sie als Anker für Ihre Strategie ein Unternehmensleitbild, das Sinn und Zweck Ihres Unternehmens erklärt, seine Identität definiert, den Wertekanon und die Grundprinzipien für das eigene Handeln festlegt und die Vision sowie den Arbeitsauftrag an die Organisation ableitet? Wenn nicht, dann empfehlen wir, ein solches Selbstverständnis zu entwickeln und zu kommunizieren, bevor Sie sich der Strategiearbeit widmen. Leitbild und Strategie sollten nicht zusammen oder parallel entwickelt werden, da Fokus sowie Denk- und Vermittlungsweisen nicht deckungsgleich sind.

Unternehmensleitbild

Wenn Sie ein Leitbild haben, überprüfen Sie es, denn nicht immer lässt es sich 1:1 für eine neue Strategie verwenden. Um die notwendigen Inhalte für den Strategieprozess zu gewinnen, ohne zwei Prozesse parallel zu fahren und dennoch das bestmögliche Ergebnis zu erreichen, arbeiten wir in der Praxis mit einem »Wirkungsversprechen« – ein Versprechen an alle Stakeholder, wie Sie mit Ihrem Unternehmen längerfristig (Zeithorizont 5 bis 10 Jahre) in Ihrem Betätigungsfeld eine positive Wirkung erzeugen wollen.

Unsere Alternative: Ihr Wirkungsversprechen

Das Wirkungsversprechen ist eine Melange aus Ihrer Leidenschaft, den Stärken Ihres Unternehmens und dem Antrieb Ihres Wirtschaftsmotors. So verbindet es

Ihr »Warum« mit einem großen motivierenden Ziel, das Sie zum Leben erwecken wollen. Verorten Sie Ihr Wirkungsversprechen im Zielbild, um ein Momentum zu erzeugen und der Melange eine tragfähige eine Basis zu geben.

#6: WELCHEN ZEITHORIZONT HAT IHR STRATEGIEPROZESS?

Eines vorweg: Nehmen Sie sich Zeit für den Strategieprozess. In 2 Wochen machen Sie keine gute Strategie. Ein Sprint in die falsche Richtung bringt Sie keinen Meter näher ans Ziel. In der Regel gibt es einen Zeitpunkt, an dem Sie liefern müssen oder wollen, wie zum Beispiel die jährliche Eigentümerversammlung, die Aufsichts- oder Beiratssitzung oder die Bilanzpressekonferenz. Dieser Zeitpunkt definiert dann das Enddatum, an dem zumindest der Prozess der Strategieentwicklung abgeschlossen sein muss.

Um eine aussagekräftige und verlässliche Situationsanalyse durchzuführen, sollten Sie mindestens 4 bis 8 Wochen einplanen. Mit hohem Ressourcen- oder Beratereinsatz kann dies auch schneller gelingen. Es hängt wesentlich vom Umfang der nötigen Interview- und Datenarbeit ab (Erheben, Verknüpfen, Auswerten), denn ohne eine solide quantitative und qualitative Betrachtung wird es nicht gehen. Übermäßiger Zeitdruck ist kontraproduktiv. Er birgt die Gefahr von Schnellschüssen »aus dem Bauch heraus«.

Liegen die Ergebnisse der Situationsanalyse vor, empfehlen wir, mindestens zwei Workshops durchzuführen. Der erste Workshop findet mit Ihrem Top-Management-Team statt. Ziel ist es, ein gemeinsames Verständnis für die identifizierten Herausforderungen und Gelegenheiten zu entwickeln und ein mit dem Leitbild vereinbares Zielbild zu entwerfen. In einem zeitlichen Abstand von 2 bis 4 Wochen sollte dann der zweite Workshop mit dem erweiterten Führungskreis durchgeführt werden, um das Zielbild auf Robustheit zu testen und in konkrete Handlungsfelder mit Maßnahmen zu übersetzen.

Strategiefindung: 3 bis 6 Monate

Insgesamt sollten Sie für die Strategiefindung 3 bis 6 Monate einplanen. Länger sollte dieser Prozessschritt aber nicht in Anspruch nehmen, denn die Welt dreht sich weiter. Wenn es zu lange dauert, könnte ihre Situationsanalyse bereits obsolet sein, bevor Sie in die konkrete Zielformulierung gehen.

Strategieumsetzung: 1 Jahr

Die Ergebnisse Ihrer Strategiefindung müssen dann in die Organisation gebracht und dort verarbeitet werden. Das sollte innerhalb eines Jahres machbar sein. Natürlich sind hierbei Art und Größe des Unternehmens, sein Entwicklungsstadium und der Fokus der Strategie zu berücksichtigen.

Sorgen Sie bei der Umsetzung Ihrer Strategie für:

- transparente Kommunikation – binden Sie die Umsetzer*innen rechtzeitig ein und geben ihnen Verantwortung,
- intelligente Koordination der diversen Aktivitäten – sie müssen kohärent sein, also aufeinander abgestimmt in dieselbe Richtung wirken, und
- effektive Organisation – legen Sie den Fahrplan und die Haltestationen fest, setzen Sie eine*n Strategieprozess-Manager*in mit Durchgriffsrechten ein.

Ein guter Strategieprozess braucht ein gewisses Maß an Agilität und Flexibilität auf Seiten der Strategiearbeiter. Lassen Sie Ihrem Team Spiel- und Freiraum.

#7: WELCHEM STRATEGISCHEN RAHMEN FOLGEN SIE UND WIE ENTSTEHT EIN GEMEINSAMES STRATEGIEVERSTÄNDNIS?

Welche Elemente braucht es, um eine vollständige Strategie zu entwickeln, zu vermitteln und umzusetzen? Es gibt eine Vielzahl von Ansätzen, Modellen und Methoden, mit denen Sie ein Strategieverständnis schaffen und den Strategieprozess strukturieren können. Wir sind Anhänger des KISS-Prinzips: »keep it short and simple«. Unser StrategyFrame® umfasst daher nur drei Kernelemente: »Situationsanalyse«, »Zielbild« und »Handlungsfelder«.

Das Gesamtbild

Wichtig ist es nach unserer Erfahrung, ein Panoramabild zu bekommen, das diese Kernelemente in den Gesamtkontext einbettet und als Plattform für die gemeinsame inhaltliche Arbeit dient. Mit dem Blick auf das Panorama sieht man den Wald trotz lauter Bäumen. Erwartungen, Einstellungen und Annahmen der am Strategieprozess Beteiligten lassen sich so einfacher transparent machen und abklären.

#8: WER IST DER SPONSOR DES STRATEGIEPROZESSES?

Boss

Klassische Sponsoren für die Unternehmensstrategie sind Unternehmensvorstände oder Geschäftsführer*innen. In der Praxis wird in letzter Zeit häufig nach einem Team-Ansatz gefragt. Ja, Strategiearbeit ist Teamarbeit, aber Verantwortung ist nicht teilbar. Am Ende muss es eine*n Gesamtverantwortliche*n geben, auch wenn mehrere Personen die Strategie mittragen. Ansonsten besteht die Gefahr, dass Partikularinteressen einzelner Akteure den Prozess bremsen. Die Konzentration auf einen Gesamtverantwortlichen schafft Klarheit darüber, wer besonders in den erfolgskritischen Situationen das letzte Wort hat und dafür letztlich den Kopf hinhalten muss.

#9: WER AGIERT ALS OPERATIVE*R STRATEGIEPROZESSMANAGER*IN?

Personen mit internem Netzwerk und Respekt

In vielen Fällen liegen Koordination und operative Steuerung eines Strategieprozesses bei einem hauptamtlichen Strategen oder einem persönlichen Referenten des Vorstands. Es müssen nicht notwendigerweise die erfahrensten Kolleg*innen den Strategieprozess leiten. Auch junge, frische Köpfe können sich dafür eignen, wenn sie im Unternehmen gut vernetzt und anerkannt sind. Wichtiger als die Person selbst ist es, die Position frühzeitig und möglichst über den Prozess der Strategieentwicklung hinaus zu besetzen, um einen Bruch zwischen Strategieentwicklung und Strategieumsetzung zu verhindern.

#10: WER SOLL IN DEN STRATEGIEPROZESS INVOLVIERT WERDEN UND DIESEN MITGESTALTEN?

Führungskräfte

Bei Ko-Kreation geht es um die aktive Mitgestaltung der Strategie durch Personen auch außerhalb des engsten Führungskreises, vor allem aber um die frühzeitige Mitnahme derjenigen, die die Strategie später umsetzen und ausführen sollen. In unserer Beobachtung lassen sich oberste Führungskräfte ungern »reinreden« und wollen daher gerade bei der Strategiefindung keinen partizipativen Prozess. Es kann aber sehr vorteilhaft sein, das eigene Ego zurückzufahren und Mitwirkung jenseits des innersten Kreises nicht nur zuzulassen, sondern aktiv einzuwerben, um wertvolle Impulse für den Prozess und die spätere Akzeptanz der Strategie zu erhalten. Die Mitgestaltenden verfügen über Erfahrungswissen und bringen andere Perspektiven ein, die helfen, die eigenen strategischen Überlegungen kritisch zu hinterfragen. Richtig gute Führungskräfte zeichnen sich dadurch aus, dass ihnen kein Zacken aus der Krone bricht, wenn sie andere an der Strategiefindung teilhaben lassen.

Wir ermutigen Sie: Mit einer Entscheidung für Ko-Kreation senden Sie ein starkes Zeichen an Ihre Organisation. Durch Maßnahmen der Mitgestaltung machen Sie die Eingebundenen zu Miteigner*innen und Multiplikator*innen der entstehenden Strategie und fördern so Akzeptanz und Umsetzungswillen. (Mit-)Eigentum verpflichtet. Allerdings werden bei den Beteiligten auch Erwartungen geweckt. Sie mögen eigene Agenden verfolgen, sodass unvorhergesehene Teamdynamiken entstehen können. Bei aller Begeisterung für eine Ko-Kreation müssen Sie daher auf das rechte Maß achten. Nur weil alle mitgestalten, schmeckt die fertige Strategie nicht unbedingt besser und allen. Basisdemokratische Abstimmungen eignen sich nicht für den Entscheid über die neue Strategie. Legen Sie durch transparente und klare Kommunikation die Grenzen der Mitgestaltung fest. Umfang und Intensität der Einbindung hängen vom jeweiligen Schritt im Strategieprozess ab. Der erste Strategieworkshop darf sicherlich keine Betriebsversammlung sein. Zunächst einmal muss das Top-Management zu gemeinsamen Einsichten und Überlegungen kommen. Auf dieser Flughöhe sollte die Teilnehmer*innenzahl klein gehalten werden. Unsere Erfahrung zeigt, dass die Effektivität solcher

Zusammenkünfte ab acht bis zehn Teilnehmern deutlich abnimmt. Im zweiten Workshop kann dann aber durchaus der erweiterte Führungskreis mit den Bereichsleiter*innen und je nach Unternehmensgröße gegebenenfalls sogar bis zur Abteilungs- oder Teamleiter*innenebene hinzugezogen werden. Unabhängig von der Ko-Kreation bestehen auch während des laufenden Prozesses Möglichkeiten, unterschiedliche Personenkreise einzubinden. Beispielsweise können im Rahmen von qualitativen Interviews in der Analysephase interne und externe Stakeholder mit ihrer Sichtweise und ihren Erwartungen abgeholt werden.

#11: WIRD EXTERNE BERATUNG ODER SPARRINGSPARTNERSCHAFT BENÖTIGT? UND WENN JA, WER UND WANN?

»Do-it-yourself«? Oder wollen Sie externe Unterstützung zur Entwicklung und Implementierung Ihrer neuen Strategie in Anspruch nehmen? Haben Sie unternehmensintern ausreichend Kapazitäten (Personal, Ressourcen, Zeit, Fähigkeiten und Know-how), um den gesamten Prozess von der Analyse, über die Kaskadierung bis hin zur Umsetzung durchzuführen – und zu adjustieren?

Hier ein Originalton aus einem Familienunternehmen: »Wir bekommen das trotz begrenzter Kapazitäten selbst hin. Beratungen sind teuer. Wir sind doch kein Großunternehmen. Außerdem wollen Berater*innen immer nur Folgegeschäft generieren.« Die Rolle von Beratenden in Strategieprozessen verändert sich immer stärker. Natürlich gibt es die großen Strategieberatungen, die bei ihrem Auftrag bei großen Unternehmen Heerscharen an Jungberater*innen für die Kernarbeit einsetzen, aus der dann die erfahrenen Partner*innen maßgeschneiderte Strategien für die Unternehmenslenker*innen entwickeln. Natürlich ist solche Wissensarbeit teuer. Und ob die Strategie aufgehen wird, ist alles andere als klar. Denn die Wahrheit liegt bekanntlich auf dem Platz. Dann sind die »hired guns« längst weitergezogen, unterwegs in einem anderen Projekt bei einem anderen Unternehmen. Kein Wunder, dass vor allem mittelständische Unternehmen Berührungsängste und Vorurteile haben, sich externe Unterstützung zu holen. Punkten können daher zunehmend hochspezialisierte Beratungen, die den Strategieprozess oder Teile davon als Moderatoren, Katalysatoren oder Sparringspartner begleiten.

Guter Rat

Wenn Sie externe Unterstützung in Erwägung ziehen, überlegen Sie, was Ihr Unternehmen an welcher Stelle im Prozess wirklich benötigt. Externe Moderation kann helfen faire Gesprächsbedingungen zu schaffen und konstruktive Diskussionen frei von Rechtfertigungsduellen und Schuldzuweisungen anzustoßen. Berater*in und Sparringspartner*in können diejenigen sein, die Ihnen den notwendigen Spiegel vorhalten und Wahrheiten aussprechen, die sich intern niemand traut auszusprechen. Zudem kann eine Draufsicht von außen neue Einsichten und Impulse bringen. All das kann sich lohnen und, mehr noch, rechnen.

#12: WIE WIRD DER STRATEGIEPROZESS KOMMUNIZIERT?

Die Zeiten von Geheimprojekten sind vorbei. Es ist nicht mehr zeitgemäß, dass das Top-Management allein hinter verschlossenen Türen die neue Strategie ausbrütet und dann wie »Kai aus der Kiste« der Organisation die neue Wunderwaffe präsentiert. Nehmen Sie Ihre Mannschaft so früh wie möglich mit auf die Strategiereise. Selbst wenn es anfänglich nur die Information ist, dass Sie sich in einem ausgewählten Teilnehmer*innenkreis erste Gedanken machen.

Im Anschluss folgt die Detailarbeit für Ihre Kommunikation. Legen Sie die Kommunikationskanäle fest. Machen Sie die verschiedenen Schritte des geplanten Strategieprozesses transparent. Erklären Sie die Vorgehensweise und den erwarteten Zeit- und Ressourceneinsatz. Stellen Sie den Prozessfahrplan auf. Befähigen Sie Personen auch außerhalb des Führungsteams als Multiplikator*innen oder Strategiebotschafter*innen in der Organisation zu wirken. Hier geht es vor allem darum, Zwischenergebnisse und Fortschritte im Prozess zu vermitteln.

Erfolgsfaktor Kommunikation

Auch auf die Gefahr hin, uns zu wiederholen: Der Schlüssel zum Gelingen von Strategieprozessen ist Kommunikation. Das ist keine Management-Binsenweisheit, sondern erfahrungsbasierte Einsicht. Der Philosoph Hans Jonas (11.06.1992) bringt es auf den Punkt: »Haltet daran fest, dass wie man denkt, was man denkt, was man sagt und wie man in der wechselseitigen Kommunikation Ideen verbreitet, einen Unterschied ausmacht im Gang der Dinge.«

Der »Gang der Dinge« ist in diesem Buch der »Prozess«.

»OUR GOALS CAN ONLY BE REACHED THROUGH A VEHICLE OF A PLAN, (...). THERE IS NO OTHER ROUTE TO SUCCESS.«

Pablo Picasso, spanischer Maler

PLANEN

Woran scheitern die meisten Strategieprozesse? An der Umsetzung? Vielleicht. Aber wie viele Prozesse schaffen es nicht mal bis dorthin, weil sie schon in der Entwicklungsphase abgebrochen werden, weil die Auffassungen über Strategie zu weit auseinander klaffen oder weil die Voraussetzungen für einen geordneten Strategieprozess nicht geschaffen wurden? Machen Sie es besser! Versuchen Sie, so viele Fragen wie möglich vom Start weg zu beantworten. Natürlich ist nichts in Stein gemeißelt. Machen Sie Annahmen, Erwartungen und Befürchtungen explizit, damit Sie für die ersten Prozessschritte Klarheit gewinnen.

LEITFRAGEN:

1. ☐ **Für welchen Bereich Ihres Unternehmens soll die Strategie entwickelt werden?**
2. ☐ **Welche übergeordnete Zielsetzung verfolgen Sie mit der Strategie? Worauf liegt Ihr Fokus?**
3. ☐ **Sprechen wir die gleiche Sprache und meinen wir das gleiche?**
4. ☐ **Welche Halbwertszeit soll Ihre Strategie haben?**
5. ☐ **Auf welcher Basis wird die Strategie neu ausgerichtet?**
6. ☐ **Welchen Zeithorizont hat Ihr Strategieprozess?**
7. ☐ **Welchem strategischen Rahmen folgen Sie und wie entsteht ein gemeinsames Strategieverständnis?**
8. ☐ **Wer ist der Sponsor des Strategieprozesses?**
9. ☐ **Wer agiert als operative*r Strategieprozessmanager*in?**
10. ☐ **Wer muss in den Strategieprozess involviert werden und diesen mitgestalten?**
11. ☐ **Wird eine externe Beratung oder Sparringspartnerschaft benötigt? Und wenn Ja, wer und wann?**
12. ☐ **Wie wird der Strategieprozess kommuniziert?**

ANLEITUNG:

Bearbeiten Sie die Fragen gemeinsam im engsten Kreis. Zumindest Sponsor und Strategieprozess-Manager*in sollten anwesend sein. Ziel ist es ein einheitliches Verständnis für den anstehenden Prozess zu entwickeln. Auch wenn Sie noch nicht alle Fragen beantworten können, tauschen Sie sich über mögliche Optionen und Varianten aus. Lassen Sie nichts unter den Tisch fallen.

ANNAHMEN

ZU LEITFRAGE

1. **Organisatorischer Geltungsbereich:** ____________________

   Regionaler Geltungsbereich: ____________________

2. **Fokus der Strategie:** ____________________

3. **Führende Sprache im Prozess:** ____________________

   Bezeichnung des Prozesses: ____________________

   Name des Prozesses: ____________________

4. **Zeithorizont der Strategie: 20** ____

5. **Was kann als Basis dienen?** Leitbild ☐ Vision ☐ Purpose ☐ Why ☐ BHAG ☐

6. **Erste Präsentation der entwickelten Strategie:** __.__.______

   Arbeitstermin Strategie-Workshop I (Top-Team): __.__.______

   Arbeitstermin Strategie-Workshop II (erweiterter Führungskreis): __.__.______

7. **Ausgewähltes Prozess- oder methodisches Modell:** ____________________

8. **Sponsor Strategieprozess:** ____________________

9. **Strategieprozessmanager*in:** ____________________

10. **Zu involvierende Personen(-gruppen):** ____________________

    ____

    ____

    Teilnehmer*innenkreis

STRATEGIE-WORKSHOP I:	STRATEGIE-WORKSHOP II:
____________________	____________________
____________________	____________________
____________________	____________________

11. **Mögliche Berater, Moderatoren oder Sparringspartner für den Prozess, bestimmte Prozessschritte oder Module:**

    ____

    ____

12. **Erste Meilensteine für die Kommunikation des Strategieprozesses:**

Datum	Inhalt	Zielgruppe	Format	Kanal
__.__.______	______	______	______	______
__.__.______	______	______	______	______
__.__.______	______	______	______	______

FAHRPLAN I

BEREICH ______________________________

	KW ___ von __.__.____ bis __.__.____	KW ___ von __.__.____ bis __.__.____	KW ___ von __.__.____ bis __.__.____	KW ___ von __.__.____ bis __.__.____
PLANEN				
PLANUNGSMEETING	☐☐☐☐☐	☐☐☐☐☐	☐☐☐☐☐	☐☐☐☐☐
KICK-OFF-MEETING	☐☐☐☐☐	☐☐☐☐☐	☐☐☐☐☐	☐☐☐☐☐
STEUERUNGSKREIS	☐☐☐☐☐	☐☐☐☐☐	☐☐☐☐☐	☐☐☐☐☐
JOUR FIXE	☐☐☐☐☐	☐☐☐☐☐	☐☐☐☐☐	☐☐☐☐☐
ANALYSIEREN				
SAMMLUNG QUANTITATIVER DATEN	☐☐☐☐☐	☐☐☐☐☐	☐☐☐☐☐	☐☐☐☐☐
EXPLORATIVE INTERVIEWS DURCHFÜHREN	☐☐☐☐☐	☐☐☐☐☐	☐☐☐☐☐	☐☐☐☐☐
ANALYSE DER QUANTITATIVEN UND QUALITATIVEN DATEN	☐☐☐☐☐	☐☐☐☐☐	☐☐☐☐☐	☐☐☐☐☐
FOKUSSIEREN				
STRATEGIE-WORKSHOP I	☐☐☐☐☐	☐☐☐☐☐	☐☐☐☐☐	☐☐☐☐☐
ADAPTIEREN				
STRATEGIE-WORKSHOP II	☐☐☐☐☐	☐☐☐☐☐	☐☐☐☐☐	☐☐☐☐☐
ERSTKOMMUNIKATION	☐☐☐☐☐	☐☐☐☐☐	☐☐☐☐☐	☐☐☐☐☐
BEGLEITENDE KOMMUNIKATION	☐☐☐☐☐	☐☐☐☐☐	☐☐☐☐☐	☐☐☐☐☐
VORSTELLUNG STRATEGYFRAME®	☐☐☐☐☐	☐☐☐☐☐	☐☐☐☐☐	☐☐☐☐☐
STRATEGIEUMSETZUNG				
PROZESSSCHRITT 5–8	☐☐☐☐☐	☐☐☐☐☐	☐☐☐☐☐	☐☐☐☐☐

NAME

STAND

KW ___ von __.__.____ bis __.__.____	KW ___ von __.__.____ bis __.__.____	Q ___ von __.__.____ bis __.__.____	Q ___ von __.__.____ bis __.__.____	NOTIZEN
☐ ☐ ☐ ☐ ☐	☐ ☐ ☐ ☐ ☐	☐ ☐ ☐ ☐ ☐	☐ ☐ ☐ ☐ ☐	
☐ ☐ ☐ ☐ ☐	☐ ☐ ☐ ☐ ☐	☐ ☐ ☐ ☐ ☐	☐ ☐ ☐ ☐ ☐	
☐ ☐ ☐ ☐ ☐	☐ ☐ ☐ ☐ ☐	☐ ☐ ☐ ☐ ☐	☐ ☐ ☐ ☐ ☐	
☐ ☐ ☐ ☐ ☐	☐ ☐ ☐ ☐ ☐	☐ ☐ ☐ ☐ ☐	☐ ☐ ☐ ☐ ☐	
☐ ☐ ☐ ☐ ☐	☐ ☐ ☐ ☐ ☐	☐ ☐ ☐ ☐ ☐	☐ ☐ ☐ ☐ ☐	
☐ ☐ ☐ ☐ ☐	☐ ☐ ☐ ☐ ☐	☐ ☐ ☐ ☐ ☐	☐ ☐ ☐ ☐ ☐	
☐ ☐ ☐ ☐ ☐	☐ ☐ ☐ ☐ ☐	☐ ☐ ☐ ☐ ☐	☐ ☐ ☐ ☐ ☐	
☐ ☐ ☐ ☐ ☐	☐ ☐ ☐ ☐ ☐	☐ ☐ ☐ ☐ ☐	☐ ☐ ☐ ☐ ☐	
☐ ☐ ☐ ☐ ☐	☐ ☐ ☐ ☐ ☐	☐ ☐ ☐ ☐ ☐	☐ ☐ ☐ ☐ ☐	
☐ ☐ ☐ ☐ ☐	☐ ☐ ☐ ☐ ☐	☐ ☐ ☐ ☐ ☐	☐ ☐ ☐ ☐ ☐	
☐ ☐ ☐ ☐ ☐	☐ ☐ ☐ ☐ ☐	☐ ☐ ☐ ☐ ☐	☐ ☐ ☐ ☐ ☐	
☐ ☐ ☐ ☐ ☐	☐ ☐ ☐ ☐ ☐	☐ ☐ ☐ ☐ ☐	☐ ☐ ☐ ☐ ☐	
☐ ☐ ☐ ☐ ☐	☐ ☐ ☐ ☐ ☐	☐ ☐ ☐ ☐ ☐	☐ ☐ ☐ ☐ ☐	

»HOWEVER BEAUTIFUL THE STRATEGY, YOU SHOULD OCCASIONALLY LOOK AT THE RESULTS.«

Winston Churchill, britischer Staatsmann

ANALYSIEREN

WO SIE STEHEN

ZAHLEN, DATEN, FAKTEN

Der Wahrheit ins Gesicht schauen

Bevor Sie die auf Herausforderungen und Gelegenheiten abgestimmten Ziele formulieren und nach den besten Wegen dorthin suchen, müssen Sie verstehen, wo Ihr Unternehmen heute steht, wie Sie dort hingelangt sind und wie Ihre Reise weitergehen könnte. Wie Willie Pietersen (2010), Großmeister der Strategie, uns lehrt: »The starting point of any strategy is a great situation analysis. (...) Intelligence precedes operations.« Ähnlich sieht es ein anderer Großmeister, Richard Rumelt (2022): »The key steps in dealing with a strategic challenge are a diagnosis of the situation – a comprehension of ›what's going on here,‹ finding the crux, and then creating reasonable action responses.«

In der Situationsanalyse geht es somit um das »Wo stehen wir?«. Es ist ein systematischer und logisch stringenter Ansatz, der sich metaphorisch als Kombination von Albert Einstein und Charles Darwin umschreiben lässt. Einsteins berühmte Formel $E = mc^2$ steht dabei als Metapher für die Untersuchung der Wirkungszusammenhänge in den Aktivitätsfeldern Ihres Unternehmens. Hierfür müssen Sie mit Ihrem Team zunächst Daten und Fakten zu diesen Aktivitätsfeldern zusammentragen, auswerten und entscheiden, welche Informationen für die Beantwortung der anstehenden kritischen Fragen relevant sind und welche nicht. Fragen können zum Beispiel sein: Welches sind die Erfolgsfaktoren in den gewählten Feldern? Wie erklären sich Marktanteils- und Profitabilitätsunterschiede? Wie sind unsere Beziehungen zu Kunden, Zulieferern und anderen Interessengruppen im Vergleich zu unseren Kontrahenten? Stimmen die Schlussfolgerungen aus den Daten- und Faktenanalysen mit unseren subjektiven Beobachtungen und Erfahrungen in den Aktivitätsfeldern überein?

Darwin untersuchte in historischer Perspektive die Evolution von Lebewesen, das Entstehen von Artenvielfalt und das Verschwinden von Arten. Er lieferte Erklärungen für Reproduktion, Adaption, Mutation und das Überleben der Anpassungsfähigsten. Sein evolutionärer Untersuchungsansatz kann als Metapher für die Notwendigkeit stehen, Entwicklungsmuster und Trends zu erkennen und ihre Bedeutung für das eigene Sein zu verstehen. Wie und warum ist unsere Gegenwart anders als die Vergangenheit? Wie könnte sich das Morgen vom Heute unterscheiden und warum? Um eine der Covid-19-Pandemie geschuldeten Phrase in den Raum zu werfen: Was wird die nächste »Neue Normalität« sein?

Im Zentrum der Situationsanalyse steht Ihr Unternehmen mit seinen »eigenen Realitäten«: Wie profitabel sind wir? Wo könnten wir wachsen? Im Normalfall ist Ihr Unternehmen in eine bestimmte Industrie oder Branche eingebettet. Es verfügt über Ressourcen und Fähigkeiten, die Sie intelligent und effizient kombinieren müssen, um Ihr Unternehmen von Konkurrenten unterscheidbar zu machen.

IHR SPANNUNGSFELD

Fünf Kraftfelder wirken auf Ihr Unternehmen ein. Zum einen gibt es das Kraftfeld »Markt«. Märkte sind nicht gleichbedeutend mit Industrien oder Branchen. Eine Industrie wie etwa die chemische Industrie hat eine Vielzahl von Produktmärkten in unterschiedlichen Geografien. Und ein Markt wie der Automobilmarkt wird von Akteuren aus verschiedenen Industrien (Automobilhersteller, Händler, Versicherungen, Banken) bedient. Märkte entstehen durch abgrenzende Definition entlang zweier Dimensionen: Ähnlichkeit der Produkte zur Befriedigung gleicher Kundenbedürfnisse und geografischer Ort des Angebots.

Markt

Auf der Marktebene wirken die Kräfte von Angebot und Nachfrage. Auf der Angebotsseite liegt das Kraftfeld »Wettbewerb«. Unternehmen, die aus Kundensicht vergleichbare Produkte anbieten, stehen im Wettbewerb miteinander. Die bekanntesten Produkte von Coca-Cola und Pepsi sind kohlensäure- und zuckerhaltige Erfrischungsgetränke. Sie werden global angeboten. Die beiden Unternehmen sind global, regional und lokal direkte Konkurrenten. Fritz-kola aus Hamburg ist ebenfalls ein direkter Wettbewerber, allerdings nur in wenigen Ländern.

Wettbewerb

Ist der Mineralwasseranbieter Perrier ebenfalls ein direkter Konkurrent? Es kommt darauf an, wie sich der Markt »definiert«. Es kommt vor allem auf das Kraftfeld »Kunden«, auf deren Bedürfnisse und Präferenzen an. Wenn Kunden unabhängig vom Zuckergehalt nach einem durststillenden, erfrischenden Getränk suchen, dann werden Perrier und alle anderen Mineralwasserproduzenten zu direkten Konkurrenten von Coca-Cola und Pepsi.

Kunden

Ihr Unternehmen ist zudem im »Allgemeinen Umfeld« übergeordneten Kräften auf der Makroebene unterworfen. Das sind exogene Effekte auf gesamtwirtschaftlicher oder internationaler Ebene, die Ihr Handeln maßgeblich beeinflussen (etwa staatliche Regulierung, Unternehmensbesteuerung, Handelspolitik). Hinzukommen »Trends«, ausgelöst zum Beispiel durch übergreifende und anhaltende technologische, sozio-ökonomische oder kulturelle Entwicklungen, die zu tiefgreifenden Veränderungen in den angestammten Spielfeldern führen oder neue Spielfelder eröffnen.

Allgemeines Umfeld & Trends

Um zu validen Einsichten und tragfähigen Schlussfolgerungen zu kommen, muss die Situationsanalyse Transparenz schaffen. Kurzum: Drehen Sie jeden Stein um, sehen Sie nichts als zufallsbedingten Ausreißer an. Nur so lassen sich Wirkungszusammenhänge verstehen. Anstatt der Symptome können Sie dann gezielt Ursachen behandeln. Am Ende der Situationsanalyse müssen Sie verstanden haben, wie relevant Ihr Unternehmen in seinen aktuellen Betätigungsfeldern ist und wie es für die Zukunft relevant bleiben können.

BEREICH

SITUATIONSANALYSE

KUNDEN

MARKT

WETTBEWERB

TRENDS

ALLGEMEINES UMFELD

EIGENE REALITÄTEN

HERAUSFORDERUNG

ZIELBILD

WIRKUNGSVERSPRECHEN

KUNDENNUTZEN

ZIELMÄRKTE

KUNDENSEGMENTE

ZIELE

NAME

ZEITHORIZONT

HANDLUNGSFELDER

STRUKTUREN & PROZESSE

MENSCHEN

KULTUR

DATEN & IT

INNOVATION

PARTNER

ÜBERLEGENE GEWINNE

ANGEBOTE

SCHLÜSSELERGEBNISSE

FAHRPLAN

ZIEL 1

ZIEL 2

ZIEL 3

ZIEL 4

ZIEL 5

STRATEGIE-KICK-OFF-MEETING

Gemeinsam sieht man mehr. Wie Sie Ihren Strategieprozess aufsetzen, hat Signalwirkung für seine Durchführung. Seien Sie mutig. Stellen Sie ein Team zusammen, das willens und fähig ist unterschiedliche Perspektiven einzunehmen und Kontra zu geben – in der Sache und nicht aufgrund persönlicher Eitelkeiten.

In Ihrem Kick-off sollten Sie die Vertrauensbasis für die gemeinsame Strategiearbeit legen. Spielen Sie nicht mit verdeckten Karten. Klären Sie grundsätzliche Auffassungen und Haltungen, erklären Sie das angedachte Vorgehen und die Inhalte der verschiedenen Schritte, die Sie gemeinsam gehen wollen, und seien Sie offen für eine kritische Diskussion.

AGENDA (VORSCHLAG):

1. **Check-in: Frage an alle Teilnehmer*innen formulieren**
   (Beispiel: Warum brauchen wir einen Strategieprozess?)
2. **Zielsetzung: Erwartungshaltung des Managements abklären**
3. **Methodik:**
   - **StrategyFrame® erläutern**
   - **Leitfragen je Modul der Situationsanalyse vorstellen und gegebenenfalls ergänzen**
   - **Mögliche Analyse-Tools vorschlagen (siehe einzelne Module)**
4. **Status quo (optional): Vorab durchgeführte Einschätzung des Datenbestands der einzelnen Module in Ampel-Logik präsentieren**
5. **Organisation:**
   - **Rollen im Prozess klären**
   - **Ablauf: Zeitplan vorstellen und abstimmen**
   - **IT-Systeme für Datenablage und Projektmanagement abstimmen**
6. **Quantitative Analysen: Verantwortlichkeiten für das Sammeln und Analysieren der quantitativen Daten für die einzelnen Module bestimmen**
7. **Qualitative Analyseformen festlegen**
   (bei beispielsweise explorativen Interviews mit Kunden, Stakeholder und Führungsmannschaft die Personen direkt benennen)
8. **Check-out: Frage an alle Teilnehmer*innen formulieren**
   (Beispiel: Welchen Beitrag zum Prozess kann ich leisten?)

ANLEITUNG

Nutzen Sie die sokratische Methode des strukturierten Dialogs. Leitfragen führen in die zu diskutierenden Themen ein. Die Antworten dienen als Ausgangspunkt für tiefergehende Fragen, wie beispielsweise: »Warum sehen Sie das so?« oder »Welche Annahmen liegen Ihrer Antwort zugrunde?« Hinterfragen Sie gemeinsam die neuen Antworten. Wiederholen Sie die Sequenz »Frage – Nachfrage – Hinterfragen«, bis Sie eine gemeinsame Erkenntnis erzielt haben.

1. Formulierung der Leitfragen
2. Zusammenstellung der quantitativen und qualitativen Daten
3. Analysieren und Brainstorming
4. Zentrale Erkenntnisse herauskristallisieren

TIPP

Hier sind fünf goldenen Regeln:

1. Erstellen Sie eine Diagnose, keine bloße Übersicht der Symptome. Es geht um Ursache von Ergebnissen und deren Konsequenzen. Trennen Sie das Wichtige vom Unwichtigen.
2. Trends erzählen eine Geschichte, Schnappschüsse sind Momentaufnahmen ohne ein »Warum?« und »Was kommt danach?«. Suchen Sie bei Ihrer Ergebnisanalyse nach zusammenhängenden zeitlichen Verläufen, kartieren Sie diese als möglichen Trend und finden Sie die gemeinsame Geschichte dahinter.
3. Keep it short and simple (KISS)! Verkomplizieren Sie Erkenntnisse nicht. Sinnstiftung braucht kristallklare Antworten. Einfachheit ist keine Abkürzung, sondern eine Tugend und harte Arbeit.
4. Vermeiden Sie übernutzte Phrasen oder Jargon! Formulieren Sie Gedanken und Erkenntnisse so, dass auch Außenstehende sie verstehen. Sprechen Sie die Sprache Ihrer Kunden statt Unternehmenskauderwelsch.
5. Konsens zu erreichen, ist das falsche Ziel: Die besten Ideen sollen sich durchsetzen, nicht der »Durchschnitt« oder der kleinste gemeinsame Nenner.

ACHTUNG

Ihr Führungsteam sollten Sie groß genug wählen, um Diversität zu haben, aber es sollte auch nicht zu groß sein, um die Abstimmungskomplexität niedrig zu halten. In unserer Erfahrung funktioniert ein Kernteam mit fünf bis sechs Personen inklusive des Strategieprozess-Managers gut. Wer im Team sein sollte, hängt neben Fachkompetenzen und Positionen oft entscheidend von interner Kultur und Politik ab. Natürlich können Sie auch einen größeren Kreis definieren, zum Beispiel indem Sie jemanden eine erste Bewährungschance geben wollen oder weil Sie Personen hinzuziehen möchten, die als Multiplikator*innen für die Akzeptanz Ihres Strategieprozesses in der Belegschaft sorgen können. Über zehn bis zwölf Beteiligten sollten Sie jedoch nicht hinausgehen.

MODULE

	DATEN SAMMELN	DATEN ANALYSIEREN	EXTERNER BEDARF	DATENLIEFERANT/ BERATUNG
KUNDEN	Name	Name	ja ☐ nein ☐	Beratungs-/Anbietername
MARKT	Name	Name	ja ☐ nein ☐	Beratungs-/Anbietername
WETTBEWERB	Name	Name	ja ☐ nein ☐	Beratungs-/Anbietername
TRENDS	Name	Name	ja ☐ nein ☐	Beratungs-/Anbietername
ALLGEMEINES UMFELD	Name	Name	ja ☐ nein ☐	Beratungs-/Anbietername
EIGENE REALITÄTEN	Name	Name	ja ☐ nein ☐	Beratungs-/Anbietername

STRATEGIE-INTERVIEWS

QUALITATIVE EINBLICKE GEWINNEN

Eine wesentliche Herausforderung für Strategiemacher*innen besteht darin, im Führungsteam ein gemeinsames Verständnis für den Strategieprozess zu schaffen. Ohne ein solches Verständnis wird es schwierig, sinnvolle strategische Entscheidungen zu treffen. Die Interviews leisten dabei einen entscheidenden Beitrag, weil hier unterschiedliche Perspektiven, Annahmen und Befindlichkeiten der Befragten sichtbar gemacht und geklärt werden können.

Wer nicht fragt, will nichts wissen. Wer jedoch fragt, erhält aus der Situationsanalyse Antworten. Eine gelungene Situationsanalyse zeigt auf, was Ihr Unternehmen bis zum heutigen Tag geleistet hat, wo die Stärken liegen und wo die Baustellen sind. Als Wirtschaftsunternehmen müssen Sie zahlenbasiert arbeiten und Ihre »Key Performance Indicators« im Blick haben. Ohne Zahlen geht es also nicht. Daher wird ein wichtiger Ergebnisteil der Situationsanalyse quantitativer Art sein.

Wahrnehmung ergänzt die Zahlen

Wenn aber »Spreadsheets« aufgespielt werden und sich der Bildschirm mit Zahlenkolonnen füllt, kann der Blick auf den Wald vor lauter Bäumen schnell verloren gehen. Daher ist es unserer Erfahrung nach wichtig, die internen und externen Realitäten eines Unternehmens auch mit qualitativen Instrumenten wie explorativen Interviews zu beleuchten.

HALBSTRUKTURIERTE EXPLORATIVE INTERVIEWS

Das explorative Interview ist eine Form der qualitativen Befragung. Es erfolgt persönlich, mündlich und in physischer oder virtueller Präsenz. So kann neben dem Gesagten auch die non-verbale Kommunikation beobachtet werden. Als Format sollte man ein dialogorientiertes Gespräch wählen, da ein reiner Frage-Antwort-Ablauf von den Befragten wie ein »Verhör« empfunden werden könnte, vor allem wenn es um heikle Fragen geht.

Es empfiehlt sich, das Gespräch vorab anhand von Leitfragen zu den Themen der Situationsanalyse, die Sie adressieren möchten, zu strukturieren, ohne jedoch das gesamte Gespräch durchzuplanen. Der Vorteil eines solchen »halbstrukturierten Interviews« besteht darin, dass die Befragten sich als Dialogpartner*innen sehen und Sie ihnen Entfaltungsraum zum Antworten, für Gegenfragen und zur Diskussion geben. Den Befragten gegenüber ist es wichtig hervorzuheben, dass es in ihrem Gespräch nicht darum geht, bestehende Hypothesen zu den quantitativen Ergebnissen zu untermauern oder zu widerlegen. Vielmehr sollen zeiteffizient möglichst viele Eindrücke, Meinungen, Einstellungen und Impulse gesammelt werden. Aus den subjektiven Wahrnehmungen der Befragten lassen

sich dann zum einen Erkenntnisse gewinnen, die ein besseres Verständnis der quantitativen Ergebnisse erlauben. Zum anderen können sich über die Interviews hinweg Wirkungszusammenhänge und Entwicklungsmuster herauskristallisieren, die sich aus den quantitativen Daten allein nicht ableiten lassen.

FREIWILLIG, ANONYM, OFFEN

Wer soll aber nun wen befragen, um zu den bestmöglichen Erkenntnissen zu gelangen? Zunächst geht es einmal darum, wer befragt werden soll, denn es liegt ja vielleicht schon die eine oder andere Befragung zum Beispiel von Kunden vor. Grundsätzlich ist ein Rundumblick erstrebenswert, aber vielleicht ist er aus Budget- oder Zeitgründen nicht realisierbar. Dann schlagen wir eine Priorisierung von innen nach außen vor:

Mögliche Interview-Gruppen

1. Interne Schlüsselpersonen (beteiligter Führungskreis vor anderen Personengruppen)
2. Wichtige interne oder externe Stakeholder
3. Aktive Kunden und Nicht-Kunden
4. Externe Expert*innen

Nach den Schlüsselpersonen in der Organisation sowie den Eigentümer*innen und Mitarbeiter*innen folgen die externen Stakeholder, allen voran die Kunden, und andere Externe.

Blick von unabhängigen Dritten ist hilfreich

Für eine solide explorative Befragung inklusive Auswertung sollten Sie etwa 6 bis 8 Wochen einplanen – in Abhängigkeit von der Anzahl der zu Befragenden und der Anzahl der Interviewer. Womit wir zu zwei zentralen, aber oft konfliktären Themen kommen: Wer soll die Interviews führen? Und wie stellen wir sicher, dass die zu Befragenden sich nicht entziehen, sondern offen sind und ungefiltert ihre Ansichten teilen?

Die qualitativ orientierte Analyse ist aufwendig. Sie kann aber den entscheidenden Unterschied für den großen Erkenntnisfortschritt machen. Sie erhalten Einblick in die Psyche der Menschen in Ihrem Unternehmen – seien es Führungskräfte, normale Mitarbeiter*innen oder Anteilseigner*innen, und darüber wie sie über Gegenwart und Zukunft Ihres Unternehmens denken, welche Erwartungen und Bedürfnisse sie haben. Das gleiche gilt für Ihre Kunden und deren Vorstellungen, Wünsche, Präferenzen. Um es kurz zu sagen: Solange noch Menschen für die Strategie verantwortlich sind, lohnt sich der Mehraufwand für eine Befragung. Unsere Empfehlung: Fragen, nachfragen und hinterfragen. Es zahlt sich aus.

STRATEGIE-INTERVIEWS

Auf den folgenden Arbeitsseiten haben wir alles Wesentliche für die erfolgreiche Durchführung Ihrer Strategie-Interviews zusammengestellt. Neben Konkretisierung der Vorgehensweise, Tipps und Anmerkungen machen wir einen Vorschlag für mögliche Leitfragen entlang des StrategyFrame® im Kernmodul Situationsanalyse.

ANLEITUNG:

1. **Interviews vorbereiten:**
   - **Interviewgruppen festlegen**
   - **Fragebogen mit Leitfragen vorbereiten**
   - **Interviewteilnehmer*innen anfragen und Gespräche terminieren**
2. **Interviews durchführen (60 bis 90 Minuten)**
   - **Kurze Vorstellung**
   - **Digitale Aufzeichnung starten**
   - **Gespräch mit Leitfragen führen**
3. **Interviews auswerten**
   - **Transkription der aufgezeichneten Interviews**
   - **Cluster-Bildung entlang des StrategyFrame®**
   - **Codierung von Aussagen**
   - **Illustrative Zitate markieren**
4. **Erkenntnisse in Module der Situationsanalyse einbringen**
   - **Beobachtungen je Modul mit illustrativen Zitaten einfügen**

TIPP

- Anzahl Interviews: 10 bis max. 35 (bei mehr Interviews steigt der Auswertungsaufwand massiv, aber nicht der Erkenntnisgewinn)
- Dauer je Interview: mind. 45 bis max. 90 Min.
- Interviews am Tag: weniger als 4
- Offene Fragen stellen: So kann sich ein Gespräch entwickeln
- Immer wieder nachfragen: einfache Rückfragen mit »warum«, um tiefer zu gehen
- Aktiv zuhören
- Codierung mit System: nutzen Sie Software für die Sisyphusarbeit

ACHTUNG

Wenn Sie Mitarbeitende Ihres Unternehmens interviewen wollen, sollten Sie abklären, ob hierfür die Zustimmung Ihres Betriebsrats (falls vorhanden) nötig ist. Im Rahmen unserer internen Befragungen im Strategieprozess versuchen wir, auf den bestehenden Führungsebenen zu bleiben. Sie können niemanden zwingen, sich befragen zu lassen, oder ein Einverständnis zu geben, dass die eigene Meinung publik gemacht wird. Freiwilligkeit der Teilnahme und garantierte Anonymität sind Grundvoraussetzungen für die Offenheit der Befragten. Ohne die Bereitschaft zur Offenheit werden Sie von den Befragten nicht alles erfahren, was Sie für Ihren Strategieprozess benötigen.

Während Sie externe Stakeholder durchaus eigenständig befragen können, wird es im eigenen Unternehmen schwierig, eine Befragung neutral durchzuführen und objektiv auszuwerten – egal wie gut die Unternehmenskultur und Vertrauensverhältnisse (gefühlt) sind.

Aus diesen Gründen macht es hier besonders Sinn, externe Unterstützung zu holen, die die Befragung unvoreingenommen durchführt, für eine anonymisierte Auswertung der Ergebnisse sorgt und glaubwürdig vermitteln kann.

INTERVIEWTEILNEHMER

STAKEHOLDER-GRUPPE	NACHNAME/ VORNAME	FUNKTION	UNTERNEHMEN	PLANUNG
				angefragt ☐ terminiert ___ . ___ . ______ ___ : ___ Uhr durchgeführt ☐
				angefragt ☐ terminiert ___ . ___ . ______ ___ : ___ Uhr durchgeführt ☐
				angefragt ☐ terminiert ___ . ___ . ______ ___ : ___ Uhr durchgeführt ☐
				angefragt ☐ terminiert ___ . ___ . ______ ___ : ___ Uhr durchgeführt ☐
				angefragt ☐ terminiert ___ . ___ . ______ ___ : ___ Uhr durchgeführt ☐
				angefragt ☐ terminiert ___ . ___ . ______ ___ : ___ Uhr durchgeführt ☐

FRAGEBOGEN

Die folgenden Elemente sollen Ihnen helfen, einen für Ihre Zwecke angepassten Fragebogen zur Durchführung von halbstrukturierten Interviews zu gestalten. Führen Sie die Interviews entlang von Leitfragen als dialogorientierte Gespräche in Person oder digital. Ihr Fokus liegt darauf, Ihre*n Interviewpartner*in frei und offen sprechen zu lassen. Zuhören hat für Sie Priorität. Ihre Leitfragen geben den thematischen Rahmen vor. Sie müssen gegebenenfalls für die unterschiedlichen Stakeholder-Gruppen angepasst werden.

ANLEITUNG:

Für die Gespräche gelten die folgenden grundlegenden Spielregeln:

1. **Klar definierter Zeithorizont (45 – 90 Minuten sind ideal)**
2. **Offenheit und Neutralität des Interviewers**
3. **Strikte Wahrung der Ergebnisanonymität**
4. **Vernichtung aller Aufzeichnungen nach Auswertung**

Warum führen wir das Gespräch? Wir wollen wissen, …

… wo steht unser Unternehmen heute?
… wie entwickelt sich unser Umfeld?
… welches ist unsere größte Herausforderung?
… wie will unser Unternehmen im Wettbewerb um die Kunden gewinnen?
… wie werden wir unsere Strategie umsetzen?

WAS PASSIERT MIT DEN ERGEBNISSEN?

Die gewonnenen Erkenntnisse gehen in die Entwicklung der zukünftigen Strategie ein.

AUSWAHL LEITFRAGEN

AUSWAHL MÖGLICHER LEITFRAGEN

Kundenbedürfnisse & Erwartungen

- Was sind die Trends bei den Kundenerwartungen? Was ist heute anders als gestern? Was wird morgen anders sein als heute?
- Lassen sich Kunden sinnvoll segmentieren? Welche Segmente werden wir ansprechen? Welche nicht?
- Wie sieht die Hierarchie der Bedürfnisse unserer Zielkunden aus (d.h., was ist ihnen am wichtigsten)?
- Wie gut bedienen wir und die Wettbewerber diese Bedürfnisse heute?

Marktbedingungen & Wettbewerb

- Wie würden Sie die allgemeine Entwicklung der Märkte beschreiben? Wo liegen für Sie heute und morgen die größten Potenziale?
- Wer sind unsere aktuellen Wettbewerber?
- Wie bedienen unsere aktuellen Wettbewerber den Markt? Wie effektiv sind sie in den Augen der Kunden im Vergleich zu uns?
- Wie profitabel sind wir im Vergleich zu den wichtigsten Wettbewerbern? Welches sind die Haupttreiber für ihre Gewinnentwicklung?
- Wer sind potenzielle Wettbewerber und welche einzigartigen Vorteile könnten sie bieten? Wer stellt die größte Gefahr dar und warum?

Die neuen Regeln des Erfolgs

- Welche Trends sind für Struktur und Entwicklung unserer Branche am wichtigsten? Was sind ihre Ursachen und weiteren Folgen?
- Wie verändern diese Trends die Spielregeln und Erfolgsfaktoren?
- Welche Bedrohungen stellen diese Trends für unsere Profitabilität dar? Welche Chancen eröffnen sie?

Was uns noch beeinflusst ...
Was wirkt sich aus unserem Umfeld auf unser Geschäft aus in Bezug auf:

- Gesamtwirtschaftliche Entwicklung
- Gesellschaftliche Gewohnheiten und Haltungen
- Geopolitik
- Demografie
- Rechtliche und regulatorische Entwicklungen

Eigene Realität

- Wie sehen die Fünf-Jahres-Trends unserer Leistungskennzahlen aus? Welche Schlussfolgerungen können wir ziehen?
- Wo verdienen wir Geld und wo nicht?
- Welche unserer Leistungsangebote gewinnen, welche verlieren? Warum?
- Welches sind unsere wichtigsten Stärken, die wir als Wettbewerbsvorteil nutzen können?
- Welches sind unsere Schwächen, die einer besseren Leistung im Wege stehen?

Was macht den Unterschied

- Was werden wir anders oder besser machen als die Konkurrenz, um unseren Zielkunden einen höheren Mehrwert zu bieten?
- Wenn Sie drei Wünsche frei hätten, was würden Sie verändern?

Zukunft

- Wo sehen Sie das Unternehmen in 5 Jahren?

Abschluss

- Haben Sie zusätzliche Anmerkungen oder Hinweise?

KUNDEN

KUNDENBEDÜRFNISSE BESSER VERSTEHEN

In unseren digitalen Zeiten gilt ein kundenzentrierter Ansatz als der entscheidende Faktor für den Geschäftserfolg eines Unternehmens. Doch dies ist so leicht gesagt, geschrieben und versprochen, aber leider in der Realität vieler Unternehmen noch nicht angekommen. Denn Kundenzentrierung verlangt einen grundlegenden Perspektivwechsel – von der Nabelschau des eigenen Unternehmens hin zu einer konsequenten Ausrichtung auf die Kunden und deren Bedürfnisse.

Der Blick und die Ausrichtung auf die Kunden fällt insbesondere Unternehmen schwer, die dem Wettbewerb weniger stark ausgesetzt sind. Noch reicht den Kunden oft die bloße Produktverfügbarkeit bei gleichbleibender Produktqualität als unschlagbares Argument, um bei der Stange zu bleiben, auch wenn die Unternehmen sie nicht gut behandeln. Doch die luxuriöse Position der Stärke gegenüber den Kunden bröckelt. Unerwartete externe Schocks wie Corona-Pandemie und Gasnotstand durch die russische Aggression in der Ukraine haben nun auch die Inseln der Glückseligen erreicht. Lieferausfälle, Produktionsengpässe sowie ansteigende Inflation verändern Kundenbedürfnisse, Kundenpräferenzen und Zahlungsbereitschaften. Die Nachfrageseite ist in Bewegung, während die Angebotsseite im Stillstand die Wunden leckt. Viele Unternehmen mussten sich bereits von den glorreichen Tagen eines »everything goes« verabschieden.

Den Kunden in den Blick nehmen

Mit einer Kundenzentrierung stellen Sie sich voll und ganz auf das Erkennen und die Befriedigung der Bedürfnisse Ihrer Kunden ein. Sie entwickeln aus der Kundenperspektive heraus neue Produkte, Dienstleistungen oder sogar neue Geschäftsmodelle. Dieser Ansatz betrifft alle Bereiche eines Unternehmens und hat somit erhebliche Bedeutung, wenn nicht sogar die entscheidende, für Ihre Unternehmensstrategie.

Für Ihre strategischen Überlegungen müssen Sie wissen, welche Herausforderungen und Chancen auf Ihrer Nachfrageseite bestehen. Wer sind »die« Kunden, aktuell und potenziell, wie verhalten sie sich, was brauchen sie, welches sind ihre Schmerzpunkte und welches sind ihre Vorlieben.

GANZ NAH AM KUNDEN

»Wir kennen unsere Kunden genau und wissen, was sie brauchen.« Das ist sehr schön, doch leider selten wahr. Unsere Erfahrung aus diversen Projekten mit Unternehmen: Auf die Frage, wann jemand aus der Führungsmannschaft das letzte Mal beim Kunden war und diesen bei der Produktnutzung beobachten konnte, herrscht meist Schweigen im Walde.

Lassen Sie uns einige Mythen zur Kundenanalyse näher betrachten. Testen Sie sich mit Ehrlichkeit selbst:

#1: BEDÜRFNISSE DER KUNDEN ÄNDERN SICH VIEL ZU SCHNELL

Kundenbedürfnisse ändern sich, keine Frage. Befriedigte Bedürfnisse verschwinden, neue Bedürfnisse entstehen, Präferenzschwerpunkte verschieben sich. Bestandskunden mit bekannten Präferenzen scheiden aus, Neukunden mit anderen Erwartungen und Präferenzen kommen hinzu. Wie schnell das geht, ist eine andere Frage, denn bis Menschen ihr Verhalten wirklich verändern, dauert es. So lassen sich auch in Boom-Zeiten für gesunde Ernährung und vegetarische Fleischersatzprodukte immer noch erfolgreich günstige Fleischprodukte verkaufen.

AUS DER PRAXIS

Die vegetarische Currywurst bietet ein schönes Beispiel. Als im Jahre 2021 VW im Betriebsrestaurant des Markenhochhauses in Wolfsburg die klassische Currywurst durch eine vegetarische und vegane Variante ersetzte, war der Aufschrei zur Rettung der Currywurst in den sozialen Medien der deutschen Republik groß – sogar durch einen ehemaligen Bundeskanzler.

Dass die Fleischvariante aber in 30 weiteren Werkskantinen des Autobauers, alleine in Wolfsburg angeboten wird und jährlich rund 7 Millionen (2019) Portionen der Kult-Wurst die konzerneigene Fleischerei verlassen, spricht für sich. Im Übrigen ist die Currybockwurst als Originalteil für Fachhändler mit der Produktnummer »199 398 500 A« und für Endverbraucher in diversen Handelsketten zu erwerben. Ähnlich wie die deutsche Liebe zum Bargeld wird die Fleischbockwurst noch lange ihre Abnehmer finden, auch wenn vegetarische Erfolge wie die der Rügenwalder Mühle neue Bedürfnisse gezielt und überaus erfolgreich adressieren.

#2: KUNDEN KENNEN IHRE BEDÜRFNISSE NICHT

Nicht selten ist von Unternehmenslenker*innen und insbesondere Verkaufsprofis zu hören, dass Kunden die eigenen Bedürfnisse gar nicht kennen. Soll heißen: Wir wissen besser, was die Kunden eigentlich wollen und brauchen, und entwickeln so gezielt Produkte. Dafür werden gerne Produktinnovationen wie Apples iPod und iPhone angeführt, die von Steve Jobs in den Markt gedrückt wurden. Doch auch diese Verkaufsschlager basieren auf vorher bekannten und klaren Bedürfnissen der Konsumenten (zum Beispiel Sonys Walkman als tragbarer Miniaturkassettenrecorder).

#3: KUNDEN KÖNNEN IHRE BEDÜRFNISSE NICHT ARTIKULIEREN

Das stimmt nicht. Zumindest, so argumentiert Nobelpreisträger Paul Samuelson (1938) in seiner Theorie der »offenbarten Präferenzen«, enthüllt die finale Kaufentscheidung die Präferenzen der Kunden für das gerade erworbene Gut. Wir wissen aber deshalb noch nicht, was schließlich den Ausschlag für den Kauf gegeben hat (der Preis, die passenden Produkteigenschaften, die augenblickliche Verfügbarkeit oder etwas anderes). Selbst wenn Kunden ihre Bedürfnisse nicht direkt artikulieren, lassen sie sich unter Umständen beobachten.

Für die Situationsanalyse ist es sinnvoll, unterschiedliche Methoden einzusetzen, um etwas über die Bedürfnisse der Kunden sowie deren Priorisierung und Veränderung herauszufinden. Feldversuche wie Customer Shadowing oder das Austesten von Prototypen im Rahmen von Design Thinking sind gängige Methoden, um Kundenbedürfnisse zu identifizieren. Gleichzeitig sollte untersucht werden, wie die Konkurrenzprodukte diese Kundenbedürfnisse befriedigen.

»NUR DAS, WAS DER KUNDE WAHRNIMMT, LEISTET EINEN BEITRAG ZUM ERFOLG.«

Franz-Rudolf Esch, Deutscher Markenpapst

KUNDEN

Verstehen Sie die wirklich wichtigen Bedürfnisse und Erwartungen Ihrer Kunden? Verstehen beginnt immer mit Zuhören und Hinschauen! Viele Wege führen zum Ziel. Abhängig von Ihrem existierenden Datenbestand, Budget und Zeithorizont sollten Sie Ihre Kunden beobachten, befragen oder externe Analysen zu Rate ziehen. Hier zeigt die Erfahrung: Viel hilft viel. Je mehr Einblicke Sie in die Erwartungs- und Erlebniswelt Ihrer Kunden erhalten, umso besser für Ihr Verständnis. Wir empfehlen: Verlassen Sie mal den Schreibtisch und gehen Sie an die Front zu den Kunden.

LEITFRAGEN:

1. **Welche Kundensegmente sind für uns relevant?**
2. **Welche Kunden wollen wir ansprechen und welche nicht?**
3. **Wie verändern sich die Ansprüche und Bedürfnisse der Kunden – gestern zu heute und heute zu morgen?**
4. **Welche Bedürfnisse sind unseren Zielkunden am wichtigsten?**
5. **Wie gut bedienen wir diese Bedürfnisse heute?**
6. **Wie gut bedienen die Wettbewerber diese Bedürfnisse heute?**

DATEN SAMMELN

Mögliche Untersuchungsarten priorisiert nach Aufwand/Schwierigkeit:

Unsere Empfehlungen:

- Zugängliche externe und interne »Studien«
- »Explorative Interviews« mit ausgewählten Kunden und Nicht-Kunden
- Erstellung von »Personas« in Kombination mit externen Methoden zur Validierung von Hypothesen

Weitere:

- Beobachtung der Kunden bei der Nutzung der Produkte und Service-Dienstleistungen durch »Customer Shadowing«
- Abbildung der Kundenreise durch »Customer Journey Maps«
- Geleitete Diskussion durch »Fokusgruppeninterviews«
- Untersuchungen der Kundenzufriedenheit mit dem »Net Promoter Score« (NPS)
- »Conjoint-Analyse« zur Identifikation der Kundenpräferenzen

TIPP

Zum besseren Erkennen von Kundenbedürfnissen betrachten Sie drei mögliche Bedürfnisdimensionen Ihrer Kunden und beschreiben Sie diese kurz in eigenen Worten:

1. **Aufgaben:** Welche Aufgaben möchte der Kunde bei der Arbeit oder im Alltag erledigen?
2. **Probleme:** Welche Risiken, schlechte Ergebnisse und Hindernisse entstehen bei der Erledigung der Aufgabe durch den Kunden?
3. **Vorteil:** Welchen konkreten Mehrwert möchte der Kunde durch die Erledigung der Aufgabe erzielen?

DATEN ANALYSIEREN

Erstellen Sie auf Basis der Untersuchungsergebnisse eine Liste mit den Bedürfnissen Ihrer Kunden je Kundensegment. Begrenzen Sie die Bedürfnisse auf die Top 10 und priorisieren Sie diese. Kategorisieren Sie die Bedürfnisse nach der Art des Bedürfnisses (Aufgabe, Problem, Vorteil). Zum Abschluss treffen Sie eine Einschätzung, wie gut Ihr Unternehmen und die Wettbewerber heute die Bedürfnisse erfüllen:

+ = Bedürfnis erfüllt

0 = Bedürfnis teilweise erfüllt

– = Bedürfnis nicht erfüllt

ACHTUNG

Die Beobachtung der Kunden ist keine Schreibtischarbeit. Gehen Sie raus, treffen Sie die Kunden in deren Habitat. Beziehen Sie in die Erstellung und Auswertung der Kundenanalysen Mitarbeiter*innen mit möglichst großem Kundenverständnis aus verschiedenen Bereichen (Vertrieb, Marketing, Kundenservice) ein. Eine Bewertung der Ergebnisse kann dann im ersten Strategie-Workshop mit Ihrer Führungsmannschaft stattfinden.

QUELLEN

ANALYSE

KUNDENSEGMENT:

WICHTIGKEIT	KUNDENBEDÜRFNISSE	ART	WIR	WETTBEWERB

QUALITATIVE BEOBACHTUNGEN

» «

» «

» «

KUNDEN

ERKENNTNISSE FORMULIEREN

ANLEITUNG

Leiten Sie aus der Analyse der Kundenbedürfnisse Ihre wesentlichen Erkenntnisse ab. Formulieren Sie diese kurz und knapp in verständlicher Sprache als Vorbereitung für den ersten Strategie-Workshop. Verstehen Sie die Formulierung als eine zusammenhängende Geschichte, die Sie später als Grundlage Ihrer strategischen Entscheidungen erzählen werden. Im Workshop können Sie dann mit Ihrem Team die endgültigen Formulierungen erarbeiten. Dazu mehr beim Strategie-Workshop I.

BEISPIELE

- Die Kunden erwarten zunehmend mehr Individualisierung von Produkten.
- Die Zeiten des »One Stop Shops« mit Vollsortiment sind vorbei.
- Die steigenden Kundenerwartungen in Sachen Nachhaltigkeit treffen auf einen zunehmenden Preisdruck seitens der OEMs.
- B2B-Kunden erweitern ihre horizontale Wertschöpfungskette, indem sie sich selbst um unser Kerngeschäft kümmern.

MARKT

RELEVANTE MÄRKTE ERKENNEN

»Das Gras in Nachbars Garten ist grüner, dafür wächst das Unkraut im eigenen besser.«

Hans-Jürgen Quadbeck-Seeger, Deutscher Chemiker

Wie gut kennen Sie das Spielfeld, auf dem sich Ihr Unternehmen bewegt? Wie wird es sich in Zukunft entwickeln? Bietet es Ihrem Unternehmen noch ausreichend Wachstumspotenzial oder gibt es auf anderen Spielfeldern vielleicht attraktivere Gelegenheiten für Ihr Unternehmen?

Auch wenn Sie oder die Kollegen in Ihrer Führungsmannschaft glauben, das Spielfeld des Unternehmens bestens zu kennen, sollten Sie einen Schritt zurücktreten und einen frischen, unvoreingenommenen Blick auf die Arena von Märkten und Marktsegmenten werfen. Um dabei Beurteilungsfehler aufgrund kognitiver Verzerrungen (zum Beispiel durch Bestätigungstendenz, einseitige Datenauswahl) zu vermeiden, empfiehlt es sich, zusätzlich eine unabhängige Betrachtung von einer neutralen Instanz vornehmen zu lassen.

Was Sie für die strategische Beurteilung Ihrer Arena brauchen, ist zum einen ein Gesamtbild der von Ihrem Unternehmen bereits adressierten Märkte und Marktsegmente. Zum anderen sollten Sie für jedes aktuelle Spielfeld und mögliche neue Betätigungsfelder die bisherige Entwicklung und das Potenzial für die Zukunft verstehen.

Dabei geht es um die Beurteilung der aktuellen Marktgröße, der Marktattraktivität, die an den Gewinnmöglichkeiten zu messen ist und von der Art und Intensität des Wettbewerbs beeinflusst wird. Folgende Fragen sind zu beantworten:

Ihre Leitfragen

1. Wie groß ist der Markt?
2. Wie entwickelt sich der Markt?
3. Wie groß ist das theoretische Marktpotenzial?

ZU 1: MARKTGRÖSSE BESTIMMEN

Bevor wir die Marktgröße ermitteln können, müssen der Markt sowie mögliche Teilmärkte und Produktmarktsegmente definiert werden. Als Ausgangspunkt kann die Branchenabgrenzung genutzt werden. Die Branche beschreibt Unternehmen, die ähnliche Waren und Dienstleistungen anbieten, wie zum Beispiel Handel, Baugewerbe oder Gesundheitswesen.

Innerhalb einer Branche gibt es Untergruppierungen. Für den Handel finden wir zum Beispiel die Untergruppierungen Einzelhandel, Großhandel, Fachhandel oder Lebensmitteleinzelhandel. Öffentlich zugängliche Quellen für Branchendaten sind zum Beispiel das Statistische Bundesamt für Deutschland oder Eurostat auf EU-Ebene. Es gibt zudem eine Vielzahl von kommerziellen Datenanbietern, die Ihnen Daten zu Anzahl der Anbieter, Umsätzen, Stückzahlen oder Kundenpräferenzen aufbereiten. Natürlich können Sie auch relevante produktspezifische und geografische Marktsegmente auf Volumen und Potenzial untersuchen lassen.

Verschaffen Sie sich einen fundierten Einblick in Ihren relevanten Markt.

ZU 2: MARKTDYNAMIK ÜBERPRÜFEN

Bei der Betrachtung der bisherigen Marktentwicklung geht es darum, ein besseres Verständnis für die Marktdynamik zu bekommen. In welcher Verfassung ist der relevante Fokusmarkt, in dem man sich bewegt? Wie haben sich Angebot und Nachfrage entwickelt? Wächst der Markt, ist er gesättigt oder schrumpft er sogar? Gibt es Anzeichen für Disruptionen durch neue Akteure, neue Technologien oder neue Geschäftsmodelle, oder alles zusammen?

Der Musikmarkt und das Tonträgergeschäft sind ein bekanntes und gutes Beispiel dafür, wie technische Innovationen zu massiven Veränderungen geführt haben: von Schellack über Vinyl, Tonband und Kassette zu CD und Minidisc bis hin zu MP3 und Streaming. Mit ebenso massiven Auswirkungen auf die Akteure entlang der gesamten Wertschöpfungskette: Musiklabels, Presswerke, Hersteller von Abspielgeräten, Plattenläden und nicht zuletzt die Künstler.

Verspüren Sie gerade den Impuls zu sagen: »Wir wissen doch, was in unseren Märkten abgeht, wir sind jeden Tag dabei!« Lassen Sie sich nicht vom Reflex zum Bauchgefühl leiten. Sehen Sie sich mit Ihrer Führungsmannschaft die Zahlen, Daten und Fakten an. Für Ihre wichtigste strategische Entscheidung, wo, wann und wie Sie Ihre begrenzten Ressourcen einsetzen wollen, macht es einen gravierenden Unterschied, ob Sie sich in stark wachsenden Märkten mit hoher Nachfrage bewegen oder in gesättigten Märkten mit bestehenden Produkten eine höhere Marktdurchdringung erreichen wollen. Im ersten Fall müssen Sie als Reaktion auf die steigende Nachfrage verstärkt auf die rechtzeitige Anpassung Ihrer Produktionskapazitäten und -volumina achten. Im zweiten Fall müssen Sie von steigenden Vertriebs- und Marketingkosten ausgehen. Auch wenn eine Extrapolation aus der Vergangenheit über das Heute in die Zukunft mit Vorsicht zu genießen ist, können Erkenntnisse zur bisherigen Marktentwicklung brauchbare Hinweise für die künftige Marktdynamik geben.

Wie weit sollten Sie in Ihrer Retrospektive zurückgehen? Fünf Jahre sind in der Regel ein guter Zeithorizont um Veränderungen und ihre Ursachen erkennen zu können.

ZU 3: MARKTPOTENZIAL ERMITTELN

Stellen Sie sich vor, Sie möchten im deutschen Markt im Ausland produzierte Jeans für Erwachsene anbieten. Wie groß ist das Marktpotenzial? Lassen Sie uns eine schnelle »Back-of-the-Envelope«-Kalkulation machen. Die Gesamtbevölkerung in Deutschland beträgt rund 83 Millionen. Nehmen wir weiter an, Ihre favorisierte Zielgruppe sind »Erwachsene« in den Altersgruppen 40 bis 59 Jahre. Das sind in etwa 24 Millionen Personen (Statista (2022)) beziehungsweise potenzielle Käufer. Wenn jede Person dieser Zielgruppe im Schnitt zwei Jeans pro Jahr kauft, ergibt sich ein Potenzial für dieses Alterssegment von circa 48 Millionen Jeans. Im Jahr 2021 wurden in Deutschland über alle Altersgruppen hinweg 110 Millionen Jeans verkauft. Bei einem Anteil von rund 28 Prozent an der Gesamtbevölkerung sind somit in etwa 31 Millionen Jeans in Ihrem Zielsegment verkauft worden. Also lag die Kauffrequenz im Schnitt bei knapp 1,5 Jeans pro Jahr. Rechnen wir konservativ für diese kaufkraftstarke Altersgruppe mit einem durchschnittlichen Verkaufspreis von 100 Euro pro Jeans, ergibt sich ein Segmentumsatz von 3,1 Milliarden Euro. Das ist eine Hausnummer.

Für die Ermittlung des Marktpotenzials gibt es eine einfache Formel.

Erfolgsformel

MARKTPOTENZIAL = ZIELGRUPPENGRÖSSE × KAUFFREQUENZ × PRODUKTVOLUMEN × PREIS

Eine Herausforderung ist dabei die Abschätzung der Einflussfaktoren, die das Potenzial des Marktes stark beeinflussen können, wie zum Beispiel der Produktlebenszyklus.

AUS DER PRAXIS

Wie wichtig es ist, das tatsächliche Marktpotenzial zu kennen, illustriert folgende Geschichte aus einem Beratungsprojekt.

In einer Geschäftseinheit eines global agierenden Medizintechnikunternehmens gab es einen regionalen Markt in Osteuropa, der alle anderen Märkte der Geschäftseinheit in allen Produktsegmenten übertraf. Aus diesem Grund wurde er in die Stichprobe von Märkten zur Untersuchung von Marktpotenzialen aufgenommen.

Nachdem wir die Anzahl der relevanten Kliniken in diesem osteuropäischen Markt mit externen Daten erfasst hatten und diese mit den im Customer-Relationship-Management-System (CRM) abgebildeten Kliniken übereinander legten, stellten wir fest, dass noch nicht einmal 50 Prozent der existierenden Kliniken im CRM erfasst waren. Trotz der größten Vertriebsmannschaft, verglichen mit allen anderen Märkten, wurden weniger als 50 Prozent des Marktpotenzials adressiert. Der Markt wurde also deutlich zu wenig bearbeitet und der tatsächliche Marktanteil lag weit hinter der bisherigen Einschätzung zurück. Dieses Ergebnis veranlasste die Unternehmensleitung zu einer massiven Aufstockung der Vertriebsmannschaft in diesem Markt und nach weitergehender Analyse auch in anderen Märkten. Die Stärkung der Vertriebsmannschaften führte so zu einer signifikanten Absatzsteigerung.

MARKT

Welche Märkte und Marktsegmente sind für Sie wirklich relevant? Verschaffen Sie sich einen Überblick über bestehende und mögliche Potenziale. Lassen Sie sich überraschen, was Sie über Ihr eigenes Spielfeld herausfinden, wenn Sie aus der sogenannten Betriebsblindheit den Blick von außen wagen. Vielleicht entdecken Sie eine profitable Nische, verstehen die Logik der Marktdynamik besser oder erkennen befreit von Betriebsblindheit, welche Möglichkeiten sich noch bieten.

LEITFRAGEN:

1. **In welchen Märkten sind wir heute aktiv?**
2. **Wie entwickeln sich unsere relevanten Märkte?**
3. **Welches Marktpotenzial bieten unsere bisherigen Märkte?**
4. **Welchen Aufwand müssen wir betreiben, um das bestehende Marktpotenzial zu heben?**
5. **Wo gibt es heute schon oder wo entstehen attraktive Zukunftsmärkte?**

DATEN SAMMELN

Mögliche Quellen für die Datenermittlung sind beispielsweise:

- Statistische Bundesamt und die Landesämter für Statistik
- Markt-, Händler- und Verbandsstatistiken
- Industrie- und Handelskammern
- Branchenverbände
- Marktstudien (beispielsweise von Marktforschungsinstituten oder Beratungsunternehmen)
- Eigene Marktstudien, Statistiken oder Marktforschung

Es empfiehlt sich, eigene Marktanalysen zu erstellen, sei es anhand von Expertengesprächen oder Kundenbefragung, wenn keine aussagekräftigen Marktdaten oder -studien vorliegen.

TIPP

In Zeiten von »Big Data« verlieren sich Ersteller von Marktanalysen oft in den Details. Überlegen Sie sich vorab ein systematisches Vorgehen. Welche Daten sind wichtig, um Aussagen zum relevanten Markt zu treffen? Wo finden wir diese Daten? Es geht nicht darum, den Markt vollständig zu analysieren. Vielmehr besteht das Ziel darin, belastbare Zahlen und Fakten zu bekommen, um Ihre Annahmen und Vorstellungen über das Marktgeschehen auf Plausibilität zu prüfen.

DATEN ANALYSIEREN

Betrachten Sie jeden Markt und jedes Marktsegment gesondert. Variieren Sie gerne Ihre Analysen regional. So bleiben Sie nicht in einer möglichen internen Logik der Geschäftseinheiten gefangen. Gehen Sie in drei Schritten vor:

1. **Analysieren Sie die Marktgröße.**
2. **Zeigen Sie auf, wie sich der Markt entwickelt.**
3. **Berechnen Sie Ihr Marktpotenzial.**

ACHTUNG

Keine Angst vor unvollständigen Daten! Nicht immer sind alle Informationen verfügbar. Nähern Sie sich an, so weit Sie können, besser »unscharfe« Daten als gar keine! Mit dem Wissen, dass es bei der Analyse Ungenauigkeiten gibt, kommen Sie weiter als ganz ohne Marktanalyse.

QUELLEN

ANALYSE

MARKTKAPAZITÄT

MARKTPOTENZIAL

MARKTVOLUMEN

MARKTANTEIL

QUALITATIVE BEOBACHTUNGEN

» «

» «

» «

MARKT

ERKENNTNISSE FORMULIEREN

ANLEITUNG

Bei allem Zahlenwerk ist es wichtig, die Zahlen auch textlich zu beschreiben, um diese gleich zu interpretieren und Erkenntnisse abzuleiten. Dabei geht es weniger um die einzelnen Zahlenwerte, sondern mehr um eine Richtung, in die sich der Markt bewegt, welche Möglichkeiten oder Gefahren Sie erkennen können.

BEISPIELE

- Europa: gesättigter Markt für Produktsegment XYZ.
- Substanzielles Wachstum von jeweils +10 Prozent CAGR in allen Regionen, Kundensegmenten und Produkten bis 2030 zu erwarten.
- Hohes Marktpotenzial, insbesondere für Produktinnovation X von X Millionen Euro in APAC auszumachen.

WETTBEWERB

IM WETTBEWERB BESTEHEN

»Wettbewerb ist ein Verfahren, Faulenzer und Fleißige zu trennen.«
Hermann Simon, deutscher Unternehmensberater und Unternehmer, Erfinder der Hidden Champions Idee

»Wer sind eigentlich Ihre Wettbewerber?« Die Antworten auf diese Frage können amüsieren oder sogar schockieren: Von »Wir haben keine Wettbewerber!« bis zu zehn verschiedene Nennungen bei fünf Befragten aus dem Führungsteam ist alles dabei. Doch Unwissenheit oder Arroganz schützen Sie nicht davor, dass Ihre Kunden bei einem anderen kaufen.

Direkte und indirekte Konkurrenz

Welche Alternativen haben Kunden zu Ihrem Angebot? Es gibt direkte und indirekte Alternativen. Die Billigfluglinie Ryanair steht in direktem Wettbewerb mit Fluggesellschaften wie easyJet, die im gleichen Segment und auf gleichen Strecken unterwegs sind. Indirekt konkurrieren diese Anbieter aber auch mit Angeboten von Bahnbetreibern und Busunternehmen wie Flixbus oder der Möglichkeit der Kunden mit dem Auto zu fahren. Fluglinien mit einem relevanten Angebot für Geschäftsreisende konkurrieren als Folge von Corona nun verstärkt mit neuen Akteuren im Markt, den Anbietern von SaaS-Videokonferenzen wie Zoom. Deren Angebote haben einen großen Teil der Geschäftsreisen obsolet gemacht und so die Spielregeln des Marktes für Geschäftsreisen erheblich verändert.

Die Kundenbedürfnisse geben maßgeblich vor, welches Spiel Sie spielen können. Der Markt grenzt mit seinen Segmenten das Spielfeld ein. Die Wettbewerber sind der Gegner, der Sie daran hindern will, Tore bei den Kunden zu schießen und schließlich selbst versucht, mehr Tore als Sie zu erzielen. Wie können Sie sich richtig positionieren, um als Sieger vom Platz zu gehen?

DIE KONKURRENZ SCHLAGEN

Michael E. Porter (1980) hat die wohl am weitesten verbreiteten, bekannten und anerkannten Strategien für Unternehmen im Wettbewerb erkannt und benannt. Er hat drei generische Strategien herausgearbeitet.

1. Kostenführerschaft
2. Differenzierungsstrategie
3. Nischenstrategie (Fokussierung)

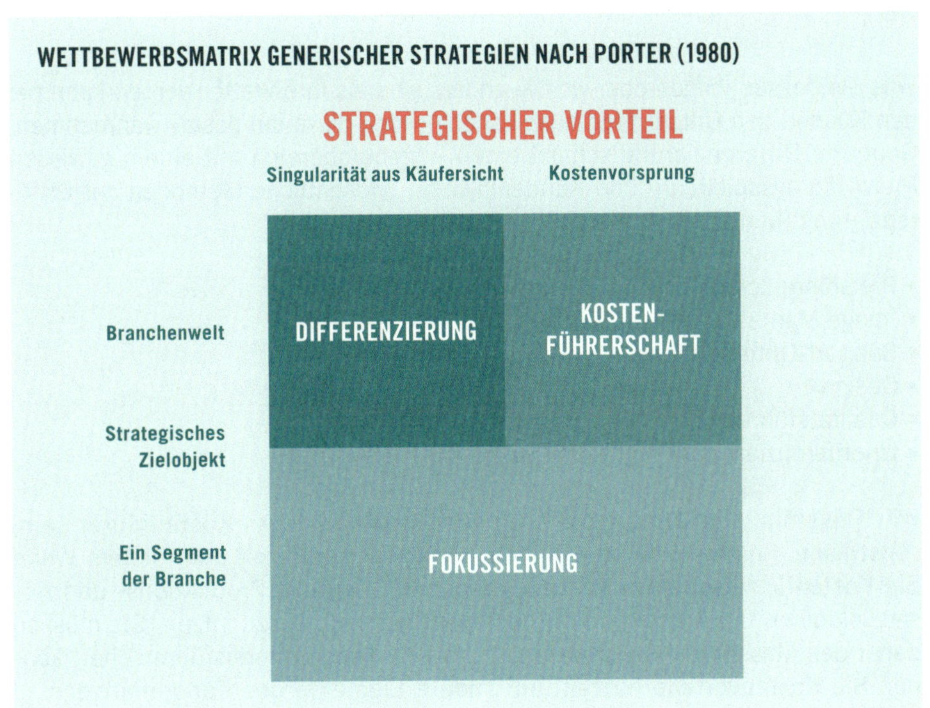

VORNE BEI DEN KOSTEN

Kostenführerschaft bedeutet, dass Ihr Unternehmen im Konkurrenzvergleich die geringsten Kosten bei der Erstellung und Vermarktung eines Nutzenangebotes für Ihre Kunden hat. Mit diesem Kostenvorteil können Sie auch bei einem Preiskrieg am Ende immer noch als Sieger vom Platz gehen. Während die Wettbewerber in die Verlustzone rutschen, machen Sie noch Gewinn. Kostenführerschaft resultiert aus einer auf Effizienz getrimmten Organisation und der Ausnutzung von Größen-, Umfangs- und Erfahrungsvorteilen. Skaleneffekte (Economies of scale) entstehen, wenn mit zunehmender Unternehmensgröße oder Produktion Ihre Durchschnittskosten sinken. Umfangsvorteile (Economies of scope) ergeben sich, wenn Sie die Fixkosten über mehrere Produkte verteilen können und so niedrigere Durchschnittskosten erzielen. Lern- oder Erfahrungseffekte (Economies of learning, experience curve economies) zeigen sich in Ihrer Produktivität: bei gleichem Kostenniveau können Sie mehr produzieren als zuvor. Kostenführerschaft bedeutet nicht automatisch Preisführerschaft. Sie haben die Wahl, ob Sie Ihre Kostenvorteile für eine Niedrigpreispolitik einsetzen oder Sie mit den Kostenersparnissen in die qualitätsmäßige Differenzierung Ihrer Produkte investieren wollen. Wenn Sie jedoch Preisführer sein wollen, dann ist Kostenführerschaft die notwendige Voraussetzung.

EINFACH ANDERS SEIN

Was Sie besser können oder wo Sie anders sind als Ihre Wettbewerber, kann bei den Kunden den Unterschied ausmachen – wenn diese ihn positiv wahrnehmen. Goutierte Differenzierung schafft einen Angebotsbereich mit einem gewissen Preissetzungsspielraum und Kundenloyalität. Wesentliche Methoden der Differenzierung (Mintzberg et al. 1995) sind:

- Preisführerschaft
- Image/Marke
- Support/Unterstützung
- Design
- Qualitätsführerschaft
- Undifferenziert oder nicht-differenziert?

Wer Preisführer im Niedrigpreissegment sein will, muss Kostenführer sein, sonst kann ihn ein kostengünstigerer Konkurrent jederzeit unterbieten. Wenn Sie Kostenführerschaft anstreben, brauchen Sie große Produktions- und Absatzvolumina, um Skalen- und Produktivitätsvorteile auszunutzen. Sie müssen daher den Massenmarkt adressieren. Statt für Niedrigstpreisführerschaft können Sie Kostenvorteile nutzen, um andere Elemente des Kundennutzens zu erhöhen (zum Beispiel Marke, After-Sales-Service) und einen höheren Preis erzielen. Wer im Hochpreissegment Höchstpreisanbieter sein will, muss Qualitätsführer sein. Hersteller von Premium- oder Luxusprodukten müssen die ganze Klaviatur von Produktattributen wie Design, Funktionalität, Branding und Image beherrschen.

IN DER NISCHE

Nischen können sehr profitabel sein, wie Hermann Simon (2007) mit den Hidden Champions des deutschen Mittelstands gezeigt hat. Wer sich auf bestimmte Kundengruppen, Produkte oder geografische Märkte konzentriert, kann Angebote schaffen, die die Kundenbedürfnisse in den Nischen passgenauer und kostengünstiger abdecken als die Angebote von Wettbewerbern mit Fokus auf den Gesamtmarkt.

ALTERNATIVE WEGE GEHEN

Sollten Sie mehrere Strategien parallel verfolgen? Nein! Nach Porter wird dies nicht zum Erfolg führen, da sich die Strategien in ihrer inneren Logik widersprechen. Wie wollen Sie Kostenführer sein, wenn Sie gleichzeitig auf Innovationen setzen und viel Geld für Forschung und Entwicklung ausgeben müssen. Aber: keine Regel ohne Ausnahmen! Hybride Wettbewerbsstrategien versuchen

Kostenführerschaft und Differenzierung zu verbinden (zum Beispiel Michael Dells ursprüngliches Geschäftsmodell), sei es simultan, sequenziell (beispielsweise Toyota mit Einführung der Premiummarke Lexus) oder multilokal. In Schwellenländern bieten internationale Technologieunternehmen ihre hochqualifizierten Produkte häufig in low(er)-tech Varianten an, die auch lokal und damit kostengünstig produziert werden (etwa General Electrics tragbares EKG für den indischen Markt). Hybride Strategien erfordern eine durchdachte Markenstrategie.

Mit »Blue Ocean« haben Kim und Mauborgne (2004) eine weitere Strategie-Möglichkeit vorgeschlagen. Durch Nutzeninnovation soll das strategische Wettbewerbsumfeld verändert und Wettbewerb irrelevant gemacht werden. Mit Marktanalysen werden die wesentlichen Nutzenkriterien von Kunden beim Produktkauf (Preis, Komfort, Design etc.) bestimmt und ihre Erfüllung für vorhandene konkurrierende Angebote bewertet und visualisiert (Wertkurve). Zur Formung eines »Blue-Ocean«-Produkts wird dann geprüft, welche Werte oder Leistungen im Vergleich zu den vorhandenen Angeboten reduziert oder eliminiert werden können und welche ausgebaut oder neu hinzugefügt werden sollen.

RED OCEAN STRATEGY	BLUE OCEAN STRATEGY
Wettbewerb im vorhandenen Markt	Schaffung neuer Märkte
Die Konkurrenz schlagen	Der Konkurrenz ausweichen
Die existierende Nachfrage nutzen	Neue Nachfrage erschließen
Direkter Zusammenhang zwischen Nutzen, Preis und Kosten	Aushebeln des direkten Zusammenhangs zwischen Nutzen, Preis und Kosten
Ausrichtung des Gesamtsystems der Unternehmensaktivitäten an der strategischen Entscheidung für Differenzierung oder niedrige Kosten	Ausrichtung des Gesamtsystems der Unternehmensaktivitäten auf Differenzierung und niedrige Kosten

Das Konzept der Nutzeninnovation stellt Porters klassische Wettbewerbsstrategien in Frage, nach der erfolgreiche Unternehmen außerhalb von Nischenmärkten entweder Kostenführer oder Qualitätsführer sind. Mit einer Blue-Ocean-Strategie verlassen Sie die blutigen »roten Ozeane«, die gesättigten Märkte, mit hartem »Value-for-money«-Wettbewerb, überfüllt mit Mitbewerbern, die austauschbare Produkte anbieten.

Prüfen Sie zunächst, ob Ihr Unternehmen wirklich im roten Ozean schwimmt und eine Blue-Ocean-Strategie für das Überleben braucht. Denn einfach zu finden sind diese Oasen der Glückseligkeit nicht, der Weg dorthin ist oft beschwerlich und am Ende des Weges könnte sich die Oase als eine Fata Morgana erweisen.

WETTBEWERB

Verschaffen Sie sich einen Überblick: Wer sind Ihre Wettbewerber, wie profitabel sind sie im Vergleich zu Ihnen, wo stehen Sie heute im Wettbewerb, welche Strukturen haben Ihre Märkte, wie verhalten sich die Marktteilnehmer und welche Marktergebnisse sind zu erwarten?

Das Wettbewerbsgeschehen und seine Konsequenzen können mit einem einfachen Analyserahmen untersucht werden. Nach dem »Struktur-Verhalten-Ergebnis«-Modell folgen Unternehmens- und Marktergebnisse (Gewinne, Preise) aus dem Verhalten der Marktteilnehmer auf unvollkommenen Märkten. Das Marktverhalten kommt in der Art und Intensität des Wettbewerbs zum Ausdruck und wird in den Strategien und Taktiken der Marktteilnehmer sichtbar. Das Marktverhalten wird maßgeblich von der Marktstruktur bestimmt. Sie spiegelt Anzahl und Größe der Markteilnehmer, den Differenzierungsgrad der Angebote sowie die Präsenz von Marktbarrieren wider. Dabei treten Rückkopplungseffekte auf, sodass die Marktergebnisse Marktverhalten und Marktstruktur beeinflussen (beispielsweise hat Bayers Übernahme von Monsanto – ergebnisbezogenes Verhalten – direkt die Anzahl der Anbieter reduziert).

LEITFRAGEN:

1. **Wer sind aktuell unsere direkten Wettbewerber?**
2. **Wie bedienen sie den Markt? Wie effektiv sind sie aus Kundensicht im Vergleich zu uns?**
3. **Wie ist unsere Rentabilität im Vergleich zu den wichtigsten Wettbewerbern? Was sind die Hauptfaktoren für die Entwicklung der Gewinne?**
4. **Wer sind unsere indirekten Wettbewerber und welche einzigartigen Vorteile bieten sie? Wer sind potenzielle Wettbewerber? Wer ist die größte Gefahr und warum?**

ANLEITUNG:

1. Analysieren Sie Ihre Märkte mit dem Struktur-Verhalten-Ergebnis-Modell.
2. Nennen Sie Ihre aktuellen Wettbewerber je Markt(segment) namentlich.
3. Ordnen Sie die Wettbewerber in die Wettbewerbsmatrix nach deren verfolgter Strategie ein.
4. Vergleichen Sie Ihre Profitabilität mit Ihren Top 3, 5 oder 10 Wettbewerbern.

TIPP

Wettbewerber, mit denen Sie sich 1:1 vergleichen können, sind nicht immer einfach zu finden. Unterschiede im Aktivitätenportfolio und in der Unternehmensorganisation wirken sich auf die Profitabilität aus. Versuchen Sie trotzdem eine Peer-Gruppe zu bilden und vergleichen Sie sich mit dieser. So gehen auch Investoren in ihrem Benchmarking einer Branche oder eines Zielunternehmens vor. Wenn Sie sich Ihre Peer-Gruppe aussuchen können, tun Sie es, sonst werden es andere für Sie tun.

ACHTUNG

Die Aufgabe besteht nicht nur darin, einen fundierten Überblick über Ihre tatsächlichen und möglichen Wettbewerber und ihr Verhalten zu bekommen. Wichtig ist zu verstehen, wie sie einen Mehrwert für die Kunden schaffen und wie sie Geld verdienen. Denken Sie an Ihre Herausforderung: den Kunden einen höheren Mehrwert bieten als Ihre Wettbewerber. Bei aller Bedeutung der direkten Rivalen: Vergessen Sie nicht indirekte Wettbewerber und künftige neue Herausforderer.

WICHTIGSTE WETTBEWERBER
nach Marktsegmenten

PROFITABILITÄT
in Prozent vom Umsatz

WETTBEWERBSMATRIX Analyse der Strategie

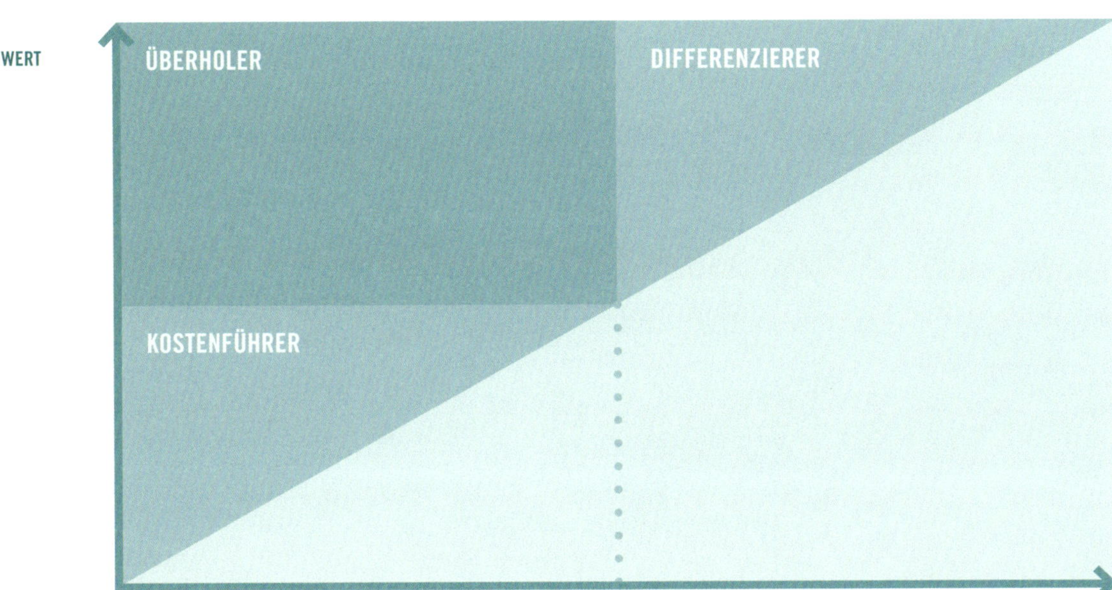

ANALYSE DER MARKTSTRUKTUR, MARKTVERHALTEN, MARKTERGEBNIS je Segment

	PERFEKTER WETTBEWERB	MONOPOLISTISCHER WETTBEWERB	OLIGOPOL	MONOPOL
STRUKTUR	• Viele Anbieter/Nachfrager • Keine Ein- & Austrittsbarrieren • Gleiche Produkte (Identische oder gering differenzierte Nutzenangebote)	• Viele Anbieter/Nachfrager • Geringe Ein- & Austrittsbarrieren • Ähnliche, aber wahrnehmbar differenzierte Nutzenangebote	• Wenige Anbieter/ Viele Nachfrager • Hohe Ein- & Austrittsbarrieren • Commodities oder differenzierte Nutzenangebote	• Ein Anbieter/ Viele Nachfrager • Extrem hohe Ein- & Austrittsbarrieren • Einzigartige Produkte
VERHALTEN	• Preisnehmer	• Preissetzungsspielraum durch Angebotsdifferenzierung wegen unterschiedlicher Kundenpräferenzen	• Gegenseitige Verhaltens- und Ergebnisabhängigkeiten	• Preismacher
LEISTUNG	• Unbedeutende Marktanteile (<5 Prozent je Unternehmen) • Keine überlegenen Gewinne • Hohes Preis-Leistungs-Verhältnis wegen wettbewerbsbedingt niedriger Preise	• Individuelle Marktanteile <10 Prozent • Geringe überlegene Gewinne • Hohes Preis-Leistungs-Verhältnis wegen Berücksichtigung unterschiedlicher Kundenpräferenzen	• Individuelle Marktanteile 10–90 Prozent • Hohe überlegene Gewinne • Preis-Leistungs-Verhältnis hängt von Art und Intensität des Wettbewerbs ab	• >90 Prozent Marktanteil • Extrem hohe überlegene Gewinne • Preis-Leistungs-Verhältnis durch Monopolpreissetzung reduziert

STARKER WETTBEWERB ⟵ ⟶ KEIN WETTBEWERB

WETTBEWERB

ERKENNTNISSE FORMULIEREN

ANLEITUNG:

Beschreiben Sie die Struktur des Marktes und das Verhalten der Wettbewerber im Markt, und ziehen Sie Schlüsse aus dem Profitabilitätsvergleich, wie Sie gegen Ihren Wettbewerb performen. Beschönigen Sie dabei nichts, und zeigen Sie auch, welche Wettbewerber für Sie die größte Gefahr darstellen.

BEISPIELE:

- Unser Markt wird zu X Prozent Marktanteil von fünf Wettbewerbern dominiert.
- Unsere fünf Hauptwettbewerber sind ....
- Diese sind alle mit einem differenzierenden Angebot im Markt positioniert.
- Unsere Wettbewerber sind im Gegensatz zu uns in einem wachsenden Markt mit durchweg zweistellig profitablen Ergebnissen unterwegs.

ZUKUNFT IM BLICK

»Es ist nicht unsere Aufgabe, die Zukunft vorauszusagen, sondern auf sie gut vorbereitet zu sein.«
Perikles, führender Staatsmann Athens

Nutzen Sie Ihre Vorstellungskraft – ein Geschenk, mit dem uns die Natur ausgestattet hat –, und stellen Sie sich einen Tiger vor. Brauchen Sie etwas Hilfe dabei? Tiger haben bunte Streifen zur Tarnung. Sie werden bis zu 4 Meter groß. Sie können bis zu 310 Kilogramm auf die Waage bringen. Tiger haben die größten Eckzähne aller Katzen (häufig etwa 6 Zentimeter lang). Es gibt sie bereits seit rund 2 Millionen Jahren auf dieser Erde.

Wie in aller Welt konnten wir angesichts solcher Bedrohungen in unserem Habitat überleben? Wie war das möglich? Denken Sie darüber nach und betrachten sich selbst.

Richtig, es braucht eine besondere Fähigkeit. Die Fähigkeit, Probleme zu erkennen und kreativ zu lösen.

Lassen Sie uns eine Reise in die Vergangenheit der Menschheit machen. Unsere ersten Vorfahren tauchten vor etwa 2,5 Millionen Jahren in Afrika auf. Irgendwann fingen sie an, Stöcke als Waffen und Werkzeuge zu nutzen. Der Faustkeil ist das älteste bekannte Werkzeug und datiert auf 1,75 Millionen Jahre. Ab etwa 40 000 Jahren vor Christus verdrängte der Homo Sapiens nach und nach andere Hominiden. Der »wissende Mensch« hatte überlegene Fähigkeiten und somit Vorteile im Evolutionswettbewerb entwickelt. Wie uns Fundstücke und Höhlenmalereien zeigen, kam es zu einer wahren Explosion der Kreativität mit der Entwicklung von Kleidung, Werkzeugen und Waffen sowie der Schaffung von Kunst.

Dieses Beispiel zeigt: Kreativität liegt in unser aller Natur. Mit Kreativität immer schneller Innovationen hervorzubringen, wird zum entscheidenden Erfolgsfaktor im 21. Jahrhundert. Innovationswellen werden immer kürzer. So liegen Produktlebenszyklen im technischen Umfeld heute bei teilweise 6 bis 12 Monaten. Sie haben keine Zeit mehr zu warten, bis die Muse Sie oder Ihre Entwicklungsabteilung küsst.

Sie müssen aktiv und systematisch an Innovationen arbeiten, um immer wieder neue Nutzenangebote zu machen und im unternehmerischen Wettbewerb zu überleben.

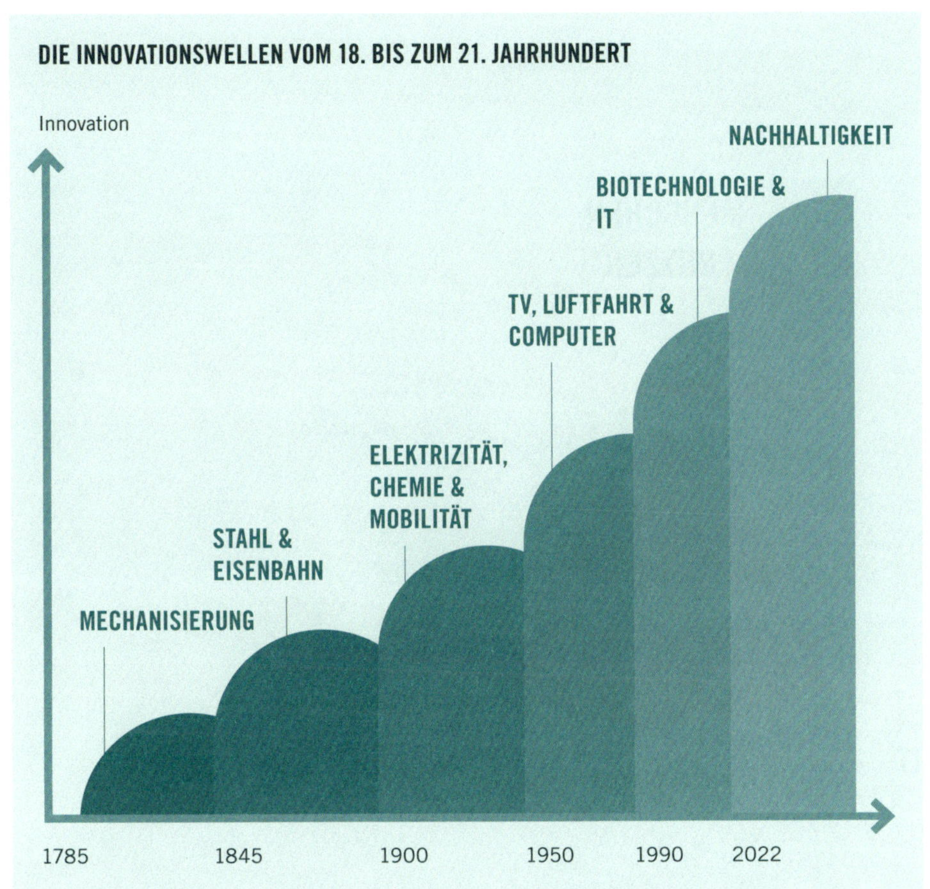

Schumpeter zeigte in seiner Theorie der wirtschaftlichen Entwicklung (1911), dass ein Unternehmen durch Innovation vorübergehend zu einem Monopolisten werden kann – so lange, bis Nachahmer auftreten oder bis seine Innovation durch andere Entwicklungen ihre Bedeutung verliert. Das Abschöpfen des temporären Monopolgewinns ist der wirtschaftliche Anreiz zur Innovation. Gleichzeitig ist es die Einladung an Imitatoren, sich um einen Teil des Kuchens zu bemühen. Der Schumpetersche Wettbewerb als Wechselspiel aus Innovation und Imitation führt zur kreativen Zerstörung des Bestehenden oder wie wir heute sagen: zu Disruption.

Kreative Zerstörung = Disruption

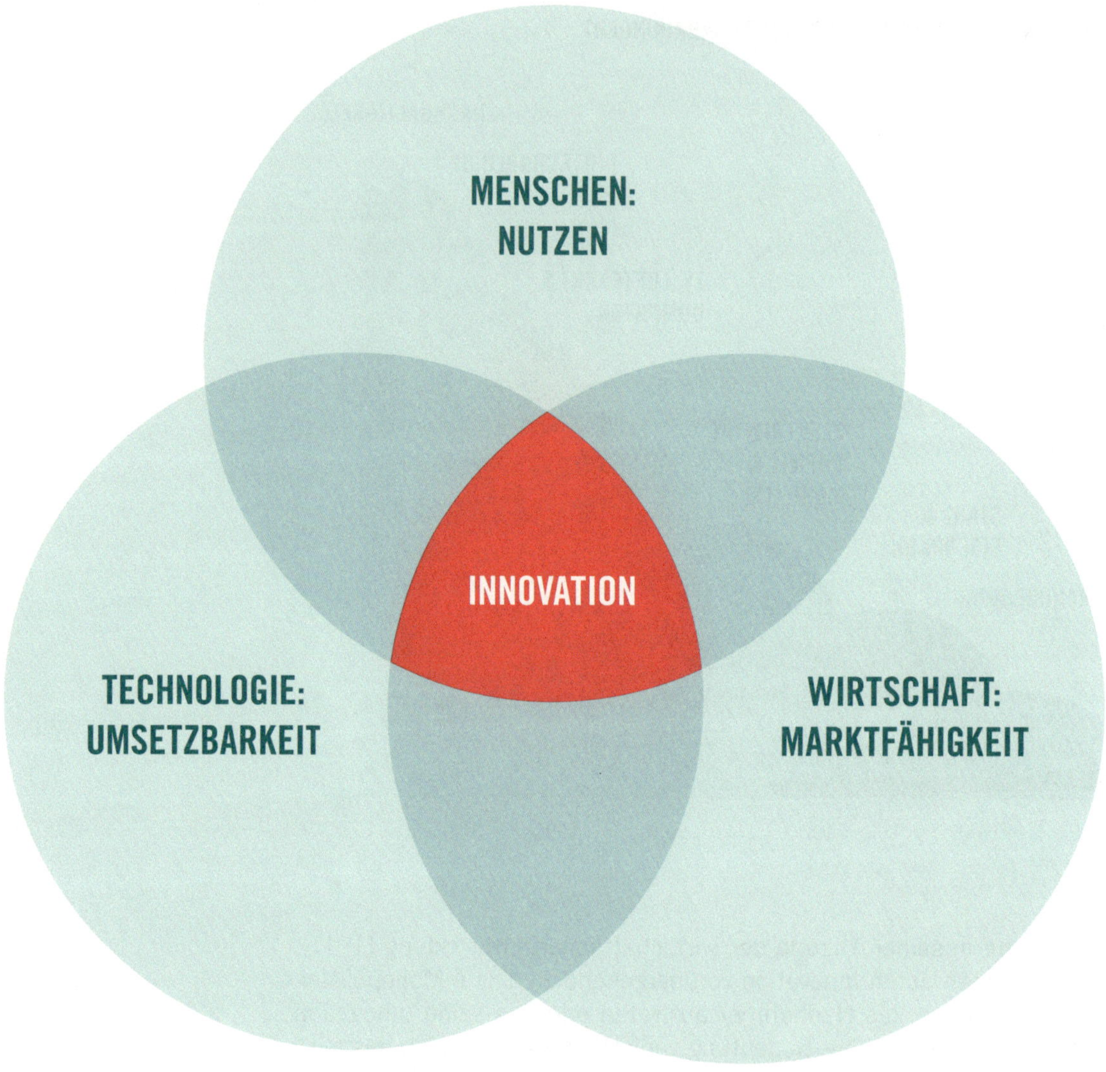

MENSCHEN:
NUTZEN

INNOVATION

TECHNOLOGIE:
UMSETZBARKEIT

WIRTSCHAFT:
MARKTFÄHIGKEIT

Grafik nach Hasso-Plattner-Institut Academy (2022)

Design Thinking als Kreativmethode nimmt die menschliche Perspektive zum Ausgangspunkt der Zielstellung, innovative Produkte, Dienstleistungen oder Erlebnisse zu gestalten, die nicht nur attraktiv, sondern auch realisierbar und marktfähig sind.

Dies ist sicherlich eine hervorragende Vorgehensweise, doch wie können Sie diesen Weg abkürzen und die Trends identifizieren, die Einfluss auf Ihr Unternehmen und Ihr Geschäftsmodell haben? Oder welche Trendströmungen versprechen Innovationschancen und Zukunftspotenziale?

Mit Trendscouting starten

Wir empfehlen Trendscouting. Das bedeutet: Raus aus Ihrem eigenen Wissenssilo. Bringen Sie Entwicklungen in Forschung, Technologie oder Soziokultur sowie Problemlösungen anderer Unternehmen (insbesondere Start-ups) in branchenübergreifende Zusammenhänge. So erhalten Sie Inspiration und zielgerichtete Impulse für spezifische Zukunftsfelder. Nutzen Sie die führenden Innovationsdatenbanken, um eine breite Perspektive über Neues zu bekommen.

Trendradar erstellen

Erstellen Sie mit Ihrem Team zur Orientierung und als Entscheidungsinstrument Ihr eigenes »Trendradar«. Es bietet eine intuitiv verständliche Darstellung der für Sie relevanten Trends und ist Ausgangspunkt Ihrer strategischen Innovationsarbeit. Sie bewerten die identifizierten Trends hinsichtlich ihrer Relevanz für Ihr Unternehmen, ordnen sie nach ihrem individuellen Reifegrad in Ihr Radar ein und entscheiden sich für eine der folgenden Handlungsempfehlungen: Handeln, Vorbereiten und Beobachten. Mit dem Trendradar werden Sie frühzeitig für Innovationschancen sensibilisiert und können Ihr Unternehmen rechtzeitig strategisch neu ausrichten.

Dieses Fazit zieht auch Claudia Knacke (2022) im Whitepaper der Trend- und Innovationsberatung TRENDONE, basierend auf einer Befragung von 85 Innovationsmanagern: »Systematisches Trendmanagement verleiht Unternehmen einen besseren Orientierungssinn – eine Schlüsselkompetenz, die zu nachhaltigem Wachstum befähigt.«

TRENDS

Hier finden Sie Leitfragen für die Durchführung Ihrer eigenen Trendanalyse. Es ist ein explorativer Prozess. Neue Fragen können durch Ihr Nachfragen und Hinterfragen entstehen. Blicken Sie der Wahrheit ins Gesicht, um den berühmten Hasen im Pfeffer zu finden.

LEITFRAGEN:

1. **Welche Makrotrends sind für die Struktur unserer Branche am wichtigsten? Was sind ihre Ursachen und Folgen?**
2. **Wie verändern diese Trends die Regeln des Erfolgs?**
3. **Welche Bedrohungen stellen diese Trends für unsere Rentabilität und unser Geschäftsmodell dar? Welche Chancen eröffnen sie?**

DATEN SAMMELN

Starten Sie mit dem Trendscouting, indem Sie über die wesentlichen Megatrends (etwa der Klimawandel), die für Ihre Branche relevanten Makrotrends identifizieren. Viele der professionellen Anbieter von Trendanalysen identifizieren zunächst Mikrotrends zur Inspiration, »clustern« diese dann zu Makrotrends und fassen sie zu Megatrends zusammen, um die Trendthemen zu ordnen und zu strukturieren. Wenn Sie kein komplett eigenständiges Scouting für Ihre speziellen Anforderungen brauchen, sondern mit allgemeinen Brancheneinschätzungen arbeiten wollen, können Sie mit den bereits identifizierten Makrotrends in Innovationsdatenbanken arbeiten.

ANALYSIEREN

Sammeln Sie die Makrotrends in der vorgesehenen Tabelle.
Bewerten Sie diese nach:

1. Einfluss:
Wie stark schätzen Sie den Einfluss des Trends auf Ihr Unternehmen ein?
Skala: 1 = sehr hoch bis 6 = sehr niedrig
Mit dem Kriterium Einfluss wird die Stärke der Auswirkung, die der Trend voraussichtlich haben wird, bewertet. Trends können dabei auf einzelne oder mehrere Ebenen eines Unternehmens wirken.

2. Zeitpunkt der Mainstream-Adaption
Wann wird der Trend innerhalb Ihrer Branche von der Mehrheit der Marktteilnehmer antizipiert?
Skala: 1 = 0–2 Jahre
bis 6 = 10+ Jahre
Gesucht wird der Zeitpunkt, an dem die »Early Majority« den Trend aufgreift.

3. Kompetenz:
Wie gut ist Ihr Unternehmen auf den Trend vorbereitet?
Skala: 1 = sehr hoch bis 6 = sehr gering
Mit dem Kriterium Kompetenz bewerten Sie, wie ausgereift Ihr Unternehmen in Form von Strukturen, Strategien, Projekten oder Prototypen bereits heute auf diesen Trend reagiert hat.

EINORDNEN

Summieren Sie die Teilpunkte. Je nach erreichter Gesamtpunktzahl lassen sich die Trends nun in drei verschiedene Stufen des Handelns in den jeweiligen Kreis einordnen. Mithilfe der Innovationskategorien können Sie jeweils das entsprechende Kategoriefeld auswählen, in dem die Innovation stattfindet.

Ansehen: 13 bis 18 Punkte
Der Trend ist bekannt. Einfluss und Geschwindigkeit der Adaption im Mainstream werden derzeit noch als gering eingeschätzt. Die weitere Entwicklung des Trends sollte jedoch systematisch beobachtet und periodisch neu bewertet werden.

Vorbereiten: 7 bis 12 Punkte
Dieser Trend wird in absehbarer Zukunft einen hohen bis sehr hohen Einfluss haben. Die Unterausprägung und Einflusspfade des Trends sollten nun im Detail verstanden werden, um konkrete Maßnahmen vorzubereiten.

Handeln: 3 bis 6 Punkte
Die Trends haben einen hohen bis sehr hohen Einfluss.

TREND ENTDECKEN & BEWERTEN

MAKROTRENDS	KATEGORIE	EINFLUSS	ZEITPUNKT	KOMPETENZ
z. B. Cybersecurity	Produkt-, Service-, Prozess-, Geschäftsmodell-Innovation	1–6	1–6	1–6

TRENDRADAR nach TRENDONE (2022)

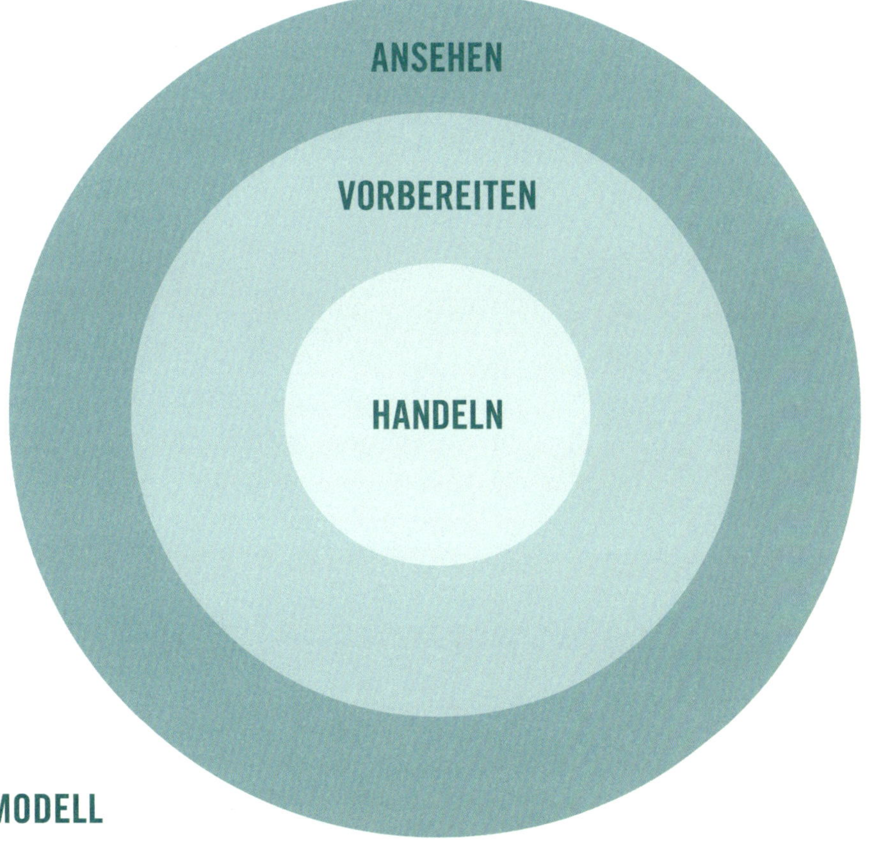

TRENDS

ERKENNTNISSE FORMULIEREN

ANLEITUNG:

Formulieren Sie die wesentlichen Erkenntnisse aus der Einordnung der Trends mit Relevanz für Ihr Unternehmen.

BEISPIELE:

- Bedarf an Automatisierung wird weiter steigen und unser Geschäftsmodell dramatisch verändern.
- Urbanisierung der Bevölkerung nimmt weiter rasant zu und führt zu immer komplexeren Anforderungen für unsere Kunden.

ALLGEMEINES UMFELD

SCHÖNE NEUE WELT

»Wer hat den größten Einfluss auf die Digitalisierung – CEO, CTO, CIO oder Covid-19?«

Witz in den sozialen Medien

Egal ob Corona, Finanzkrise, Inflation, Lieferkettenprobleme, Ukraine-Russland-Krieg oder ein Mangel an nahezu allen wichtigen Ressourcen wie Personal, Rohstoffe etc. – eines ist völlig klar: nämlich dass nichts mehr so klar ist, wie es früher einmal zu sein schien. Für viele Menschen ist das die Bestätigung, dass wir in einer VUCA-Welt leben. Das Akronym wurde vom United States War College in der Zeit nach dem kalten Krieg geprägt und charakterisiert unsere Zeit als zunehmend volatil, unsicher, komplex und mehrdeutig.

Doch wie gehen Sie, Ihr Team und das Unternehmen mit sich ständig veränderten Szenarien um? Welche Auswirkungen sind zu erwarten und worauf sind Sie wie vorbereitet?

EINE WELT DIE WIR NICHT VERSTEHEN

Die Reise nach Delphi, die Schrift von Nostradamus oder der Blick in die Kristallkugel werden Sie kaum zur bestmöglichen Einschätzung der Zukunft bringen. In seinem Buch *Antifragilität* (2012) entwirft Nicholas Taleb eine evolutionäre Theorie des Zufalls. Dabei teilt er das Universum in zwei Arten von Systemen auf: (1) fragile, instabile und störanfällig Systeme, die schon bald verschwinden sowie (2) »zufallsaffine« Systeme mit einer Art Hyper-Robustheit, die er »Anti-Fragilität« tauft. Sein Motto: »Umarme den Zufall! Bejahe das Chaos!« Sie sind nicht nur Störungen, sondern die eigentlichen Treiber der Veränderung. Und deshalb geht es nicht darum, die Zukunft vorauszusagen oder zu verstehen. Im Gegenteil: Schon der Versuch ist für Taleb des Teufels. Es geht um Empfindlichkeit, Anfälligkeit für Störungen – um das Dilemma, dass große, unerwartete Ereignisse unlösbare Probleme verursachen.

Anti-Fragilität

Beschäftigen Sie sich mit den wesentlichen Einflussfaktoren im allgemeinen Umfeld und leiten Sie die für Sie relevanten Szenarien ab. So können Sie Ihre Strategie ausrichten und Ihr Unternehmen auf das Unvorhersehbare vorbereiten. Ziel ist es, universelle Trends zu verstehen, die über die spezifischen Faktoren Ihrer Branche hinausgehen. Was passiert um Sie herum politisch, ökonomisch, soziokulturell, ökologisch oder rechtlich und wie wirkt es sich auf Ihre Branche oder direkt auf Ihr Geschäft oder Unternehmen aus?

UNTERNEHMEN KRISENFEST AUFSTELLEN

Identifizieren die wesentlichen Einflussfaktoren in Ihrem allgemeinen Umfeld. Konzentrieren Sie sich vorrangig auf die Folgenabschätzung, wenn sich diese Faktoren ändern, und nicht darauf, wie wahrscheinlich diese Änderungen sind. Welche Veränderungen wären gefährlich für Ihr Unternehmen? Welche Veränderungen würden Ihr Unternehmen stärken? Leiten Sie die Belastbarkeit Ihres Unternehmens ab für den Fall, dass diese Änderungen eintreten sollten. Ist die Widerstandskraft Ihres Unternehmens fragil, robust, resilient oder antifragil?

Ziel ist eine fundierte Risiko-Ertrags-Abwägung. Welche Veränderungen sind mit geringen Ertragschancen, aber hohen Verlustrisiken (nicht nur finanziell) verbunden? Welche dagegen mit hohen Ertragschancen bei geringen Verlustrisiken? Auf die erste Risiko-Ertrags-Variante sollten Sie sehr gut vorbereitet sein oder diese durch entsprechende Maßnahmen eliminieren. Alles, was fragil ist, so Taleb, wird sowieso zerbrechen. Für das Wohlergehen Ihres Unternehmens müssen Sie die Zukunft nicht vorhersagen können. Entfernen Sie vielmehr die Dinge aus Ihrer Zukunft, die störungsanfällig und fragil sind. Treffen Sie daher Entscheidungen, die sich auf die Folgen konzentrieren, die man kennen kann, anstatt auf Wahrscheinlichkeiten, die man nicht kennen kann.

ALLGEMEINES UMFELD

Um sich den bestmöglichen Überblick über die allgemeinen Entwicklungen im Umfeld zu verschaffen, ist es hilfreich mit einer leichten Abwandlung eines Klassikers der strategischen Analyse die wesentlichen Faktoren zu identifizieren. Die P.E.S.(T.)E.L.-Methode steht dabei als Akronym im Englischen für Political, Economic, Social, (Technological – hier ausgeklammert da im Trend Modul enthalten), Environmental und Legal. Diesen Überblick sollten Sie mit einer Betrachtung der Konsequenzen für Ihr Unternehmen und dessen Belastbarkeit bewerten. Dies eröffnet Ihnen die Möglichkeit, konkrete strategische Entscheidungen zu treffen ohne in Szenarien, Wahrscheinlichkeiten oder Eventualitäten denken zu müssen.

LEITFRAGEN:

1. **Welche Auswirkungen haben Entwicklungen in den verschiedenen Bereichen unseres Umfelds (Politik, Gesamtwirtschaft, Soziokultur, Umwelt und Recht) auf uns?**
2. **Wie belastbar sind unser Unternehmen und Geschäftsmodell bei den zu erwartenden Folgen?**

ANALYSE

1. Strukturieren und identifizieren Sie die entscheidenden Einflussfaktoren aus den fünf Bereichen und beschreiben Sie diese kurz.
2. Leiten Sie die konkreten Folgen in verschiedenen Abstufungen (Zeit, Intensität) dieser Einflussfaktoren für Ihr Unternehmen ab.
3. Zeichnen Sie die Fragilitätskurve Ihres Unternehmen entlang der abgestuften konkreten Folgen:
   Fragil = zerbrechlich
   Robust/Resilienz = zeitweise oder bei geringer Intensität widerstandsfähig
   Antifragil = lernend, sich selbst verstärkend
4. Entscheiden Sie, welche Fragilität Sie wie entfernen wollen.

TIPP

Hilfreich, um sich nicht einfach nur durch den makroökonomischen Datendschungel durchzugoogeln, sind die Angebote unterschiedlicher Think Tanks und Research-Plattformen wie beispielsweise die Intelligence Einheit des Economist, Analysen der großen Banken (beispielsweise DB Research) oder auch dem McKinsey Global Institute.

QUELLEN

ANALYSE

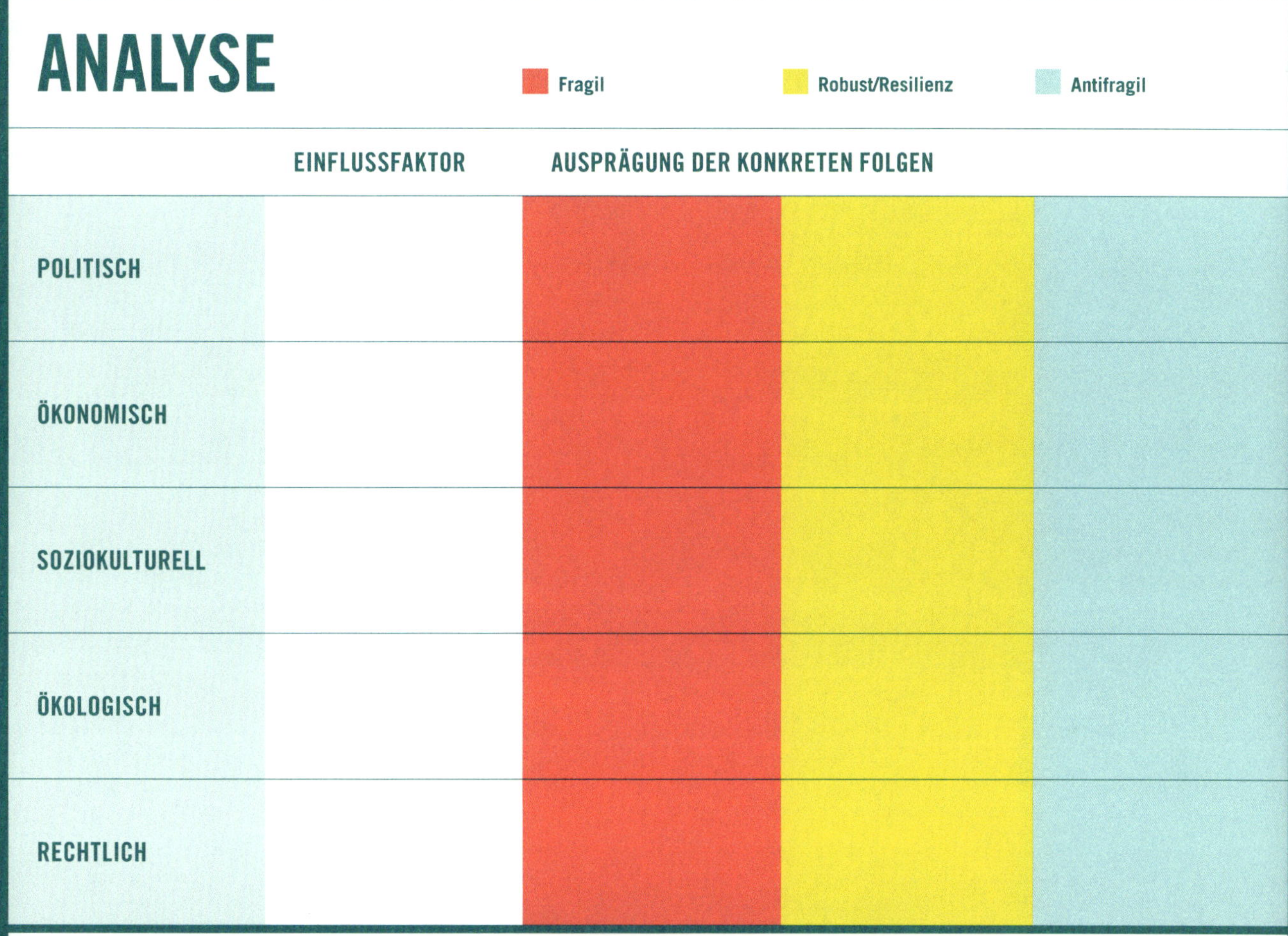

	EINFLUSSFAKTOR	AUSPRÄGUNG DER KONKRETEN FOLGEN		
POLITISCH				
ÖKONOMISCH				
SOZIOKULTURELL				
ÖKOLOGISCH				
RECHTLICH				

QUALITATIVE BEOBACHTUNGEN

ALLGEMEINES UMFELD

ERKENNTNISSE FORMULIEREN

BEISPIELE:

- Der Krieg in der Ukraine sowie Corona führen zu massiven Kostensteigerungen bei Energie, Transport und Materialien sowie zu einer starken weltweiten Lohninflation, was unsere aktuellen Kundenaufträge massiv unprofitabel macht.
- Kunden, Banken und der Gesetzgeber fordern immer höhere Nachhaltigkeitsstandards (ESG), welche wiederum zu massiven Ressourcenaufwendungen bei uns führen und gegebenenfalls der Art, wie wir unser Geschäft heute betreiben, die »License-to-operate« entziehen.

EIGENE REALITÄTEN

DEN SPIEGEL VORHALTEN

»Manche Leute haben ein scharfes Auge für die Schwächen anderer und eine Sehschwäche für die eigenen.«

Ernst Ferstl, österreichischer Lehrer und Schriftsteller

Es ist die höchste Kunst, sich selbst und das eigene Unternehmen ständig zu hinterfragen. Allzu gerne lassen Erfahrungswissen und der Erfolg der Vergangenheit Unternehmenslenker*innen auf dem einen oder auch dem anderen Auge blind werden. Die eigenen Egos stehen im Weg. Natürlich sprechen wir alle nicht gerne über die eignen Fehler. Auch Macht und Führungspositionen machen einsam. Oft fehlt dann das offene und ehrliche Feedback, das zwar gerne eingefordert, aber selten abgerufen und angenommen wird. Wenn Sie also noch keinen Till Eulenspiegel in Ihren Reihen haben, wird es höchste Zeit sich den Spiegel vorhalten zu lassen.

Nach der Analyse des gesamten Umfelds Ihres Unternehmens geht es nun ans Eingemachte. Der eigene Laden kommt schonungslos auf den Prüfstand, denn nur in der Kombination aus dem Umfeld und den eigenen Fähigkeiten entsteht der mögliche Handlungsraum für Ihre Strategie. Doch wo soll man da anfangen? Meist liegt einiges im Argen, und es ist ja auch nicht alles schlecht.

In seinen Schelmenstreichen stellte sich der Narr Eulenspiegel mit Schläue dumm und nahm jede Äußerung seiner Mitmenschen stets wörtlich. Damit hielt er seinen Mitmenschen den Spiegel vor und zeigte ihnen so ihre Schwächen und Verfehlungen auf. Mittels Gelächter und Schadenfreude setzte er sie öffentlich der scharfen, aber nicht ausgesprochenen Kritik aus und deckte so die Missstände seiner Zeit auf. Ganz so schonungslos müssen Sie Erkenntnisse nicht zur Schau stellen, aber die Analyse im Führungskreis verlangt nach brutaler Wahrheit.

Womit verdienen Sie wirklich Geld?

Es sind zwei wesentliche Fragen, die Missstände und Ineffizienzen aufdecken helfen: Womit verdienen Sie heute wirklich Ihr Geld? Wenn Sie drei Wünsche frei hätten, was würden Sie morgen umgehend ändern? Alles ist erlaubt! Klingt das schon fast nach Schabernack für Sie? Dann stellen Sie sich umgehend den Fragen und beantworten Sie selbst aber auch mit Ihrem Team oder sogar mit Außenstehenden ehrlich.

Mit welchen Produkten und Dienstleistungen das Unternehmen am Ende am meisten erwirtschaftet, bleibt doch häufig länger im Dunkeln, als man glaubt. Ja, die eigene Organisation, Controlling und Reporting sind häufig zu komplex. Doch glauben Sie an sich und Ihr Team. Sie finden sie, die Produkte, die doch

wieder nur für den einen Kunden produziert und ins Lager gelegt werden, weil es ohne nicht zu gehen scheint und man das Geld schon wieder woanders reinholen kann. Da ist der Service zum Produkt, der 80 Prozent der ganzen Arbeitszeit frisst und nicht vergütet wird. Ja, wir kennen alle die Dinge, an die wir nur ungern ran wollen.

Oder da ist das allseits beliebte Silodenken von Bereichsverantwortlichen und ganzen Geschäfts- oder Funktionalbereichen, die sich ungern in die Karten schauen lassen. Bei der Gedenkrede an den 2020 verstorbenen NBA-Superstar Kobe Bryant berichtete Basketball-Legende Shaquille O'Neal von einer Auseinandersetzung mit dem eigensinnigen Superstar. Kobe hatte in einem Spiel seinen Mitspielern fast keine Pässe zugespielt, also stellte Shaq ihn im Namen des Teams zu Rede: »Kobe there is no I in team!« und Kobe antwortete: »But there is a ME you M*****F*****.«

Solche Superstars kennen Sie vielleicht auch aus Ihren Reihen, aber im Unternehmen gilt vielleicht noch mehr als auf dem Spielfeld eine gute Zusammenarbeit im Team als Erfolgsfaktor.

EIGENE REALITÄTEN

Neben der Analyse Ihrer kritischen Kennzahlen und Quellen der Profitabilität geht es darum gut hinzuschauen und hinzuhören. Das fällt natürlich Führungskräften in den eigenen Schuhen sehr schwer. Deshalb sollten Sie hier – wie bereits im Kapitel Qualitative Exploration-Interviews – darüber nachdenken sich einen frischen Blick von Außen zu holen. Dieser kann in wenigen Gesprächen mit internen Schlüsselpersonen das Salz in der Suppe sein. Wichtig für alle Beteiligten ist der vertraute Schutzraum – keine ausgesprochene Wahrheit darf dabei Kolleg*innen oder Mitarbeitenden nachträglich falsch ausgelegt oder negativ angekreidet werden. Hier finden Sie eine Reihe von Leitfragen, die Ihnen bei der Durchleuchtung Ihres Ladens helfen. Und schauen sie der Wahrheit ins Gesicht.

LEITFRAGEN:

1. **Was sind die Fünf-Jahres-Trends bei unseren kritischen Leistungskennzahlen, und welche Schlussfolgerungen können wir daraus ziehen?**
2. **Womit machen wir Geld und womit nicht?**
3. **Wie adressieren wir die Angebote, mit denen wir kein Geld verdienen?**
   (Fragen 2 bis 3 erfordern eine Aufschlüsselung des Gewinns nach Kunden, Produktgruppen und geografischen Regionen).
4. **Was sind unsere wichtigsten Stärken, die wir als Wettbewerbsvorteil nutzen können?**
5. **Was sind unsere Schwächen, die einer besseren Leistung im Wege stehen?**
6. **Was würden wir sofort ändern, wenn wir drei Wünsche frei hätten?**

ANALYSE I: ERTRAGS-KONZENTRATIONS-MAP

Listen Sie in der rechten Spalte die profitabelsten Produktkategorien in absteigender Reihenfolge unter Angabe des Anteils am Gewinn auf. Ziehen Sie eine Linie, wenn Sie 80 Prozent des Gesamtgewinns ausgemacht haben. Listen Sie nun die Produktkategorien, die die restlichen 20 Prozent des Gewinns ausmachen, unterhalb der Linie auf. Wenn diese Liste lang ist, sollten Sie sie kürzen, um sich auf Ihre Gewinnbringer zu konzentrieren.

TIPP

Sie können keine Durchschnittswerte managen. Durchschnittswerte sagen nichts aus – im Gegenteil, sie verbergen die Wahrheit! Der Weg zur Leistungsverbesserung besteht darin, die leistungsschwachen Teile eines Unternehmens zu verbessern oder zu entfernen. Dann geht der Durchschnitt nach oben. Das bedeutet, dass es unerlässlich ist, Ihre Leistungskennzahlen aufzuschlüsseln – um zu verstehen, wo Sie gute Gewinne machen und wo nicht.

ANALYSE II: STÄRKEN UND SCHWÄCHEN

Option A: Explorative Interviews

Listen Sie die geclusterten Erkenntnisse aus den Interviews in der Stärken/Schwächen-Matrix auf. Illustrieren Sie die eine oder andere Erkenntnis mit einem knackigen anonymisierten Zitat der Kolleg*innen.

Option B: Brainwriting

Wenn Sie keine internen Kapazitäten für eine explorative Befragung haben, dann können Sie mit Ihrem Führungsteam eine sogenannte Brainwriting Session durchführen. Dafür erhält jede*r Teilnehmer*in ein leeres Blatt und listet darauf die wahrgenommenen Stärken und Schwächen auf. Nach wenigen Minuten wechseln die Blätter jeweils zur Sitznachbar*in. Hier dürfen die Stärken und Schwächen der Vorgänger*in nur ergänzt, nicht aber gestrichen werden. Wiederholen Sie diesen Vorgang solange, bis das Blatt wieder bei der Ausgangsperson angekommen ist. Stellen Sie dann die Erkenntnisse im Plenum vor und führen Sie eine Bewertung jeweils auf Stärken- und Schwächen-Seite vor. Die Ergebnisse können Sie dann in die vorgesehene Tabelle einfügen.

QUANTITATIVE ANALYSE

ERTRAG

PRODUKTKATEGORIEN

80%

20%

STÄRKEN

SCHWÄCHEN

»

«

»

«

EIGENE REALITÄTEN

ERKENNTNISSE FORMULIEREN

ANLEITUNG:

Es ist wichtig, die wesentlichen Erkenntnisse nach einer intensiven Diskussion im Führungskreis in Sätzen zu formulieren. Versuchen Sie dabei Floskeln und Allgemeinplätze zu vermeiden. Die Spiegelstriche sollen zusammen nachher eine schlüssige Geschichte darüber erzählen, wie Sie und Ihre Führungsmannschaft die Realität im Unternehmen wahrnehmen. Selbstverständlich stehen hier nicht nur positive Dinge, sondern auch die Baustellen, mit denen Sie sich beschäftigen müssen. Versuchen Sie diese Baustellen nicht zu beschönigen oder zu verklausulieren.

BEISPIELE:

- Wir haben die größte Produktpalette im Markt – einen echten Bauchladen – diese steigert unsere Komplexität in Produktion und Logistik und schafft heute keinen echten Kundennutzen.
- Gewisse Länder bearbeiten den Markt besser als andere – hier haben wir aber keine globale Datenstruktur und Transparenz im Reporting.
- Ein dramatischer Investitionsstau hat uns bei der Entwicklung unserer digitalen Fähigkeiten massiv ausgebremst.
- Der kontinuierliche und starke Gewinnrückgang in der Geschäftseinheit XYZ zwingt uns zu konsequentem Handeln.

»WER VISIONEN HAT, SOLLTE ZUM ARZT GEHEN.«

Helmut Schmidt, ehemaliger Bundeskanzler

FOKUSSIEREN

KEINE HALBEN SACHEN

»Derjenige, der zwei Hasen gleichzeitig jagt, wird keinen davon fangen.«
Konfuzius

Alle Daten für die jeweiligen Module der Situationsanalyse sind gesammelt, analysiert und so weit wie nötig visualisiert. Sicherlich haben Sie schon erste Erkenntnisse gewonnen. Es folgt der nächste Workflow-Schritt: »Fokussieren«.

Jetzt müssen Sie zu Einsichten kommen und Entscheidungen treffen, die Ihrem Unternehmen einen klaren Fokus geben. Mit aller Konsequenz, ohne Wenn und Aber. Michael Porter (1996), der Doyen der Unternehmensstrategie, bringt auf den Punkt, was es dafür braucht:

»The essence of strategy is choosing what not to do.«

Zu entscheiden, was wir nicht tun wollen, fällt uns Menschen oft nicht leicht, weil wir uns ungern vorab beschränken wollen und weil wir aus Risikoaversion lieber größere Möglichkeitsräume zur Verfügung haben als kleinere. Doch bei begrenzten Ressourcen führt kein Weg daran vorbei, das »Nichttun« festzulegen, um das tun zu können, was uns »einzigartig« macht und worin wir exzellent sein wollen. Also weder »das Eine oder das Andere« noch »das Eine und das Andere«, sondern »das Eine, aber nicht das Andere«. Weil das Andere zum Beispiel nicht in unserer DNA liegt oder unserem Selbstverständnis widerspricht. Wir können nicht »Hans Dampf in allen Gassen« sein. Wir müssen uns entscheiden.

Die Netflix-Dokuserie *Jiro dreams of sushi* führt uns das eindrücklich vor Augen. Die Doku porträtiert den 85-jährigen Sushi-Koch Jiro Ono. Er hat sich irgendwann entschieden, in einer Station der Tokioter U-Bahn ein Sushi-Restaurant mit nur zehn Plätzen zu führen. Wir werden Zeugen, wie er durch aufopfernde Hingabe und Konzentration auf die Erlangung der Meisterschaft in seinem speziellen Gebiet im Kleinen etwas wirklich Großes geschaffen hat: 300 US-Dollar pro Teller, 3 Michelin-Sterne und eine Legende unter Feinschmeckern. Wie der japanische Schriftsteller Tanizaki Jun'ichirō sagt, »[ist] in der Meisterschaft … die Patina, die durch jahrelanges unermüdliches Polieren entsteht.« Vielleicht ist das Bild der Patina eine Inspiration oder sogar ein gutes Leitmotiv, um mit der Fokussierung Ihres Unternehmens Meisterschaft zu erlangen.

VON DER SITUATIONSANALYSE ZUM ZIELBILD

Strategie-Workshop I

Während Sie bisher einzelne Kolleg*innen beim Planen, Sammeln und Analysieren punktuell eingebunden haben, ist jetzt Ihr gesamtes Führungsteam, gegebenenfalls erweitert um ausgewählte Impulsgeber, in einem ersten gemeinsamen Strategie-Workshop gefragt.

Es geht zunächst darum, die Frage »Was ist bei uns los, wo stehen wir heute?« zu beantworten. Es ist eine wesentliche Führungsaufgabe, aus den Ergebnissen einer Situationsanalyse im Führungsteam ein gemeinsames Verständnis für den Status quo eines Unternehmens zu schaffen und daraus das Zielbild für die zukünftige Strategie zu entwickeln. Diskutieren Sie im Team die Ergebnisse der Situationsanalyse im Detail. Nehmen Sie sich Zeit. Ermutigen Sie die Beteiligten, auch offensichtliche Zusammenhänge zu hinterfragen. Fragen hilft. Immer. Fragen, wie sie Willie Pietersen, Professor für praktisches Management an der Columbia Business School und Ex-CEO von Lever Foods und Tropicana, gerne seinen Zuhörern im Warm-up stellt:

- Haben Ihre Produkte oder Dienstleistungen eine »Winning Proposition«, ein Nutzenangebot an die Nachfrager, welches mehr Wert schafft als die Angebote der Konkurrenz? Was machen Sie besser oder anders als die Rivalen?
- Wo verlieren Sie? Worin ist Ihr Unternehmen schlechter als der Wettbewerb?
- Bei welchen Produkten oder Dienstleistungen sind Sie profitabel? Warum sind Ihre Winning Propositions auch Paying Propositions?
- Wo erzielen Sie höhere Gewinne als die Konkurrenz?

Ihr Zielbild

Aus der Diskussion der Antworten auf diese und weitergehende Fragen kristallisiert sich das »what's going on here« heraus, das, worum es also geht. Konkret heißt das: Was sind die Ursachen für die Ergebnisse, was sind die Hintergründe? Wenn Sie zum Beispiel Ihr Angebotsportfolio betrachten: ist es so breit, weil Sie jeden Kundenwunsch erfüllen wollen? Oder bedienen Sie zufällig entstandene Kundensegmente, ohne sie auf den Prüfstand gestellt zu haben? Erzielen Sie Klarheit und Einigkeit über die Herausforderungen und Gelegenheiten in den verschiedenen Spielfeldern Ihrer aktuellen Arena, über mögliche neue Spielfelder, über Handlungsoptionen und Risiken sowie über die wahrscheinlichen Zeithorizonte.

Nun müssen Sie den Fokus bestimmen – auf welchen Spielfeldern soll das Unternehmen in Zukunft unterwegs sein – und mit Hilfe von Zielen und Schlüsselergebnissen die Prioritäten für den Einsatz der Unternehmensressourcen definieren. Hieraus ergibt sich, welche strategischen Entscheidungen (z. B. Investitionen) Sie treffen müssen und welche operativen oder taktischen Maßnahmen für die Umsetzung des Fokus notwendig sind. Was auch immer Sie vorläufig als sinnvolle Strategie ableiten: Stellen Sie sicher, dass sie kongruent ist mit Ihrer Idee von der Wirkung (Impact Statement), die Ihr Unternehmen in der Welt erzeugen soll. In der Zusammenschau ergibt sich dann Ihr Zielbild: »Wo wollen wir hin?«

STRATEGIE-WORKSHOP I

»Unser Strategie-Workshop damals in Düsseldorf mit dem StrategyFrame® und Herrn Underwood und Prof. Weigand war ein echter Wendepunkt für unser Unternehmen.«

Hans-Jürgen von Glasenapp, Geschäftsführer, BILSTER BERG Drive Resort

Machen Sie den ersten Strategie-Workshop im Workflow des StrategyFrame® zu etwas Besonderem für Sie und Ihr Team. Etwas, woran sich die Beteiligten auch in drei Jahren noch positiv erinnern wollen. Schaffen Sie die bestmöglichen Rahmenbedingungen für die Auseinandersetzung mit den Wahrheiten in Ihrem Umfeld und der eigenen Realität. Führen Sie gemeinsam intensive Diskussionen über die Ausgangslage Ihres Unternehmens. Entwickeln Sie so neue Ideen für die künftige Ausrichtung. Sicherlich wird es den einen oder anderen Meinungskonflikt geben. Das gehört dazu, solange nicht persönliche Animositäten ausgetragen werden. Mit diesem Workshop legen Sie zudem die Grundlage für eine neue Strategie-Routine.

Klären Sie in der Vorbereitung Ihres Workshops folgende Punkte:

Schlüsselfragen

#1: Zielsetzung
#2: Dauer und Dramaturgie
#3: Teilnehmer
#4: Tagungsort
#5: Moderation

#1: WELCHE ZIELSETZUNG HAT DER STRATEGIE-WORKSHOP?

Am Ende des Workshops sollten Sie mit Ihrem Team aus der Situationsanalyse ein gemeinsames Zielbild für die Zukunft entwickelt haben. Es geht nicht darum, die gesamte Strategie im Detail zu erarbeiten. Im Gegenteil. Wenn Sie zu viel auf einmal wollen, werden Sie eine Enttäuschung erleben. In der Regel sind nicht alle Teilnehmenden vorab auf dem gleichen Kenntnisstand, weil sie vielleicht nur in einzelne Elemente der Situationsanalyse eingebunden waren. Bringen Sie daher die Teilnehmer*innen »auf Ballhöhe«, um

- eine gemeinsame Beurteilung der Ausgangslage zu ermöglichen,
- die Herausforderungen und Chancen zu verstehen und
- erste strategische Optionen zu benennen.

#2: WIE LANGE SOLL DER STRATEGIE-WORKSHOP DAUERN? WIE SOLL DER ABLAUF SEIN?

Ein Tag wird nicht genügen. Wiederholt haben wir Chefs erlebt, die nicht mehr als einen Arbeitstag »opfern« wollten. Zeit ist eine knappe Ressource, aber sparen Sie nicht am falschen Ende. Bis sich alle Teilnehmer*innen gedanklich und inhaltlich eingefunden haben und es zu einer akzeptierten Beurteilung der Ausgangslage kommt, ist meist schon ein Tag vorbei.

Zweieinhalb Tage

Idealerweise sollten Sie für den ersten Workshop nach der Situationsanalyse 2,5 Tage einplanen. Der halbe Tag ist für den Nachmittag nach der Anreise zum Tagungsort reserviert. Sie können hier in die Agenda des Workshops einführen und die Ergebnisse der Situationsanalyse vorstellen. Ein gemeinsames Abendessen schließt den Tag ab. Am nächsten Morgen können Sie dann durchstarten, ohne auf Kolleg*innen warten zu müssen, die noch im Stau stehen. Diesen und einen weiteren halben Tag veranschlagen wir, um zu einem gemeinsamen Verständnis der Ausgangslage zu kommen, Chancen und Risiken zu bewerten und Lösungsvorschläge zu entwickeln. Der verbleibende halbe Tag sollte für den Entwurf eines vollständigen Zielbilds und für die Planung der nächsten Schritte genutzt werden.

Braucht es noch weitere Team-Aktivitäten jenseits des Arbeitsauftrags oder inspirierende Gastredner*innen, die die höchsten Berge erklommen oder den Ironman bestritten haben? Weniger ist auch hier mehr. Ihre Zielsetzung ist klar. Der Workshop soll konkrete Ergebnisse für den weiteren Prozess liefern. Daher empfehlen wir keine weiteren Aktivitäten außer der genannten. Auch raten wir von Gastbeiträgen ab, die für Ihre Strategiefindung keinen direkt relevanten Beitrag liefern und auch keine weitergehende Rolle in Ihrem Strategieprozess haben werden.

#3: WER SOLL AM STRATEGIE-WORKSHOP TEILNEHMEN?

Selbstverständlich sollte der engste Führungskreis am Workshop teilnehmen, denn diese Führungskräfte haben nach der Strategieentwicklung die Umsetzung in allen Unternehmensbereichen zu verantworten. Daher ist eine frühzeitige Einbindung unumgänglich. Sie können den Kreis selbstverständlich um andere Personen erweitern, um zusätzliche Perspektiven und Impulse zu bekommen.

Engster Führungskreis

Bedenken Sie aber: ab 10 bis 12 Personen erhöht sich die Kommunikations- und Abstimmungskomplexität deutlich. Sie müssen mehr Aktivierungsleistung erbringen, um ein gedankliches Zurücklehnen oder Ausklinken einzelner Teilnehmer*innen zu verhindern. Zudem verändert jede*r Teilnehmer*in, der/die nicht zur Führungsmannschaft gehört, die Teamdynamik – das kann sich sowohl positiv als auch negativ auswirken. Sie sollten dann über zusätzliche teambildende Maßnahmen nachdenken, um für Akzeptanz und Kohärenz im Workshop zu sorgen.

#4: WO FINDET DER STRATEGIE-WORKSHOP STATT?

Nach über zwei Jahren Pandemie stehen Workshops mit physischer Präsenz wieder hoch im Kurs. Völlig zu Recht. Die Diskussionen verlaufen ohne mute/unmute viel dynamischer, Befindlichkeiten und Emotionen lassen sich viel besser spüren, die Kaffeepausen erfüllen wieder ihre wichtige Rolle als Katalysatoren. Das bedeutet jedoch nicht, dass digital nicht mehr geht. Wir haben in den Pandemie-Jahren viele rein digitale Formate erfolgreich gestaltet. Vorbereitungsaufwand und Kosten für eine digitale »Zusammenschalte« sind natürlich deutlich niedriger als ein Strategie-Workshop im Grünen mit Übernachtung, Verpflegung usw. Was Sie definitiv vermeiden sollten, sind hybride Workshops, bei denen nur ein Teil der Teilnehmer*innen vor Ort ist, während der andere Teil online hinzukommt. Dieser Spagat funktioniert schlecht oder gar nicht. Ihr Strategie-Workshop verliert an Spontanität, Dynamik und Produktivität.

Hybride Formate vermeiden

Was den physischen Ort angeht, sollten Sie auf eine angenehme Umgebung und inspirierende Atmosphäre achten. Die typischen Business-Hotels in den großen Städten verfügen zwar über entsprechende Konferenzräumlichkeiten, aber Inspiration haben wir dort selten verspürt. Ungewöhnliche Orte fernab der klassischen Business-Hotellerie können dagegen durchaus zum Nachdenken anregen. Vermeiden Sie bei der Raumauswahl Konferenzräume mit großen, unverrückbaren Tischen und unhandlicher Bestuhlung. Sie brauchen lediglich einen Raum, der »quadratisch, praktisch, gut« ist, der also genügend Fläche hat, flexibel ausgestattet werden kann und über genügend beschreibbare sowie funktionierende digitale Präsentationsflächen verfügt. Eine Auswahl unserer Favoriten finden Sie auf unserer Online-Präsenz.

#5: WER ÜBERNIMMT DIE MODERATION DES STRATEGIE-WORKSHOPS?

Die Moderation kann jemand aus den eigenen Reihen übernehmen oder extern sein. Es sollte eine Persönlichkeit sein, die in Auftreten und Kommunikation wahr- und angenommen wird, denn als Moderator*in muss sie gleichzeitig motivieren, provozieren und objektivieren, ohne sich von den Workshop-Teilnehmern »die Butter vom Brot nehmen zu lassen«. Haben Sie eine solche Persönlichkeit in Ihren Reihen? Wenn ja, achten Sie darauf, dass diese Person eine Vita und ausreichend Erfahrung im Unternehmen besitzt, um von den Teilnehmern akzeptiert zu werden, nicht betriebsblind ist und generalistisch denkt, also kein Fachspezialist ist. Mit dem StrategyFrame® als Unterstützung sollte diese Person dann den Workshop führen können.

Alternativ können Sie jemanden von außen holen. Das hat den Vorteil der Unbefangenheit und Neutralität. Ein*e externe*r Moderator*in kann Dinge an- und aussprechen – »der Elefant im Raum« –, die für eine*n interne*n Moderator*in schwierig sein können. Natürlich sind auch hier Persönlichkeit und Erfahrung wichtig. Wir haben in unserem StrategieMacher-Team mit dem StrategyFrame® vertraute Persönlichkeiten, die Sie für die Moderation Ihres Strategie-Workshops einsetzen können.

STRATEGIE-WORKSHOP I

Bevor Sie mit dem Workshop starten, sollten Sie folgende drei Fragen mit Ja beantworten können:

- ☐ Ist die Situationsanalyse abgeschlossen?
- ☐ Haben Sie alle Teilnehmer*innen zum Workshop eingeladen?
- ☐ Waren alle Workshop-Teilnehmer*innen in die Situationsanalyse involviert (Interview, Modulbearbeitung etc.)? Oder haben Sie die Leitfragen der einzelnen Module der Situationsanalyse mit ihnen geteilt?

Nun können Sie in die detaillierte Planung des Workshops mit folgenden Leitfragen einsteigen und eine Agenda erstellen:

LEITFRAGEN:

1. **Welche Zielsetzung hat der Strategie-Workshop?**
2. **Wie lange soll der Strategie-Workshop dauern, und wie soll der Ablauf sein?**
3. **Wer soll am Strategie-Workshop teilnehmen?**
4. **Wo findet der Strategie-Workshop statt?**
5. **Wer übernimmt die Moderation des Strategie-Workshops?**

ECKDATEN:

Zu 1. ZIELSETZUNG:

____

____

____

Zu 2. DAUER:

____

Zu 3. TEILNEHMENDE:

____

____

____

____

____

____

____

Zu 4. ORT/RAUM:

____

Zu 5. MODERATION:

____

____

____

____

____

____

____

____

Zu 2. DRAMATURGIE & AGENDA ERSTELLEN

TAG ___.___.________

UHRZEIT	MODUL	FORMAT	AUSSTATTUNG	WER	WO	EMPFEHLUNG
___:___	Anreise und Check-in					
___:___	Begrüßung					30 Min.
___:___	**Check-in:** Welche Erwartungen habt ihr an den Workshop und den Strategieprozess?					30 Min.
___:___	**Ausblick:** Workshop	Präsentation				15 Min.
___:___	**Situationsanalyse I:** Vorstellung der Ergebnisse »Unser Umfeld«	Präsentation + Q&A				60 Min.
___:___	Kaffeepause					30 Min.
___:___	**Situationsanalyse II:** Vorstellung der Ergebnisse »Eigene Realitäten«	Präsentation + Q&A				60 Min.
___:___	**Check-out:** Was hat euch überrascht?					15 Min.
___:___	**Alternativ:** Team-Aktivität					60 Min.

TAG ___.___.______

UHRZEIT	MODUL	FORMAT	AUSSTATTUNG	WER	WO	EMPFEHLUNG
___:___	**Check-in:** An was habt ihr heute Morgen als erstes gedacht?					15 Min.
___:___	**Intro:** Vorstellung Tagesziel, Agenda, Goldene Regeln	Präsentation				15 Min.
___:___	**Impuls-Vortrag:** Warum brauchen wir eine Strategie, die wirkt?	Vortrag				30 Min.
___:___	**StrategyFrame®:** Einführung	Präsentation				15 Min.
___:___	**Situationsanalyse I:** Unser Umfeld – Erkenntnisse formulieren	Gruppenformulierung + Abstimmung				60 Min.
___:___	Kaffeepause					30 Min.
___:___	**Situationsanalyse II:** Eigene Realitäten – Erkenntnisse formulieren	Gruppenformulierung + Abstimmung				90 Min.
___:___	Mittagspause					60 Min.
___:___	**Herausforderungen:** Unsere strategischen Optionen und ihre Chancen und Risiken	Gruppenarbeit				60 Min.
___:___	**StrategyFrame®:** Unser Zielbild – Wo wollen wir hin?	Präsentation				30 Min.
___:___	Kaffeepause					30 Min.
___:___	Wirkungsversprechen (BHAG) formulieren	Gruppenarbeit				45 Min.
___:___	Zusammenfassung und Check-out					15 Min.
___:___	Abendevent					

TAG __.__.____

UHRZEIT	MODUL	FORMAT	AUSSTATTUNG	WER	WO	EMPFEHLUNG
__:__	Intro					15 Min.
__:__	**Check-in:** Wann hast du das letzte Mal etwas zum ersten Mal gemacht?					15 Min.
__:__	**Kundennutzen & überlegene Gewinne** formulieren					90 Min.
__:__	**Wettbewerbsfokus setzen:** Zielmärkte und Kundensegmente festlegen	Gruppenarbeit + Diskussion im Plenum				60 Min.
__:__	Kaffeepause					30 Min.
__:__	**Wettbewerbsfokus setzen:** Angebotsportfolio festlegen	Gruppenarbeit + Diskussion im Plenum				90 Min.
__:__	Mittagessen					60 Min.
__:__	**Ziele und …**	Brainwriting + Gruppendiskussion				60 Min.
__:__	**… Schlüsselergebnisse festlegen I**	Gruppenarbeit je qualitativem Ziel				60 Min.
__:__	Kaffeepause					30 Min.
__:__	**… Schlüsselergebnisse festlegen II**	Geführte Diskussion im Plenum				60 Min.
__:__	Nächste Schritte festlegen	Geführte Diskussion im Plenum				30 Min.
__:__	**Check-out:** Wie ist euer Feedback und was macht ihr ab morgen anders?					30 Min.
__:__	Ende					
__:__	Abreise					

STRATEGIE-WORKSHOP I

1. VORSTELLUNG DER SITUATIONSANALYSE

Kunden

Markt

Wettbewerb

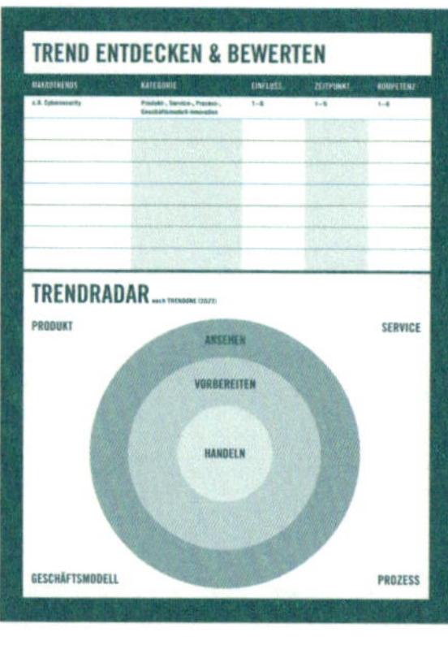

Trends

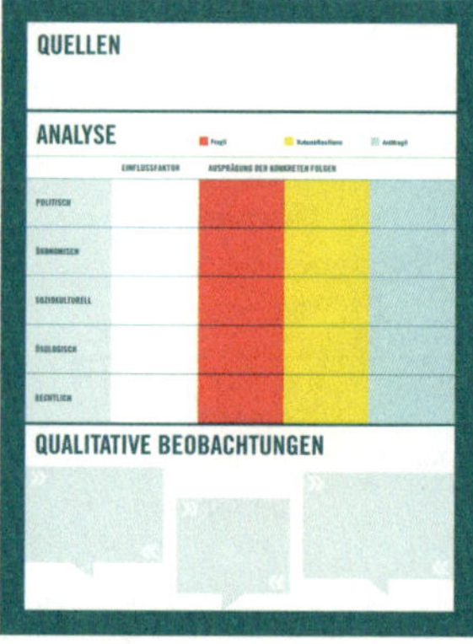

Allgemeines Umfeld

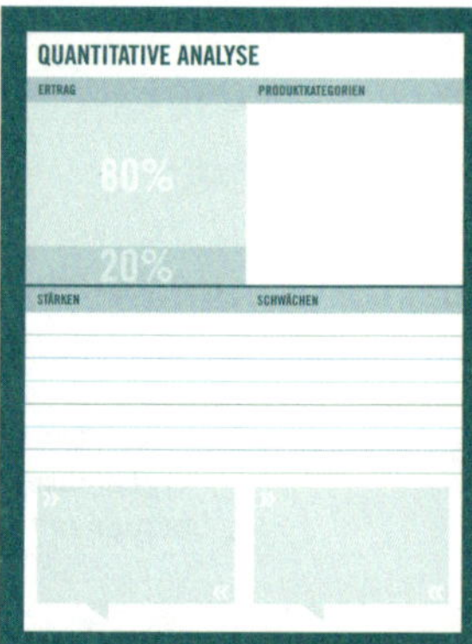

Eigene Realitäten

Nicht alle Workshop-Teilnehmer waren gleichermaßen in Durchführung und Auswertung der Situationsanalyse involviert. Daher müssen Sie die Teilnehmer zunächst auf den gleichen Informationsstand bringen. Stellen Sie die Ergebnisse der Situationsanalyse aus den Modulen »Umfeld (Kunden, Markt, Wettbewerb, Trends und Allgemeines Umfeld)« sowie »Eigene Realitäten« vor. Konzentrieren Sie sich im ersten Schritt auf eine »objektive« Darstellung der Modulergebnisse, ohne Ihre eigenen Erkenntnisse und Interpretationen einfließen zu lassen. So vermeiden Sie Ankereffekte bei den Teilnehmern. Wir empfehlen, die quantitativen und qualitativen Ergebnisse je Modul gemeinsam darzustellen, um so eine thematische Verbindung zu schaffen. Sie können damit Abweichungen oder Übereinstimmungen zwischen den Analyseformen und zu bestimmten Themenkomplexen besser aufzeigen.

IN DEN SPIEGEL SCHAUEN

Unterschätzen Sie bei der Vorstellung der Ergebnisse nicht die emotionalen Reaktionen der Gruppe oder von einzelnen Teilnehmern. Es wird mit Sicherheit kritische Nachfragen (»Auf welcher Datenbasis beruht diese Analyse?«) oder gar Abwehr (»Das kann gar nicht sein. Das glaube ich nicht. Das müssen wir nochmal nachprüfen.«) oder konträre Meinungen (»Wer hat das gesagt? Ich sehe das völlig anders!«) geben.

Vor allem bei den eigenen Realitäten kochen die Emotionen regelmäßig hoch. Hier gilt es dann, einen ruhigen Kopf zu bewahren, die Analysen zu erläutern und die Ergebnisse in ihrer ganzen Schärfe und Brutalität darzustellen. Das ist schmerzhaft, aber das muss es auch sein, denn sonst werden Sie nicht den berühmten »sense of urgency« bei den Beteiligten wecken, um den Prozess der Veränderung in Gang zu setzen. Sie haben den Strategieprozess schließlich nicht gestartet, damit am Ende alles beim Alten bleibt und sich nichts bewegt. Wie sagte Einstein: Die reinste Form des Wahnsinns ist es, alles beim Alten zu lassen und gleichzeitig zu hoffen, dass sich etwas ändert.

BRUTALE WAHRHEITEN VERDAUEN

Aus diesem Grund empfehlen wir, am ersten Halbtag des Workshops nur die Ergebnisse ohne Interpretationen oder Schlussfolgerungen zu präsentieren. Der eine oder andere Teilnehmer wird etwas Zeit brauchen, die Ergebnisse zu verdauen und in einem Reflexionsprozess zu verarbeiten. Beim gemeinsamen Abendessen oder später an der Bar können die Teilnehmer dann die Ergebnisse ausgiebig bereden. Bei einigen mag das bis in die Nachtruhe nachhallen und für einen unruhigen Schlaf sorgen. Das gehört durchaus zu einer gelungenen Workshop-Dramaturgie. So verhindern Sie emotionale Schnellschüsse, wenn es am nächsten Tag um die Formulierung der Erkenntnisse und die Entwicklung eines gemeinsamen Verständnisses geht.

ANLEITUNG

1. Bringen Sie die Modulkarten der Situationsanalyse an einer Pinnwand oder einem Magnetboard an.
2. Präsentieren Sie die Ergebnisse Modul für Modul.
3. Sie können jederzeit weitere Informationen hinzufügen (in Papierform für die Pinnwand oder in ihrer digitalen Version). So entsteht ein übersichtliches Gesamtbild.
4. Planen Sie nach jedem Modul ausreichend Zeit für Fragen ein.

2. GEMEINSAMES VERSTÄNDNIS FORMULIEREN

KUNDEN

- Faccus illuptio. Dae et offict Rit vendebis cus minctem
- Perspel ibuscia dem quid ma iusXimincia quatatem eium eum dellect emosaest
- Quoditat velessunturi ipsunti sin cor sum, coremolent es

Kunden

MARKT

- Peroresto est volupta temolupta ipiet qui tem rerum eum alit quam doluptaque molorer
- Stions equissi ncipis sit lam fugit labor renduci

Markt

WETTBEWERB

- Perspel ibuscia dem quid ma iusXimincia quatatem eium eum dellect emosaest
- Quoditat ipsunti sin cores
- Faccus illuptio. Dae et offict Rit vendebis cus minctem

Wettbewerb

TRENDS

- Peroresto est volupta temolupta ipiet qui tem rerum eum alit quam doluptaque molorer
- Stions equissi ncipis sit lam fugit labor renduci

Trends

ALLGEMEINES UMFELD

- Faccus illuptio. Dae et offict Rit vendebis cus minctem
- Perspel ibuscia dem quid ma iusXimincia quatatem eium eum dellect emosaest
- Quoditat velessunturi ipsunti sin cor sum, coremolent es

Allgemeines Umfeld

EIGENE REALITÄTEN

- Gitatur si ut omnimenis et eaturio essit que volore dolupta consequi conseque sum etur simos ut laborpossum ducium
- Et fugitate nobisqui cum fugiam in re latus im antum ratiumque cumque voloreseque nobit re ped mo etum quissumquae entesci pitati

Eigene Realitäten

»Der Strategieprozess ist Lernprozess und Formulierungsarbeit.«
Steffen Bersch, CEO der SSI-Schäfer Gruppe, *HOFFNUNG IST KEINE STRATEGIE*-Podcast Nummer 14

Und genau so ist es.

Jetzt sind Sie an der Reihe. Ihre Situationsanalyse besteht aus Zahlen, Daten, Fakten und Aussagen, die zu Ergebnissen verdichtet wurden. Nun müssen Sie diese Ergebnisse gemeinsam mit Ihrem Team verarbeiten, verstehen und interpretieren, um Schlussfolgerungen zu ziehen. In der Formulierung der abgestimmten Erkenntnisse kommt es auf jedes einzelne Wort an.

ANLEITUNG

Wie Sie die Formulierung der Erkenntnisse umsetzen, hängt von der Anzahl der Workshop-Teilnehmer*innen ab:

2 bis 4 Teilnehmende:	Formulierung im Plenum
6 bis 8 Teilnehmende:	Formulierung in zwei Breakout-Gruppen à 3 bis 4 Teilnehmer*innen
9 bis 12 Teilnehmende:	Formulierung in drei Breakout-Gruppen à 3 bis 4 Teilnehmer*innen

Wir gehen Modul für Modul vor. Bei einer Aufteilung in Breakout-Gruppen bearbeitet jede Gruppe jeweils ein Modul. Wir nutzen als Technik Brainwriting zur Formulierungsunterstützung.

Brainwriting: Jede*r Teilnehmende denkt für sich über das Thema nach und notiert Gedanken, Überlegungen oder Vorschläge auf einem Notizblock oder Flipchart. Sie können nun die 6-3-5-Methode anwenden, um die Erkenntnisse zu filtrieren. Wie funktioniert die Methode? Jede*r der sechs Teilnehmer*innen schreibt jeweils drei Erkenntnisse auf und reicht sie der Reihe nach an die anderen fünf Teilnehmenden weiter. Jede*r Teilnehmer*in ergänzt dann die Erkenntnisse des Vorgängers. Passen Sie die 6-3-5-Methode an die Zahl Ihrer Workshop-Teilnehmer*innen an.

ABLAUF

1. Klären Sie vor Beginn der 6-3-5-Runden nochmals die Leitfragen des Moduls.
2. Jede(r) der Teilnehmenden trägt pro Runde auf dem Arbeitsblatt drei Erkenntnisse ein. Eine Runde dauert maximal 5 Minuten oder sie endet, sobald alle Teilnehmenden die drei Erkenntnisse eingetragen haben.
3. Alle Teilnehmenden reichen nach Rundenabschluss ihr Arbeitsblatt weiter (beispielsweise im Uhrzeigersinn). Nun beginnt eine neue Runde: Jede(r) der Teilnehmenden fügt dann auf dem erhaltenen Arbeitsblatt wieder drei Ideen hinzu. Die bereits notierten Ideen können gerne als Inspiration aufgegriffen und weiterentwickelt werden. Auch völlig neue Ideen sind erlaubt.
4. Wiederholen Sie Schritt 3, bis alle Teilnehmenden jedes Arbeitsblatt bearbeitet haben (bei sechs Teilnehmenden also nach insgesamt sechs Runden)
5. Die formulierten Erkenntnisse werden in der Breakout-Gruppe präsentiert und bewertet (beispielsweise mit 2 Klebepunkten pro Teilnehmer), so dass sich die x wichtigsten Erkenntnisse ergeben.
6. Diese werden dann im Anschluss im Plenum vorgestellt, diskutiert und ergänzt.
7. Zum Abschluss werden die Erkenntnisse nochmals mit jeweils zwei Klebepunkten je Teilnehmer bewertet und so der Reihenfolge nach in ein Ranking überführt.
8. Der Moderator überträgt die finalen Ergebnisse auf die jeweilige Modulkarte der Situationsanalyse.

TIPP ZU FORMULIERUNGEN

Vermeiden Sie Fachjargon, formulieren Sie die Erkenntnisse präzise und für alle verständlich. Sie finden Beispiele für Formulierungen auf den Arbeitsseiten zu den einzelnen Modulen im vorherigen Kapitel. Im Nachgang zum Workshop kann im Austausch mit allen Teilnehmern nachgeschärft werden.

HERAUSFORDERUNGEN

STRATEGISCHE HÜRDEN ÜBERWINDEN

»Nichts ist hilfreicher als eine Herausforderung, um das Beste in einem Menschen hervorzubringen.«

Sir Thomas Sean Connery, schottischer Schauspieler

Als nächstes geht es darum, die gemeinsamen Erkenntnisse in ihren Auswirkungen zu verstehen, strategische Handlungsoptionen zu identifizieren und ihre spezifischen Herausforderungen zu bestimmen.

AUSWIRKUNGEN VERSTEHEN

Nehmen wir an, eine Erkenntnis Ihrer Situationsanalyse ist, dass der Stückgewinn eines Ihrer Produkte in den vergangenen fünf Jahren gestiegen ist, obwohl der Marktanteil sukzessive gesunken ist. Um die Auswirkungen richtig zu verstehen, brauchen Sie eine Vorstellung von Ursache-Wirkungszusammenhängen.

Zum Beispiel leitet die Wettbewerbstheorie einen positiven Zusammenhang zwischen Profitabilität und Marktanteil ab. Empirisch zeigt sich tatsächlich oft, dass Unternehmen mit einem höheren Markanteil im Durchschnitt profitabler sind als Unternehmen mit geringeren Marktanteilen. Ist die Höhe des Marktanteils nun ursächlich für eine höhere Profitabilität oder werden beide Variablen gemeinsam durch andere Faktoren bestimmt? Der Stückgewinn kann zum Beispiel steigen, weil Sie die Stückkosten senken konnten. Der Marktanteil kann sinken, weil neue Wettbewerber in den Markt eingetreten sind (siehe die Marktanteilsverluste von Apple und Samsung durch die Expansion chinesischer Hersteller wie Xiaomi) oder weil sich Marktsegmente aufgrund von Änderungen der Konsumentenpräferenzen relativ zueinander verändert haben (Größe des Massenmarktes versus Größe des Premiumsegments, siehe z. B. das stark gewachsene »affordable luxury«-Segment für Mode-Accessoires mit Anbietern wie Michael Kors oder Coach).

Gehen Sie in der Diskussion der Auswirkungen genauso schonungslos vor wie in der Situationsanalyse. Wahrheit und Klarheit sind dabei oberstes Gebot, denn die Auswirkungen bestimmen das Schicksal Ihres Unternehmens. Sie sollten die Auswirkungen danach bewerten, wie sie die Regeln des Erfolgs für Ihr Unternehmen oder Ihre Branche beeinflussen und welche Chancen und Risiken sich daraus für Ihr Unternehmen ergeben.

OPTIONEN ERKENNEN

Ausgehend vom Chancen- und Risikoprofil der Auswirkungen können Sie nun die unterschiedlichen strategischen Handlungsoptionen prüfen. Ordnen Sie dafür Ihre Erkenntnisse in unsere erweiterte Produkt-Markt-Matrix (Ansoff 1957, Kotler, Armstrong & Armstrong 2012) ein. Sie enthält zwei zusätzliche Dimensionen. »Konsolidierung« erfasst Optionen für stagnierende Märkte und Krisen. »Wachstum« betrachtet Optionen für zukünftige Märkte und/oder Angebote in der Blue-Ocean-Strategie Logik (Kim & Mauborgne, 2015). Sie haben somit ein breites Spektrum an Optionen zur Verfügung.

Zu diesem Zeitpunkt geht es nur um eine erste Einordnung der Erkenntnisse, nicht um das Treffen von Entscheidungen. Die modifizierte Produkt-Markt-Matrix enthält 15 strategische Handlungsoptionen zu den Themen:

- Wachstum oder Konsolidierung
- organisches oder anorganisches Wachstum (z. B. Zukäufe)
- geografische Konzentration oder Expansion
- Erschließen neuer bestehender Märkte oder Kundensegmente
- Angebot neuer Produkte oder Dienstleistungen in bekannten Märkten
- Identifikation künftiger Märkte und Kundensegmente

STRATEGISCHE HANDLUNGSOPTIONEN

	ABBAU ANGEBOT	BESTEHENDES ANGEBOT	MODIFIZIERTES ANGEBOT	NEUES ANGEBOT	ZUKÜNFTIGES ANGEBOT
ABBAU MÄRKTE	1. **Rückzug:** Reduzierung des Angebots und der Markenpräsenz	2. **Produktkonstante Marktverdichtung:** Bestehendes Angebot in weniger Märkten anbieten			
BESTEHENDE MÄRKTE	3. **Marktkonstante Produktverdichtung:** Reduzierung des Angebotsportfolios in bestehenden Märkten	4. **Marktdurchdringung:** Hinzugewinn neuer Marktanteile durch Marketingaktivitäten	5. **Produktmodifikation:** Ein bestehendes Produkt wird leicht modifiziert, der entstehende Mehrwert regt die bestehende Zielgruppe zu einem erneuten Kauf an	6. **Produktentwicklung:** Durch die Weiterentwicklung können bestehende Kunden zu neuen Käufen angeregt werden	12. **Angebotsfindung:** Identifikation von zukünftigen Angeboten für bestehende und bekannte Märkte
BEKANNTE MÄRKTE		7. **Markterweiterung:** Hierbei werden bestehende Produkte auf neuen geografischen Märkten an die bekannte Zielgruppe verkauft	8. **Eingeschränkte Diversifikation:** Bestehende Produkte werden an neue geografische Märkte angepasst und dafür modifiziert	9.1. **Partielle Diversifikation I:** Neue Produkte werden für andere Anforderungen neuer geografischer Märkte entwickelt	
NEUE KUNDENSEGMENTE		10. **Marktentwicklung:** Erschließung neuer z. B. regionaler Märkte zur Steigerung des Absatzes bestehender Produkte	9.2. **Partielle Diversifikation II:** Produkte werden entsprechend den neuen Anforderungen neuer Kundensegmente modifiziert	11. **Diversifikation:** horizontal, vertikal, lateral	Zukünftige Angebote für neue Märkte/Zielgruppen
ZUKÜNFTIGE MÄRKTE/ KUNDENSEGMENTE		13. **Marktfindung:** Identifikation von zukünftigen Märkten für bestehendes und modifiziertes Angebot		14. **Zukünftige Diversifikation:** Neue zukünftige Angebote für zukünftige Märkte/Zielgruppen	

KONSOLIDIERUNGSSTRATEGIEN

1. RÜCKZUG: ABBAU ANGEBOT + ABBAU MÄRKTE

Idee: Stufenweiser Ausstieg aus unprofitablen Märkten oder Marktsegmenten und Aufgabe der Angebote

Umsetzung:
- Aufgabe des gesamten Geschäftsbetriebs
- Verkauf des Angebotssegments und der Marktpräsenz an andere Unternehmen oder Investoren
- Verkauf gesamter Geschäftsbereiche

Nutzen: Sie reduzieren Komplexität, schonen Ressourcen und vermeiden Verluste. Gleichzeitig schaffen Sie Handlungsspielräume für die verbleibenden oder für neue Betätigungsfelder. Der Verkauf von Geschäftseinheiten kann zudem zur Auffüllung der »Kriegskasse« für Zukäufe beitragen.

Risiko: Das Risiko ist gering, da Sie ja wissen, worauf Sie morgen konkret verzichten. Allerdings können Kosten für den Ausstieg aus Geschäftsbereichen und Märkten entstehen. Unter Umständen verlieren Sie auch an notwendiger Größe, um kostensenkende Skalen- und Umfangseffekte (»Economies of scale« und »Economies of scope«) auszunutzen.

---

2. PRODUKT-KONSTANTE MARKTVERDICHTUNG: BESTEHENDES ANGEBOT + ABBAU MÄRKTE

Idee: Ausstieg aus nicht lukrativen oder ausreichend etablierten Märkten, Marktsegmenten oder Distributionskanälen. Das bestehende Angebot wird verdichtet.

Umsetzung:
- Verkauf der regionalen Geschäftseinheit
- Aufgabe der Marktpräsenz
- Ausstieg aus einzelnen Distributionskanälen (z. B. stationärer Handel zugunsten von digitaler Plattform)
- Ausstieg aus bestimmten Kundensegmenten (z. B. Luxussegment zugunsten von »affordable luxury«)

Nutzen: Sie setzen Ressourcen frei, um sich auf gut erschlossene Märkte mit besserem Potenzial zu konzentrieren.

Risiko: Sie verlieren einen etablierten Marktzugang und überlassen der Konkurrenz das Feld. Bei einem erneuten Marktengagement fallen Eintrittskosten an. Sie müssen dann möglicherweise neue Markteintrittsbarrieren überwinden und sich gegen die etablierte Konkurrenz behaupten.

---

3. MARKTKONSTANTE PRODUKTVERDICHTUNG: ABBAU ANGEBOT + BESTEHENDE MÄRKTE

Idee: Sie verabschieden sich gezielt von Verlustbringern oder Ressourcenfressern in Ihrem Angebotsportfolio.

Umsetzung:
- Schließung oder Veräußerung ganzer Geschäftsbereiche
- Reduktion von Produktsegmenten, Produktlinien oder Spezialprodukten in allen oder ausgewählten Märkten

Nutzen: Sie setzen Ressourcen für den weiteren Ausbau des Kerngeschäfts beziehungsweise der Ertragsbringer frei. Die Kosten Ihrer Wertschöpfungskette können sinken, wenn beispielsweise spezielle Produktgruppen nicht lokal hergestellt oder eingekauft werden konnten.

Risiko: Das Risiko ist gering. Sie können genau berechnen, was Sie der Ausstieg aus dem Geschäftsfeld oder den Produkten kostet und welche Umsätze verlorengehen. Eines ist wahrscheinlich sicher: Ihre Wettbewerber werden sich freuen.

WACHSTUMSSTRATEGIEN

4. MARKTDURCHDRINGUNG: BESTEHENDES ANGEBOT + BESTEHENDE MÄRKTE

Idee: Sie versuchen mit bestehenden Angeboten bestehende Märkte stärker zu bedienen.

Umsetzung:
Erhöhte Marktpenetration durch:
- Erhöhung der Marketingaktivitäten
- Preissenkungen
- Kauf eines Wettbewerbers im bestehenden Markt
- Kundenbindungs- und Kaufanreizprogramme
- Verbesserung der Vertriebskompetenz und/oder Erhöhung der Vertriebskanäle und Vertriebsressourcen

Nutzen: Sie schaffen eine höhere Nachfrage im bestehenden Markt durch höheren Absatz bei Bestandskunden und Gewinnung von Neukunden.

Risiko: Sie kennen sich im Markt aus, was das Risiko niedrig hält, vor allem wenn es ein wachsender Markt ist. In gesättigten Märkten hingegen ist Ihr Wachstumspotenzial überschaubar. Die Kosten pro Verkauf steigen hier mit jedem zusätzlichen Gewinn an Marktanteilen signifikant. Zudem müssen Sie der Konkurrenz Kunden abwerben, was Ihre Rivalen nicht unbeantwortet lassen werden.

---

5. PRODUKTMODIFIKATION: MODIFIZIERTES ANGEBOT + BESTEHENDE MÄRKTE

Idee: Ihre bestehenden Angebote werden leicht modifiziert. Der entstehende Mehrwert regt die bestehende Zielgruppe zu einem erneuten Kauf an.

Umsetzung:
- Modifizierung bei Verpackung, Produktfeatures, Materialeinsatz, Mengen
- Angebot von Special oder Limited Editions

Nutzen: Sie kennen Ihre Zielgruppe und bieten ihr durch einfach umzusetzende Modifikationen neue Kaufanreize. Dadurch erhöhen Sie gegebenenfalls auch die Kauffrequenz.

Risiko: Das Wachstumspotenzial liegt bei den Bestandskunden, bei denen Sie neue Anreize zum Kauf setzen. Gleichzeitig ist Ihr Risiko klein, da Sie Modifikationen zunächst in kleinen Stückzahlen testen können, ob und wie sie angenommen werden.

6. PRODUKTENTWICKLUNG: NEUES ANGEBOT + BESTEHENDE MÄRKTE

Idee: Sie versuchen mit neuen Angeboten bestehende Kundenbedürfnisse in bestehenden Märkten zu befriedigen.

Umsetzung:
- Entwicklung neuer Produkte oder Produktlinien und Serviceangebote
- Substitution vorhandener Angebote durch Nachfolger
- Aufbau neuer Marken

Nutzen: Als Innovationsführer befriedigen Sie bestehende Bedürfnisse mit neuartigen Produkten. Dadurch verschaffen Sie sich einen Wettbewerbsvorsprung durch einzigartige Produkte oder Kostenvorteile.

Risiko: Sie könnten auf hohen Entwicklungskosten sitzen bleiben, da Kundenakzeptanz und damit der Markterfolg ungewiss sind.

---

7. MARKTERWEITERUNG: BESTEHENDES ANGEBOT + BEKANNTE MÄRKTE

Idee: Sie verkaufen bestehende Produkte und Dienstleistungen auf neuen geografischen Märkten an die bekannte Zielgruppe.

Umsetzung:
- Sie treten mit Ihrem bestehenden Angebotsportfolio in neue geografische Märkte ein.
- Sie können versuchen im regionalen Markt einen etablierten Anbieter zu kaufen, um Markteintrittsbarrieren schneller zu überwinden.

Nutzen: Sie nutzen Ihre bestehenden Kompetenzen und steigern schrittweise das Absatzpotenzial durch die Erschließung weiterer Potenziale in anderen geografischen Regionen.

Risiko: Kundenbedürfnisse und Präferenzen können in einem anderen geografischen Markt stark von denen in bestehenden Märkten abweichen. Sie treffen auf lokale Wettbewerber, die Bedürfnisse und Präferenzen der Kunden besser befriedigen als Ihr bestehendes Produktangebot. Die Lokalisierung Ihrer Marktstrategie verursacht zusätzliche Kosten.

8. EINGESCHRÄNKTE DIVERSIFIKATION: MODIFIZIERTES ANGEBOT + BEKANNTE MÄRKTE

Idee: Sie modifizieren Ihr bestehendes Angebot, um dieses in anderen geografischen Märkten an Ihre Zielkunden verkaufen zu können.

Umsetzung: Modifizierung Ihres Angebots entsprechend den regionalen regulatorischen, sprachlichen, kulturellen und technischen Anforderungen.

Nutzen: Sie nutzen bestehende Kompetenzen und Ressourcen, um Ihr modifiziertes Angebot in den Zielmärkten zu platzieren und so Ihr Absatzpotenzial zu steigern.

Risiko: Ihre Modifikationen zur Erfüllung der Anforderungen des Zielmarktes sind kostenintensiv und zeitaufwendig (wie z. B. bei der Zulassung von Medizinprodukten in einem neuen geografischen Markt) und die Kundenakzeptanz ist ungewiss.

9.1. PARTIELLE DIVERSIFIKATION I: NEUES ANGEBOT + BEKANNTE MÄRKTE

Idee: Neue Produkte werden für die bekannten Kundensegmente in anderen regionalen Märkten entwickelt und verkauft.

Umsetzung:
- Entwicklung von innovativen Angeboten, die auf die speziellen regionalen Kundenbedürfnisse zugeschnitten sind
- Entwicklung neuer Marken für eine angepasste regionale Ansprache und Abgrenzung von anderen Märkten
- Kauf eines Wettbewerbers mit Marktzugang und Produktinnovation im bekannten Kundensegment
- Hoher Marketing-Einsatz
- Aufbau oder Anpassungen von Vertriebsstrukturen und Absatzkanälen für den neuen Markt

Nutzen: Sie können attraktive regionale Märkte mit großem Potenzial gezielt adressieren. Eventuell kann die regionale Produktinnovation auch für andere bestehende Märkte genutzt werden.

Risiko: Hohe Kosten bei limitierten Nachfragepotenzial, wenn die neuen Angebote lediglich für einen regionalen Markt entwickelt wurden, nicht skalierbar sind und eine neue Marketing- und Vertriebs-Architektur gebaut werden muss.

9.2. PARTIELLE DIVERSIFIKATION: MODIFIZIERTES ANGEBOT + NEUE KUNDENSEGMENTE

Idee: Modifikation des bestehenden Angebots entsprechend den Anforderungen neuer Kundensegmente.

Umsetzung:

- Über einen neuen Vertriebskanal (z. B. e-Commerce) erreichen Sie mit einem leicht modifizierten Angebot (z. B. Versicherungen) eine jüngere Zielgruppe
- Adjustierung des Marketing für die neuen Kundensegmente
- Entwicklung einer speziellen Marke zur zielgruppengerechten Ansprache des neuen Kundensegments

Nutzen: Sie übertragen mit überschaubarem Aufwand Ihre modifizierten Produkte auf neue Kundensegmente und erschließen ohne große Markteintrittsbarrieren neues Wachstumspotenzial.

Risiko: Hier kann Ihnen fehlende Reputation oder Bekanntheit im neuen Kundensegment Probleme bereiten. Oder die Modifikationen an Ihrem Produkt befriedigen die Bedürfnisse des neuen Kundensegments nicht ausreichend, weil Ihnen spezielle Kenntnisse über die Zielgruppe noch fehlen.

---

10. MARKTENTWICKLUNG: BESTEHENDES ANGEBOT + NEUE KUNDENSEGMENTE

Idee: Erschließung neuer Märkte, Marktsegmente oder Kundensegmente zur Steigerung des Absatzes bestehender Produkte.

Umsetzung:

- Erschließung neuer Kundensegmente
- Erschließung neuer geografischer Märkte

Nutzen: Verfügt Ihr Unternehmen über Angebote, die den Bedarf in verschiedenen Märkten oder Kundensegmenten treffen, ist diese Strategie der logische nächste Wachstumsschritt.

Risiko: Verglichen mit den Strategien der Marktdurchdringung oder Produktentwicklung ist mit der Marktentwicklungsstrategie ein höheres Risiko verbunden. Insbesondere ausländische Märkte unterscheiden sich in Kaufkraft und Konsumgewohnheiten signifikant. Aber auch neue Kundensegmente können Überraschungen bieten.

11. DIVERSIFIKATION: NEUES ANGEBOT + NEUE KUNDENSEGMENTE

Idee: Erschließung neuer Märkte mit neuen Angeboten.

- **Horizontale Erschließung:** Sie entwickeln neue Produkte, die im Kerngeschäftsbereich Ihres Unternehmens angesiedelt sind. Sie nutzen vorhandenes Knowhow entlang Ihrer bestehenden Wertschöpfungskette. Es besteht also ein sachlicher Zusammenhang zwischen den bestehenden Angeboten und dem neuen Angebot, auch wenn das neue Angebot Kundenbedürfnisse anders löst (Beispiel: Wursthersteller bietet nun auch vegetarische Produkte an).
- **Vertikal:** Sie entwickeln ein neues Angebot auf einer vor- oder nachgelagerten Stufe der Wertschöpfungskette (Beispiel: Autohersteller kauft Zulieferer und bietet auch deren Produkte wie Reifen oder Zubehörteile an). So können Sie Abhängigkeiten reduzieren, Marktanteile sichern und das eigene Wachstum ausbauen.
- **Lateral/diagonal:** Zwischen den alten und den neuen Produkt-Markt-Kombinationen besteht kein sachlicher Zusammenhang mehr. Sie nutzen gegebenenfalls eine Stärke Ihres Unternehmens (Beispiel: Tankstelle wird zum Mini-Supermarkt).

Nutzen: Diversifikation macht Ihr Unternehmen unabhängiger von einzelnen Produkten, Produktgruppen oder Geschäftsbereichen. Wachstumsprobleme oder Markenschwäche in einem Bereich können so durch einen neuen Bereich kompensiert werden.

Risiko: Diversifikation soll Risiko streuen. Diese Strategie ist aber zunächst mit hohen Risiken behaftet, da Sie mit neuen Produkten auf neuen Märkten aktiv werden wollen. Sie müssen mit hohen Anfangskosten für Marktanalysen, Produktentwicklungen, Marketingmaßnahmen und Markenbildung sowie Kosten für Investitionen in neue Infrastrukturen rechnen.

ZUKUNFTS-/DISRUPTIVE STRATEGIEN

12. ANGEBOTSFINDUNG: ZUKÜNFTIGES ANGEBOT + BESTEHENDE/BEKANNTE MÄRKTE

Idee: Identifikation von innovativen oder disruptiven Angeboten für bestehende oder bekannte Märkte.

Umsetzung: Anwendung eines neuen operativen und/oder finanziellen Ansatzes (Beispiel: Fintech Start-ups), um ein Leistungsangebot zu machen, das nach den herrschenden Maßstäben der Branche oder des Marktes gut genug ist für den unteren Bereich des Mainstream.

Nutzen: Sie adressieren überversorgte Kunden im unteren Bereich des Mainstream-Marktes mit Discountpreisen. Sie erzielen Kostenvorteile und Gewinnmargen, die erforderlich sind, um das Geschäft am unteren Ende des Marktes zu gewinnen.

Risiko: Hohes Risiko, da noch keine Erfahrungswerte mit dem neuen Geschäftsmodell sowie für die Akzeptanz im Markt bestehen. Disruptive Geschäftsmodelle müssen daher vom Kerngeschäft getrennt werden.

13. MARKTFINDUNG: BESTEHENDES/MODIFIZIERTES ANGEBOT + ZUKÜNFTIGE MÄRKTE/KUNDENSEGMENTE

Idee: Identifikation zukünftiger Märkte für ein bestehendes oder modifiziertes Angebot (Beispiel: Cirque du Soleil).

Umsetzung: Sie reduzieren bei Ihrem Angebot die Leistung »traditioneller« Attribute (Cirque du Soleil: keine Tiere), erhöhen aber die Leistung durch Verbesserung beibehaltener Attribute oder durch Hinzufügen neuer Attribute (Cirque du Soleil: Weltklasse-Akrobatik kombiniert mit exzellentem Musiktheater) und schaffen so eine besondere Kundenerfahrung.

Nutzen: Sie zielen hiermit auf Nicht-Konsumenten ab: Kunden, die in der Vergangenheit nicht die Zahlungsbereitschaft oder -fähigkeit hatten, das Angebot zu konsumieren.

Risiko: Das Geschäftsmodell muss mit niedrigeren Preisen pro verkaufte Einheit und mit anfänglich kleinen Produktionsmengen profitabel sein. Die Bruttomarge pro verkaufte Einheit wird deutlich niedriger sein. Disruptive Geschäftsmodelle müssen vom Kerngeschäft getrennt werden.

14. KÜNFTIGE DIVERSIFIKATION: NEUES/KÜNFTIGES ANGEBOT + NEUE KUNDENSEGMENTE/ZUKÜNFTIGE MÄRKTE ODER KUNDENSEGMENTE

Idee: Identifikation oder Schaffung eines Blauen Ozeans, eines Marktes mit geringen oder keinem Wettbewerb (Beispiel: Cloudserver Angebot AWS von AMAZON).

Umsetzung:
Gehen Sie radikal neue Wege. Definieren Sie die Regeln des Erfolgs neu:

- Unangefochtenen Marktraum mit neuer Nachfrage schaffen
- Aufbrechen des Verhältnisses von Kundennutzen, Preis und Kosten
- Ausrichtung des gesamten Systems der Unternehmensaktivitäten auf das Streben nach Differenzierung und niedrigen Kosten
- Beteiligen Sie sich an innovativen Start-ups oder kaufen Sie ein solches

Nutzen: Wenn Sie eine solche Kombination finden und »First mover« sind, bewegen Sie sich in einem Markt mit viel Zukunftspotenzial und hohen Erträgen bei wenig Wettbewerb.

Risiko: Sie gehen eine Wette auf die Zukunft ein. Natürlich ist das extrem riskant. Es gibt keinerlei Garantien. Auch die besten Situationsanalysen helfen da nicht weiter. Disruptive Geschäftsmodelle müssen daher vom Kerngeschäft getrennt werden.

HERAUSFORDERUNGEN ABLEITEN

In dieser Phase ist es sinnvoll, die wichtigsten Herausforderungen für Ihr Unternehmen zu benennen. Diese sollten sich aus den Chancen-Risiken-Profilen und den identifizierten Optionen klar ergeben. Eine Strategie und ihr Zielbild sind selten völlig ergebnisoffen. Schließlich bewegen Sie sich in einem Spannungsfeld aus Ihren »eigenen Realitäten« und den Realitäten Ihres Umfelds.

In der Regel gibt es mehrere Herausforderungen, denen Sie sich mit Ihrer Strategie stellen müssen. Die klare Benennung dieser Herausforderungen ist ein Aufruf zum Handeln und hilft, den Fokus für das Zielbild richtig zu setzen. Zudem erzeugen Sie den Sinn für Dringlichkeit, der einen wesentlichen Baustein für das Narrativ (»Storyline«) Ihrer Strategie darstellt.

KOMMUNIKATION

Die im Workshop formulierten Erkenntnisse bilden die Grundlage für den ersten Teil einer schlüssigen Argumentationskette zur Erklärung Ihrer Strategie. Idealerweise sollten die folgenden Aufzählungspunkte (zu lesen von oben links nach unten rechts) einen konsistenten Zusammenhang herstellen, die Dringlichkeit und Notwendigkeit für eine neue Strategie verdeutlichen und nachvollziehbar machen sowie folgende Leitfragen beantworten:

- Warum müssen wir uns verändern?
- Warum müssen wir gerade jetzt handeln?
- Welche externen Faktoren zwingen uns zu konsequenten Entscheidungen?
- Welche internen Hausaufgaben müssen wir machen?
- Wo können wir auf unseren Stärken aufbauen?
- Auf welche Herausforderungen müssen wir uns konzentrieren?

TIPP

Überprüfen Sie diese Aufzählungspunkte im Nachgang des Workshops auf Konsistenz in der Formulierung.

HERAUSFORDERUNGEN

Im Rahmen des Strategie-Workshop I und nach Abschluss der Erkenntnisformulierung der Situationsanalyse nehmen Sie mit Ihrem Team diesen erfolgskritischen Schritt vor. Wenn die Auswirkungen, Handlungsoptionen und die daraus entstehenden Herausforderungen nicht klar sind, gibt es weder Handlungsdruck noch einen Hinweis, in welchem Korridor sich Ihr Zielbild bewegen wird. Sie können die drei Schritte in einer Gruppendiskussion angehen, da die Teilnehmer so ihre Sichtweisen offen auf der Basis der Analyseergebnisse und Erkenntnisse erläutern können.

LEITFRAGEN:

Zu 1. RÜCKZUG: Welche Märkte und Angebote stagnieren oder verlieren?

Zu 2. PRODUKTKONSTANTE MARKTVERDICHTUNG: In welchen Märkten sind Ihre Angebote nicht profitabel?

Zu 3. MARKTKONSTANTE PRODUKTVERDICHTUNG: Welche Angebote sind in Ihren Märkten nicht profitabel?

Zu 4. MARKTDURCHDRINGUNG: Wo haben Sie noch nicht gehobene Potenziale?

Zu 5. PRODUKTMODIFIKATION: Wie kann ein modifiziertes Angebot weitere Bedarfe decken oder Bestandskunden zu größeren Kaufmengen animieren?

Zu 6. PRODUKTENTWICKLUNG: Wie können die Bedürfnisse Ihrer Kunden auf eine neue Art und Weise befriedigt werden?

Zu 7. MARKTERWEITERUNG: In welcher anderen Region der Welt bestehen ähnliche Bedarfe?

Zu 8. EINGESCHRÄNKTE DIVERSIFIKATION: In welcher Region der Welt bestehen ähnliche Bedarfe, die Sie mit modifizierten Angeboten befriedigen können?

Zu 9.1. PARTIELLE DIVERSIFIKATION: Welche neuen Branchen sind lukrativ?

Zu 9.2. PARTIELLE DIVERSIFIKATION: Welche Zielgruppe können Sie bei einer Modifizierung Ihrer Angebote profitabel bedienen?

Zu 10. MARKTENTWICKLUNG: Welche Zielgruppen können noch von Ihren Angeboten profitieren?

Zu 11. DIVERSIFIKATION: Wie könnten sich die Bedarfe in drei, fünf oder zehn Jahren entwickeln?

Zu 12. ANGEBOTSFINDUNG: Gibt es neue operative oder finanzielle Ansätze, um zu Discountpreisen die Basisbedürfnisse zu befriedigen?

Zu 13. MARKTFINDUNG: Können Sie durch neue Leistungsattribute bisherige Nicht-Kunden gewinnen?

Zu 14. ZUKÜNFTIGE DIVERSIFIKATION: Sehen Sie unbearbeitete Märkte, in denen neue Nachfrage entstehen kann?

ANLEITUNG AUSWIRKUNGEN:

1. Listen Sie die erwarteten Auswirkungen aus den einzelnen Erkenntnissen der Module auf.
2. Beschreiben Sie jeweils, wie diese die Regeln des Erfolgs für Ihr Unternehmen oder die Branche verändern könnten.
3. Beschreiben Sie kurz und knapp die Chancen und Risiken.

ANLEITUNG HANDLUNGSOPTIONEN:

1. Handlungsoptionen reduzieren: Ausgehend von den Auswirkungen können Sie nun Handlungsoptionen streichen, die nach ihrem Chancen-Risiko-Profil definitiv nicht in Frage kommen.
2. Optionenraum aufspannen: Fügen Sie anhand der identifizierten Chancen und entlang der Leitfragen die Erkenntnisse aus den Modulen in einzelne Handlungsoptionen ein.
3. Handlungsoptionen belegen: Untermauern Sie die Optionen gegebenenfalls mit Daten aus der Analyse.

AUSWIRKUNGEN ERKENNEN

AUSWIRKUNG	VERÄNDERUNG DER REGELN DES ERFOLGS	CHANCE	RISIKO

HANDLUNGSOPTIONEN

	ABBAU ANGEBOT	BESTEHENDES ANGEBOT	MODIFIZIERTES ANGEBOT	NEUES ANGEBOT	ZUKÜNFTIGES ANGEBOT
ABBAU MÄRKTE	1. Rückzug:	2. Produktkonstante Marktverdichtung:			
BESTEHENDE MÄRKTE	3. Marktkonstante Produktverdichtung:	4. Marktdurchdringung:	5. Produktmodifikation:	6. Produktentwicklung:	12. Angebotsfindung:
BEKANNTE MÄRKTE		7. Markterweiterung:	8. Eingeschränkte Diversifikation:	9.1. Partielle Diversifikation I:	
NEUE KUNDENSEGMENTE		10. Marktentwicklung:	9.2. Partielle Diversifikation II:	11. Diversifikation:	
ZUKÜNFTIGE MÄRKTE/ KUNDENSEGMENTE		13. Marktfindung:		14. Zukünftige Diversifikation:	

HERAUSFORDERUNGEN

ERKENNTNISSE FORMULIEREN

ANLEITUNG:

Aus den Auswirkungen mit dem größten Risiko sowie den Handlungsoptionen mit der größten Wahrscheinlichkeit ergeben sich Ihre konkreten Herausforderungen. Diese können Sie gemeinsam im Team formulieren.

Die Benennung dieser Herausforderung ist ein »Aufruf zum Handeln«, der die Strategie der Organisation in den Mittelpunkt stellt und ihr Bedeutung verleiht.

BEISPIELE:

Hier sind einige Beispiele für Herausforderungen, mit denen Sie konfrontiert sein können:

- Unsere Wettbewerber bauen ihre Kostenführerschaft gegenüber uns aus, und wir verlieren Marktanteile im Kerngeschäft.
- Unser Produktportfolio ist zu unübersichtlich und durch Verlustbringer belastet.
- Wir müssen unsere Vertriebskanäle anpassen, um neue Kundensegmente besser adressieren zu können.
- Wir müssen unsere Marktanteilsverluste bei unseren wichtigsten Marken rückgängig machen.

BEREICH

SITUATIONSANALYSE

KUNDEN

MARKT

WETTBEWERB

TRENDS

ALLGEMEINES UMFELD

EIGENE REALITÄTEN

HERAUSFORDERUNG

ZIELBILD

WIRKUNGSVERSPRECHEN

KUNDENNUTZEN

ZIELMÄRKTE

KUNDENSEGMENTE

ZIELE

NAME

ZEITHORIZONT

HANDLUNGSFELDER

STRUKTUREN & PROZESSE

MENSCHEN

KULTUR

DATEN & IT

INNOVATION

PARTNER

FAHRPLAN

ÜBERLEGENE GEWINNE

ANGEBOTE

SCHLÜSSELERGEBNISSE

WO WIR HIN WOLLEN

»Nur wer weiß, wo er hinsegeln will, setzt die Segel richtig.«
Jürg Meier, Schweizer Titularprofessor für Zoologie, Universität Basel

Nachdem Sie festgestellt haben, »Wo Sie stehen« und die Klippen der Herausforderung klar benannt sind, geht es im nächsten Schritt um das neue Zielbild Ihres Unternehmens: »Wo wollen wir hin?« Dabei ist das Zielbild vielschichtig und besteht nicht nur aus dem einen oder anderen großen Ziel wie: »Wir wollen die Nummer 1 oder 2 im Markt werden?«

Es geht darum, gemeinsam den Fokus für das künftige Handeln zu bestimmen. In dieser Workshop-Phase wird es in der Regel heiß hergehen. Schließlich leitet sich das Wort Fokus vom lateinischen Wort für »Feuerstätte« oder »Brennpunkt« ab. Sie werden kontroverse Debatten führen und harte Entscheidungen treffen müssen, denn fokussieren bedeutet ebenfalls, nach dem Prinzip »You can't have it all« bestimmte bisherige Aktivitäten, Märkte oder Kundensegmente aufzugeben. Aus diesem Grund wird es in Ihren Reihen Führungskräfte geben, die ein »Nein, das machen wir in Zukunft nicht mehr« auch als Entscheidungen gegen sich persönlich, ihre Leistung oder ihre Zielvorstellungen ansehen werden. Hier sind dann bei aller Rationalität des Entscheidens Fingerspitzengefühl, Empathie und Kreativität gefragt, wenn Sie wollen, dass sich Ihre Führungsspieler*innen im Zukunftsbild Ihres Unternehmens wiederfinden.

GEMEINSAM DEN FOKUS FESTLEGEN

Im weiteren Verlauf des Strategie-Workshops I bearbeiten Sie mit Ihrem Team die folgenden vier Module:

1. WIRKUNGSVERSPRECHEN (BHAG)

Welche nachhaltige Wirkung wollen Sie mit Ihrem Unternehmen erzeugen?

Das Wirkungsversprechen bildet das Dach Ihres Zielgebäudes. Es drückt aus, welchen werterhöhenden Beitrag Ihr Unternehmen für Wirtschaft, Gesellschaft und Umwelt leisten und dabei profitabel sein will. Natürlich können Sie alternativ auch ein schon vorhandenes Leitbild aus Vision, Mission und Werten verwenden.

2. KUNDENNUTZEN & ÜBERLEGENE GEWINNE (WINNING PROPOSITION)

Wie erzielen Sie für Ihre Kunden einen höheren oder anderen Nutzen als der Wettbewerb? Wie erwirtschaften Sie dadurch höhere Gewinne als Ihre Konkurrenten?

Kunden werden ein Produkt Ihres Unternehmens kaufen und konsumieren, wenn der Nettonutzen Ihres Produktes, also der vom Kunden subjektiv wahrgenommene Nutzen abzüglich des zu zahlenden Nutzungspreises, höher ist als der von Konkurrenzprodukten. Wenn Sie einen höheren Nettonutzen als die Rivalen schaffen, haben Sie nach Willie Pietersen (2001) eine »Winning Proposition«. Beachten Sie: Ob Differenzierung vorliegt, entscheiden nicht Sie, sondern die Kunden! Der differenzierende Nutzen zieht Kunden an, aber er reicht noch nicht, um zu gewinnen. Vielmehr muss die Differenzierung von der Konkurrenz auch zu überlegenen Gewinnen führen. Anders ausgedrückt: Die Differenz von Umsatzerlösen und Kosten ist größer als bei Ihren Konkurrenten. Die »Winning Proposition« muss also auch eine »Paying Proposition« sein. Sie wollen die für Ihr Unternehmen profitablen Kunden attrahieren und behalten. Der Wettbewerb um die überlegene Wertschöpfung hat somit zwei Fronten: die Kunden und die Kosten.

3. ZIELMÄRKTE, KUNDENSEGMENTE, ANGEBOTE

Der Wettbewerbsfokus legt das Spielfeld fest und bildet das Herzstück des Zielbildes: Welche Märkte wollen wir bedienen?

Entscheiden Sie, in welchen Branchen, Geschäftsfeldern und Geografien Sie tätig sein wollen.

Wer sollen Ihre Kunden sein?

Entscheiden Sie, welche Kundensegmente Sie in den ausgewählten Märkten, Branchen und Geografien bedienen wollen.

Mit welchen Angeboten wollen Sie präsent sein?
Welche Angebote werden Sie nicht machen?

Legen Sie Ihr Angebotsportfolio fest. Entscheiden Sie, welche Produkte und Dienstleistungen Sie welchen Kunden anbieten möchten. Ein wesentlicher Faktor für Ihre Wahl sind Ihre Erwartungen und Einschätzungen der künftigen Bedürfnisse Ihrer Kunden.

4. ZIELE & SCHLÜSSELERGEBNISSE

Welche qualitativen Ziele wollen Sie verwirklichen, welche quantitativen Schlüsselergebnisse wollen Sie erzielen?

Ihr Zielgebäude besteht aus den wichtigsten Prioritäten, um Wirkungsversprechen, differenzierenden Kundennutzen und überlegene Gewinne für den gewählten Wettbewerbsfokus umzusetzen. Diese Prioritäten sollen die »critical success factors« abbilden, die Faktoren, die für das Unternehmensergebnis den größten Unterschied machen werden. Halten Sie die Anzahl der Ziele klein, drei bis maximal fünf Ziele sind genug. Je länger die Zieleliste ist, desto geringer ist die Wahrscheinlichkeit, jedes einzelne zu erreichen.

Die »Winning Proposition« ist nach außen gerichtet, auf Markt und Kunden. Ziele und Schlüsselergebnisse hingegen wirken nach innen. Sie zeigen der Organisation, worauf sie ihre Energie und Ressourcen konzentrieren soll und wie sie mobilisiert wird, um die »Winning Proposition« zu realisieren und die gewünschte Wirkung zu erzeugen.

»EIN ZIEL OHNE PLAN IST NUR EIN WUNSCH.«

Antoine de Saint-Exupéry, französischer Schriftsteller und Pilot

WIRKUNGSVERSPRECHEN

ECHTE WIRKUNG ERZEUGEN

Wer kennt Sie nicht: die langweiligen oder austauschbaren Leitbilder auf den langen Unternehmensfluren? Da sind die Visionen, die in ihren Parolen zwischen Marktführer und Nummer eins im Markt variieren. Merkwürdig anmutende Interpretationen von Missionen und Visionen, bei denen schon auf den ersten Blick klar wird – hier ist nichts klar. Das Ganze wird dann noch mit einem Potpourri an Werten garniert, dass einem häufig der Appetit vergeht oder dieser einfach nicht angeregt wird. Und ja, Leitbilder sind wichtig, und ja, gute Leitbilder zu entwickeln ist eine Kunst. Deshalb sind sie selten.

Warum versuchen dennoch viele Unternehmen im Strategieprozess auch noch einen Leitbildprozess gleichzeitig abzuwickeln? Man hat ja schließlich gelesen und gelernt: ohne Leitbild keine Strategie. Das Leitbild ist der Anker, der Nordstern, verkommt aber häufig genug zum Notnagel, und am Ende ist es auch kein Allheilmittel. Natürlich sollte Ihre Strategie auf etwas Wesentlichem fußen, aber eine Aussage hat sich in den vergangenen 15 Jahren in unserer Praxis bewährt: Lieber kein Leitbild als ein unfassbar schlechtes.

Leitbild- vom Strategieprozess entkoppeln

Also entweder ganz oder gar nicht. Entweder entkoppeln Sie den Leitbild- vom Strategieprozess und stellen ersteren mit ausreichend Zeit letzterem voran, oder Sie brauchen eine gute Alternative.

Ihr Vision-Statement zeigt, welchen Berg Sie besteigen wollen, was Sie also erreichen wollen und wie sich das Erreichen des Ziels anfühlt. Ihr Mission-Statement ist dann Ihr Polarstern und beschreibt, wie Sie den Berg erklimmen wollen.

Gemeinsam mit den Unternehmenswerten und -grundsätzen bilden Vision und Mission die Handlungsphilosophie Ihres Unternehmens ab. Sie sollte deshalb auf lange Haltbarkeit und Nachhaltigkeit ausgerichtet sein. Zeithorizonte sind in unserer schnelllebigen und disruptiven Zeit schwierig zu benennen. Eine Vision zielt auf einen Zeithorizont von 5 bis 15 Jahren. Die Mission als Handlungsanleitung, wie das Unternehmen die Vision erfüllen soll, bestimmt die kurz-, mittel- und langfristigen Ziele. Klarheit über die Handlungsphilosophie hilft Ihnen und Ihrer Organisation, strategische Entscheidungen im Angesicht der Herausforderungen in sich stets wandelnden Umfeldern zu treffen. Auch für externe Stakeholder wie zum Beispiel Kunden, Banken, Investoren oder potenzielle Mitarbeiter*innen kann Klarheit über Werte, Grundsätze, Vision und Mission den entscheidenden Unterschied machen.

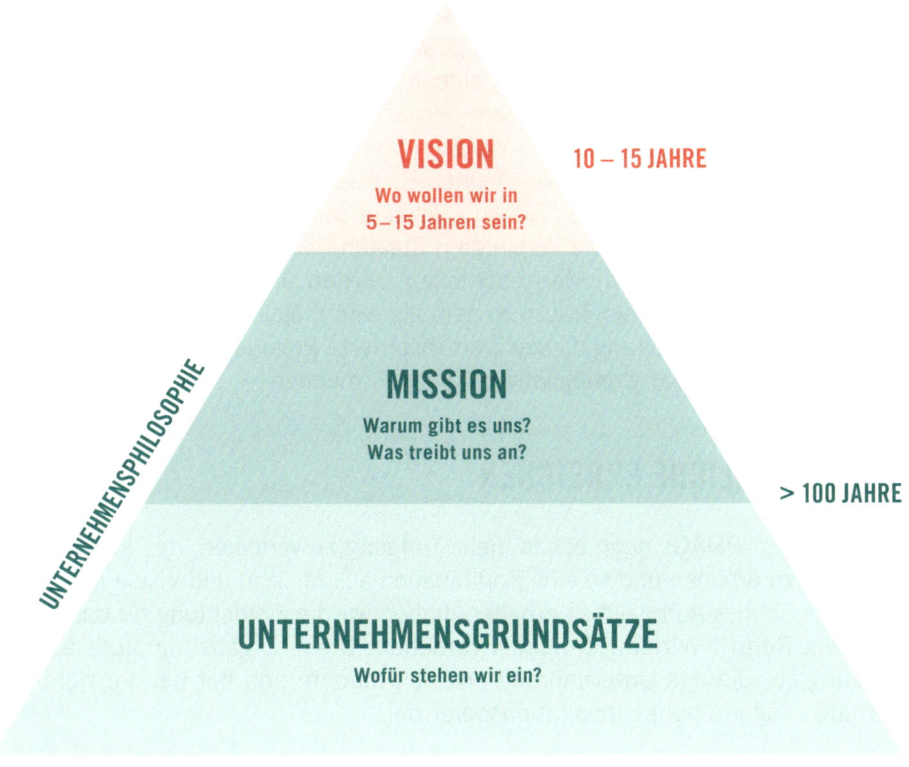

Adaptiertes Haltungshaus nach Esch (2021)

ALTERNATIVEN: BHAG

Zeit ist knapp und daher kostbar. Um ein echtes Momentum mit Inspirationskraft zu erzeugen, empfiehlt sich eine echte Alternative, die für Klarheit sorgt. Viele Wege führen bekanntlich zum Ziel. Hier ist eine Möglichkeit, Ihrer Strategie Bodenhaftung zu verleihen.

In der Praxis hat sich die von Collis und Porras Mitte der 1990er Jahre BHAG-Methode – ausgesprochen Bie-hag – bewährt. BHAG steht für »Big Hairy Audacious Goals«. Große, herausfordernde oder kühne Ziele. Hierbei geht es um Ansporn, um die Suche nach der Wirkung. Wenn wir von echt großen Zielen sprechen, ist das wirklich wörtlich zu nehmen.

Ihr BHAG sollte inspirierend und langfristig sein und damit Ihr Unternehmen auf die nächste Stufe heben. BHAGs sind gewaltige Aufgaben, deren Umsetzung 10 bis 15 Jahre dauern kann. Sie verschieben die Grenzen dessen, was Ihr Unternehmen leistet und fordern Ihr Team heraus, enorme Fortschritte zu machen. Dabei sind die Grenzen zwischen Visionen und BHAGs fließend. Wenn sie zum ersten Mal festgelegt werden, erscheinen BHAGs oft wie Ziele, die fast unmöglich zu erreichen sind. Denken Sie an Präsident John F. Kennedys Ankündigung aus dem Jahr 1961, dass die Vereinigten Staaten noch vor Ende des Jahrzehnts einen Menschen auf dem Mond schicken würden. Im Jahr 1961 schien ein solcher Anspruch eher ein Traum zu sein als eine mögliche zukünftige Realität. Doch durch die Festlegung dieses Ziels inspirierte Präsident Kennedy die Amerikaner, das scheinbar Unmögliche möglich zu machen.

DAS UNMÖGLICHE ERREICHEN

Um aber den BHAGs noch etwas mehr Tiefgang zu verleihen, das Inspirationspotenzial zu erhöhen und so eine Kombination aus Mission und Vision mit einem kräftigen Schuss Adrenalin zu erhalten, haben wir die Zielrichtung für das BHAG mit dem Begriff Wirkung (Impact) versehen. Diese Ergänzung stellt auf die Wirkung ab, die das Unternehmen erzielen möchte und hat bei der richtigen Formulierung ein hohes Inspirationspotenzial.

Warum Wirkung? Wirkungsversprechen zeigen, wie Sie mit einer verantwortungsvollen Unternehmensführung (governance) einen überprüfbar nachhaltigen Unterschied im Leben der Menschen, in Umwelt (environmental) und Gesellschaft (society) erzeugen. Es geht um den ESG Beitrag Ihres Unternehmens. Somit schließt das Wirkungsversprechen die Lücke zwischen BHAG und ESG – also Nachhaltigkeit im ganzheitlichen Sinne. Die Dokumentation der Ergebnisse Ihrer Bemühungen wird auch zunehmend von Geldgebern und Interessengruppen erwartet. Festzulegen, welche Wirkung man mit seinem Handeln erzielen möchte, hilft.

AUS DER PRAXIS

Eines der schönstens BHAG-Beispiele mit großer Wirkung stammt vom Autobauer Volvo:

»Bis 2020 wird niemand mehr in einem neuen Volvo sterben.«

Daraus zog Volvo die Konsequenz, alle Neuwagen mit einem Tempolimit auf 180 km/h zu begrenzen. Sehr konsequent und stark.

Es gibt grundsätzlich vier Arten von BHAGs:

1. **ZIELORIENTIERT:**
   Setzen Sie sich ein klar definiertes quantitatives oder qualitatives Ziel.

   Zum Beispiel:
   »Enable human exploration and settlement of Mars.« **SpaceX**

2. **WETTBEWERBSORIENTIERT:**
   Mit einem gemeinsamen Feind konkurrieren.

   Zum Beispiel:
   »Crush Adidas.« **Nike**

3. **VORBILD:**
   Ahmen Sie die Eigenschaften eines anderen erfolgreichen Unternehmens nach, das nicht zu Ihrer unmittelbaren Konkurrenz gehört.

   Zum Beispiel:
   »Harvard des Westens« **Stanford**

4. **INTERNE TRANSFORMATION:**
   Konzentrieren Sie sich intern auf Ihren eigenen Wandel.

   Zum Beispiel:
   »Becoming the best global entertainment distribution service.« **NETFLIX**

Für ein wirkungsorientiertes BHAG eignet sich die zielorientierte Variante am besten.

WIRKUNGSVERSPRECHEN

Ein echtes BHAG mit nachhaltiger Wirkung gemeinsam mit Ihrem Team zu formulieren, kann ungeahnte Kräfte und sogar Enthusiasmus auslösen. Im Rahmen des Strategie-Workshop I läutet die Formulierung des BHAG die Entwicklung des gemeinsamen Zielbildes ein. Aus diesem Grund ist es sinnvoll, diesen Teil stärker von der Situationsanalyse zeitlich beziehungsweise räumlich zu trennen. Denn während bei der Situationsanalyse eher Struktur und Analysefähigkeiten gefragt sind, geht es jetzt verstärkt um kreative Energie und Fähigkeiten.

LEITFRAGEN:

1. **Was ist unsere große Leidenschaft?**
2. **Worin kann unser Unternehmen das beste der Welt sein?**
3. **Was treibt unseren Wirtschaftsmotor an?**
   - **Ist es der Gewinn pro Kunde?**
   - **Der Gewinn pro Abo?**
   - **Was ist Ihr »x« in »Gewinn pro x«?**

ANLEITUNG:

Doch wie kreiert man ein solches BHAG mit Wirkung? Stellen Sie sich dafür drei Kreise mit den vorangestellten drei Leitfragen vor: An der Schnittstelle dieser drei Fragen oder Kreise liegt ihr zielorientiertes BHAG mit Wirkung. Sie können nun die drei Fragen oder Kreise voneinander trennen. Verwenden Sie dafür das sogenannte »magische Dreieck«, und bauen Sie dieses im Raum oder virtuell mit drei beschreib- oder beklebbaren Flächen auf. In einem Rundlaufverfahren können Ihre Workshop-Teilnehmenden unter extremen Zeitdruck die wesentlichen Punkte zu den einzelnen Leitfragen sammeln. Immer ein*e Teilnehmer*in wechselt im 5-Minuten-Rhythmus die Gruppe. So zwingen Sie die Teilnehmer*innen, sich auf das Wichtigste zu konzentrieren und ewige Diskussionen abzukürzen. Die Feinjustierung der finalen Formulierung können Sie auch im Nachgang der Veranstaltung vornehmen.

TIPP

Sie können methodisch die Formulierung des BHAG auch mit der Formulierung ihres differenzierenden Kundennutzens und den überlegenen Gewinnen kombinieren. Zum Beispiel in ein bis zwei Sätzen. Dafür ersetzen Sie die drei Kreise beziehungsweise Leitfragen im »magischen Dreieck« durch die drei Module des Zielbildes: Wirkung, Kundennutzen und Gewinne mit den jeweiligen Leitfragen.

CHECKLISTE:

Ist Ihr BHAG …

1. **… kühn genug, um zu inspirieren?**
2. **… klar und eindeutig, sodass es offensichtlich ist, wann das Ziel erreicht ist?**
3. **… im Einklang mit den Grundwerten und Zielen des Unternehmens?**
4. **… über einen Zeitraum von 10 bis 30 Jahren realisierbar?**

ACHTUNG

Bevor Sie sich ein einziges Ziel setzen, sollten Sie darauf achten, dass das Ziel inspirierend ist. Es ist in Ordnung, wenn es fast unmöglich erscheint, es zu erreichen – genau das macht dieses Ziel zu einem BHAG. Vermeiden Sie bei der Formulierung des BHAGs bitte reine Umsatz-, Margen- oder Marktanteilsziele zu setzen. Rein finanzielle Ziele verfehlen ihre Wirkung, erzeugen nicht den gewünschten motivatorischen Ansporn und sind nur für einige Teammitglieder aufregend. Umsatz und Gewinn sind Ergebnisse und kein reiner Selbstzweck. Beschreiben Sie das Thema oder die Problemstellung (Relevanz), die Sie lösen wollen, für Ihr Hauptzielpublikum in einfachen und geeigneten Worten. Wenn Ihr Ziel eher qualitativ ist, sollten Sie sicherstellen, dass es eine klare Möglichkeit zur Erfolgsmessung gibt.

QUELLEN

FORMULIEREN

Adaptiertes Hedgehog-Konzept nach Collins (2001)

WAS IST UNSERE GROSSE LEIDENSCHAFT?

WORIN KANN UNSER UNTERNEHMEN DAS BESTE DER WELT SEIN?

WAS TREIBT UNSEREN WIRTSCHAFTSMOTOR AN?

WIRKUNGSVERSPRECHEN

WIRKUNGSVERSPRECHEN FORMULIEREN

BEISPIELE FÜR BHAGS ODER VISIONEN MIT WIRKUNG:

Airbnb: Eine Welt erschaffen, in der jeder überall dazugehören kann.

Evernote: Remember everything.

Feeding America: Sicherstellung eines gerechten Zugangs zu nahrhaften Lebensmitteln für alle.

Facebook: Connect the world.

Google: Organize the world's information.

Michael J. Fox Foundation: Ein Heilmittel gegen Parkinson finden.

Microsoft: Einen Computer auf jeden Schreibtisch und in jedes Zuhause zu bringen.

Spotify: Das Potenzial der menschlichen Kreativität entfalten.

Tesla: To accelerate the world's transition to sustainable energy.

KUNDENNUTZEN & ÜBERLEGENE GEWINNE

BESSER, ANDERS UND PROFITABLER

»Habe keine Angst, das Gute aufzugeben, um das Großartige zu erreichen.«
John D. Rockefeller, US-amerikanischer Unternehmer

Wenn Sie sich darüber im Klaren sind, welche Wirkung Sie erzeugen wollen, können Sie die »Winning Proposition« (Pietersen 2011) Ihres Unternehmens definieren. Sie ist die Antwort auf die Frage, was Sie anders oder besser machen werden als Ihre Konkurrenten, um einen höheren Nutzen für Ihre Zielkunden und höhere Gewinne für Ihr Unternehmen zu generieren.

Eine »Winning Proposition« hat somit zwei sich ergänzende Elemente: einen differenzierenden Kundennutzen und überlegene Gewinne.

DIFFERENZIERENDER KUNDENNUTZEN

In Wettbewerbsmärkten haben Kunden immer eine Wahl. Warum sollten die Kunden bei Ihnen und nicht bei der Konkurrenz kaufen? Beschreiben Sie den Nutzen, den Kunden von Ihnen erhalten werden im Vergleich zu den konkurrierenden Alternativen. Formulieren Sie diesen Nutzen in einfachen Worten, aber machen Sie ihn konkret.

ÜBERLEGENE GEWINNE

Gewinne sind eine wirtschaftliche Notwendigkeit: ohne Gewinne oder Gewinnaussichten, keine Investitionen. Ohne Investitionen in neue Produkte, Technologien und Geschäftsfelder wird ein Unternehmen langfristig nicht überleben können. Wenn Ihr Unternehmen nicht in der Lage ist, überdurchschnittliche Gewinne zu erzielen, werden Konkurrenten mit höherer Leistungsfähigkeit und größeren finanziellen Ressourcen Sie über kurz oder lang verdrängen. Der Unterschied, den Sie durch einen differenzierenden Kundennutzen erzielen wollen, muss sich auszahlen und einen Gewinnvorteil bringen. Der umsatzerhöhende differenzierende Kundennutzen ist die eine Seite der Gewinnmedaille, Kosteneffizienz ist ihre andere Seite. Der absolute Gewinn ist jedoch ohne Skalierung mit dem Ressourceneinsatz wenig aussagekräftig. Daher betrachten wir die Rentabilität Ihres Unternehmens, gemessen zum Beispiel an der Umsatzrendite oder der Kapitalrendite. Sie muss auf jeden Fall Ihre Kapitalkosten (Kosten von Eigen- und Fremdkapital) übersteigen. Gewinnorientierte Überlegenheit gegenüber der Konkurrenz besteht dann, wenn die Rentabilität Ihres Unternehmens die der Wettbewerber übertrifft.

Dafür sollten Sie folgende Fragen beantworten können:

- Welche Investitionen müssen wir tätigen, um einen »differenzierenden Kundennutzen« zu realisieren?
- Wie hoch sind die zu erwartenden Erträge?
- Welche Risiken sind mit diesen Erträgen verbunden?
- Welches Geschäftsmodell brauchen wir, um die nutzenstiftenden Angebote herzustellen und auf die Märkte zu bringen?
- Wie wird dieses Geschäftsmodell unsere Fähigkeit verbessern, die Kosten zu senken und/oder die Einnahmen zu steigern?

DIFFERENZIEREN MIT NIEDRIGEN KOSTEN

Nutzeninnovation

»Nutzeninnovation« lautet der »Zauberbegriff« aus dem Blue-Ocean-Strategieuniversum (Kim & Mauborgne, 2015). Ähnlich der »Winning Proposition« hat Nutzeninnovation zwei wettbewerbsrelevante Merkmale: zum einen den auf die Zielkunden, oder neudeutsch Personas, maßgeschneiderten Nutzen, zum anderen niedrige Kosten. Dabei sollte der Fokus auf Alternativen im Nutzenangebot für Nicht-Kunden liegen, um sich so neue oder besser konkurrenzlose Märkte – Blaue Ozeane – zu erschließen.

Wenn Sie nun an Porters generische Strategien denken, müsste sich ein Störgefühl einstellen. Ist Innovation- oder Qualitätsführerschaft nicht unvereinbar mit Kostenführerschaft? Nicht notwendigerweise. Die Kunst besteht darin, auf solche Angebotsmerkmale zu setzen, die dem Kunden neuen oder zusätzlichen Nutzen stiften, Ihrem Unternehmen aber wenig Kosten verursachen. Hingegen können Angebotsmerkmale, die Zielkunden zwar als »nice to have«, aber überflüssig ansehen, reduziert oder ganz entfernt werden. Es geht bei Nutzeninnovationen nicht um teure Forschungsprojekte und Entwicklungsbudgets. Durch das Eliminieren und Reduzieren von Angebotsmerkmalen senken Sie in der Regel die Kosten. Gleichzeitig reduziert sich jedoch der vom Merkmal ausgehende Kundennutzen. Das Kreieren und Steigern von Angebotsmerkmalen erhöht zwar die Kosten, führt aber im Gegenzug zu zufriedeneren beziehungsweise neuen Kundengruppen. Mit Hilfe des »Vier-Aktionen-Formats« von Kim und Mauborgne (2015) lässt sich für die Zielkunden eine »Nutzenkurve« oder »strategische Kontur« für die Kunden ableiten und die richtige Balance zwischen Hinzufügen und Wegnehmen finden.

»Vier-Aktionen-Format«

- **Kreieren:** Welches Merkmal, das bisher nicht zum Markt- oder Branchenstandard gehörte, sollte hinzugefügt werden?
- **Steigern:** Welches Merkmal sollte deutlich ausgeprägter als der Standard sein?
- **Reduzieren:** Welches Merkmal sollte deutlich weniger ausgeprägt als der Standard sein?
- **Eliminieren:** Welches Merkmal sollte entfernt werden, obwohl es zum Standard gehört?

NUTZENKURVE UMGESTALTEN

Die »strategische Kontur« Ihres relevanten Marktes visualisiert, auf welche Angebotsmerkmale sich die Konkurrenz konzentriert und welchen Nutzen deren Angebote stiften. Sie können dann Ihre Angebote vergleichen, marktspezifische Unterscheidungsmerkmale identifizieren und für Ihre strategische Positionierung den differenzierenden Merkmalskatalog erstellen. Die Nutzenkurve bezieht sich auf einen ausgewählten Wettbewerber oder eine strategische Gruppe an Wettbewerbern innerhalb Ihrer Branche. Werden mehrere Kurven für unterschiedliche Unternehmen in einer Darstellung abgebildet, entsteht die sogenannte »strategische Kontur«. Die horizontale Achse bildet dabei die entscheidenden Angebotsmerkmale entlang der wichtigsten Bedürfnisse der Kunden ab. Diese haben Sie für Ihre Kunden in der Situationsanalyse bereits ermittelt. Die vertikale Achse beschreibt das Leistungsniveau in Ihrem Markt, das vereinfacht auf einer Skala von niedrig bis hoch erfasst wird.

Sie können Ihr Unternehmen auf der Wertkurve einordnen. Erhält Ihr Unternehmen einen hohen Wert für einen Faktor, bedeutet dies eine bessere Leistung im Vergleich zu Wettbewerbern (und umgekehrt). Greifen Sie hier auf die Ergebnisse aus den Modulen »Kunden« und »Wettbewerb« zurück. Für die Beurteilung ist natürlich auch die Einschätzung Ihrer Marktexperten aus Marketing und Vertrieb relevant. Ebenso wie Ihr eigenes Unternehmen sollten Sie die in der Situationsanalyse identifizierten Wettbewerber oder Wettbewerbergruppen einwerten. Schauen Sie sich hierfür auch unser Beispiel aus der Weinbranche an.

AUS DER PRAXIS

Die Zeiten, in denen guter Wein ausschließlich in dunkel gefärbten Glasflaschen mit Korkverschluss verkauft wurde, scheinen außerhalb Deutschlands längst vorbei zu sein. Zahlreiche Verpackungsalternativen haben inzwischen die Weinmärkte rund um den Globus erobert und bieten für jeden Bedarf die richtige Lösung.

Der weltweite Markt für Weindosen wird bis 2028 auf 16 088 Milliarden US-Dollar geschätzt. Im Prognosezeitraum soll dieser Markt jährlich durchschnittlich um 7,2 Prozent wachsen (Data Bridge (04/2021). Die steigende Nachfrage nach bequem konsumierbaren Getränken und Einzelportionen ist der Haupttreiber für das Marktwachstum. Dahinter steht die Vorliebe der Verbraucher für verzehr- und trinkfertige Produkte aufgrund eines geschäftigen Lebensstils und hektischer Arbeitszeiten. Wein in Dosen ist ein Trend, der sich von den USA nach Europa entwickelt hat. Als erster brachte der US-Regisseur Francis Ford Coppola 2004 Dosenwein auf den Markt und begründete so ein attraktives neues Segment im Weinmarkt. Mit der Marke HOLY GRAPE hat auch einer der Autoren dieses Buches, Christian Underwood, mit einigen Weinfreunden dieses Abenteuer als erste Marke im deutschen Weinmarkt im Jahr 2017 gestartet. Besonders gut geeignet für unterwegs sind die kleinen Mengen von meist maximal 250 Milliliter mit dem leicht zu öffnenden Verschluss, der jeden Weinöffner überflüssig macht. Die Dose schützt den Wein vor Licht und Sauerstoff – wichtige Faktoren für die Lagerfähigkeit. Traditionelle Weinkenner haben Vorbehalte gegen die Dose. Und genau das ist es, was die junge Zielgruppe der 25- bis 35-jährigen Frauen anspricht: hip, jung, cool und lässig – immer bereit für die nächste Party. Eines ist klar: Die Dose ist praktisch. Sie passt in jede Frauenhandtasche, kann nicht zerbrechen, ist leichter als Glas und lässt sich gut portionieren. Außerdem ist sie zu 100 Prozent recyclebar. Alles keine klassischen Angebotsmerkmale in der Weinbranche, wie auch die Autoren von Blue-Ocean-Strategie bereits in Ihrem Buch aufzeigen.

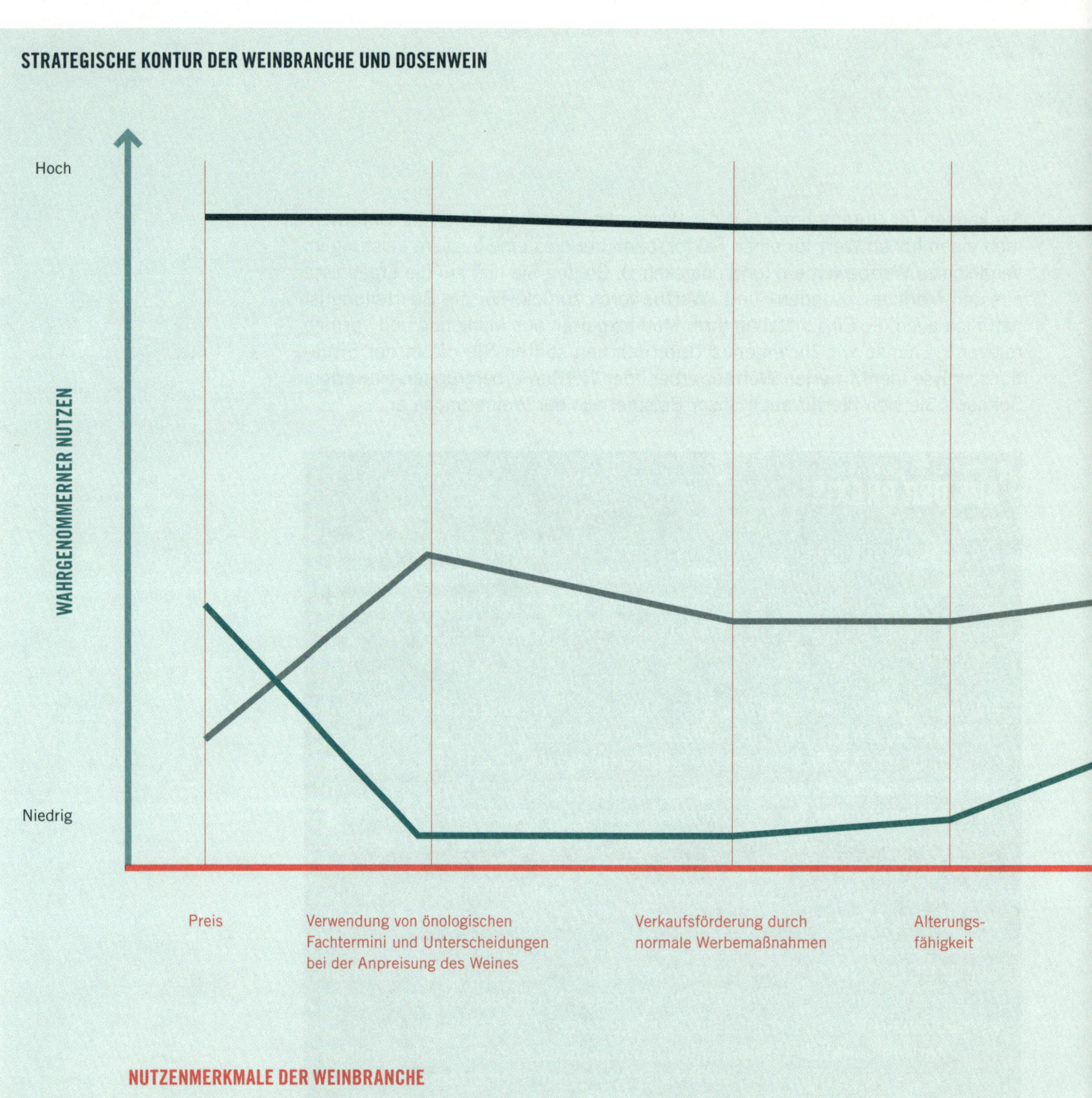
STRATEGISCHE KONTUR DER WEINBRANCHE UND DOSENWEIN
Hoch
Niedrig
WAHRGENOMMERNER NUTZEN
Preis
Verwendung von önologischen Fachtermini und Unterscheidungen bei der Anpreisung des Weines
Verkaufsförderung durch normale Werbemaßnahmen
Alterungs-fähigkeit
NUTZENMERKMALE DER WEINBRANCHE

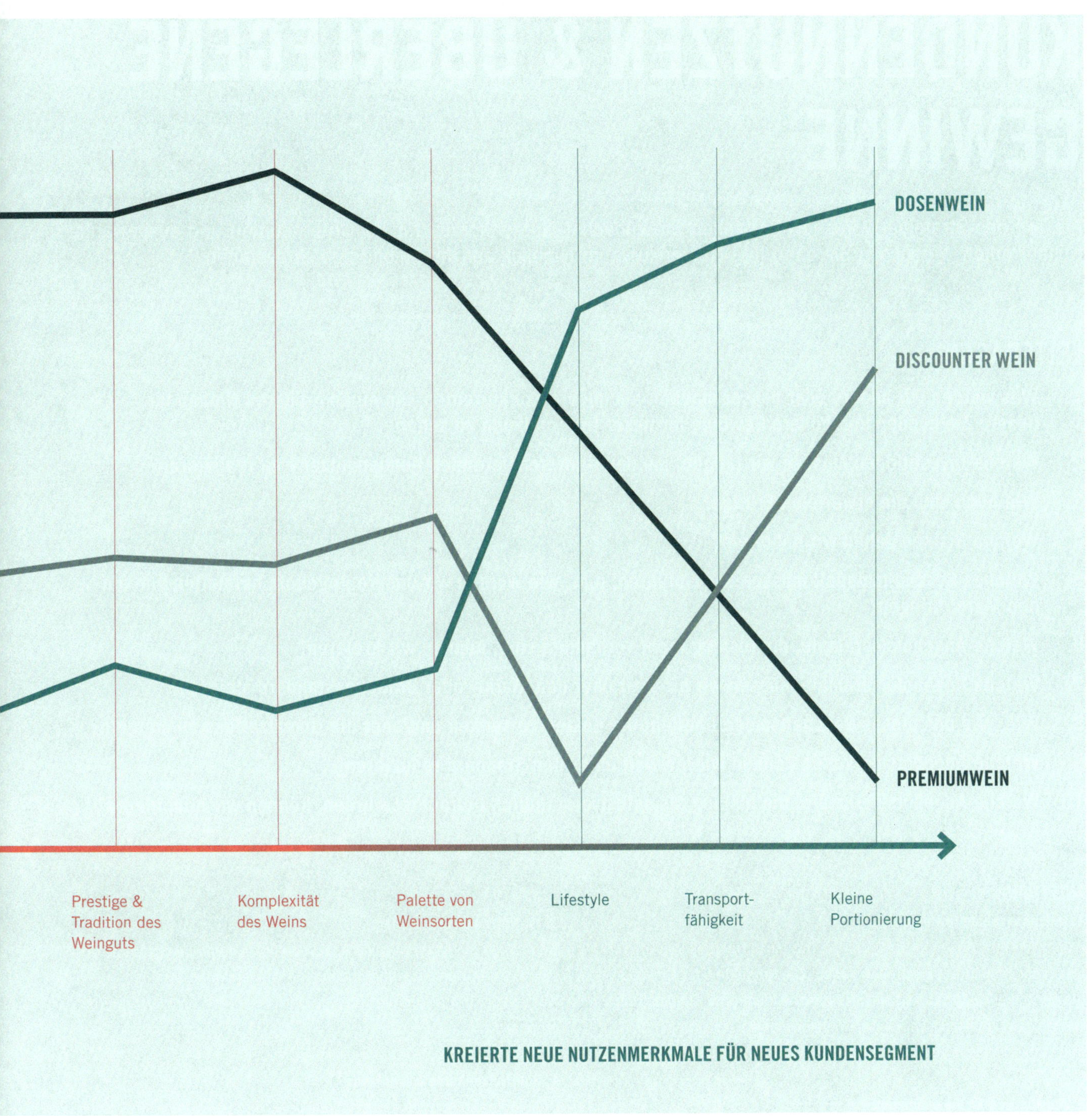

Nachdem Sie die Ist-Situation abgebildet haben, beurteilen Sie nun die einzelnen Angebotsmerkmale entlang der vier Dimensionen »kreieren, steigern, reduzieren und eliminieren«. So können Sie eine neue Nutzenkurve mit einem »differenzierenden Kundennutzen« und niedrigeren Kosten erstellen, um selbst in einem hart umkämpften Markt mit sehr ähnlichen Angeboten profitable Nachfrage zu finden und »überlegene Gewinne« zu erzielen.

KUNDENNUTZEN & ÜBERLEGENE GEWINNE

Als Teil des Strategie-Workshop I erstellen Sie zunächst Nutzenkurven für Ihr Unternehmen und ausgewählte Konkurrenten. Versuchen Sie dann Ihre Nutzenkurve im Hinblick auf Ihr Zielbild neu zu gestalten.

LEITFRAGEN:

1. **Was werden wir anders oder besser machen als unsere Konkurrenten, um einen größeren Nutzen für unsere Zielkunden und höhere Gewinne für unser Unternehmen zu schaffen?**
2. **Welche Investitionen müssen wir tätigen, um den »differenzierenden Kundennutzen« zu realisieren?**
3. **Wie hoch sind die erwarteten Erträge?**
4. **Welche Risiken gehen wir dabei ein?**
5. **Welches Geschäftsmodell müssen wir einführen, d.h., wie werden wir unsere Angebote herstellen und auf den Markt bringen?**
6. **Welche Angebotsmerkmale, die bislang nicht vorhanden sind, können wir kreieren?**
7. **Welche Angebotsmerkmale müssen wir bis weit über den Markt- oder Branchenstandard steigern?**
8. **Wie wird uns dieses Geschäftsmodell helfen, die Kosten zu senken und/oder die Umsatzerlöse zu steigern?**
9. **Welche Angebotsmerkmale können wir bis weit unter den Standard reduzieren?**
10. **Welche Angebotsmerkmale, die bislang als selbstverständlich betrachtet wurden, können wir eliminieren?**

ANLEITUNG:

1. Nutzenangebote festlegen:

Legen Sie Ihre Angebote fest, die Sie mit einer Nutzenkurve im Vergleich zur Konkurrenz beurteilen wollen. Die Produkte oder Dienstleistungen sollten vergleichbar sein, also für eine identische Kundengruppe das gleiche Problem lösen. Bei sehr heterogenen Kundengruppen helfen unterschiedliche strategische Konturen je Kundensegment.

2. Angebotsmerkmale definieren:

Notieren Sie fünf bis zehn hoch relevante Merkmale Ihres Angebots. Achten Sie dabei auf die ermittelten Kundenbedürfnisse und deren Wichtigkeit heute und in der Zukunft.

3. Ist-Nutzenkurve erstellen:

Betrachten Sie jedes einzelne Angebotsmerkmal und bewerten Sie dessen von den Kunden wahrgenommene Nutzenhöhe. Erstellen Sie die Nutzenkurven für Ihre wichtigsten Wettbewerber oder Wettbewerbergruppen.

4. Soll-Nutzenkurve entwickeln:

Definieren Sie nun die neue Nutzenkurve für das Angebot Ihres Unternehmens mit Hilfe der Leitfragen in der Matrix. Listen Sie dort die konkreten Merkmale auf.

NUTZENKURVE

adaptiert nach Kim und Mauborgne (2015)

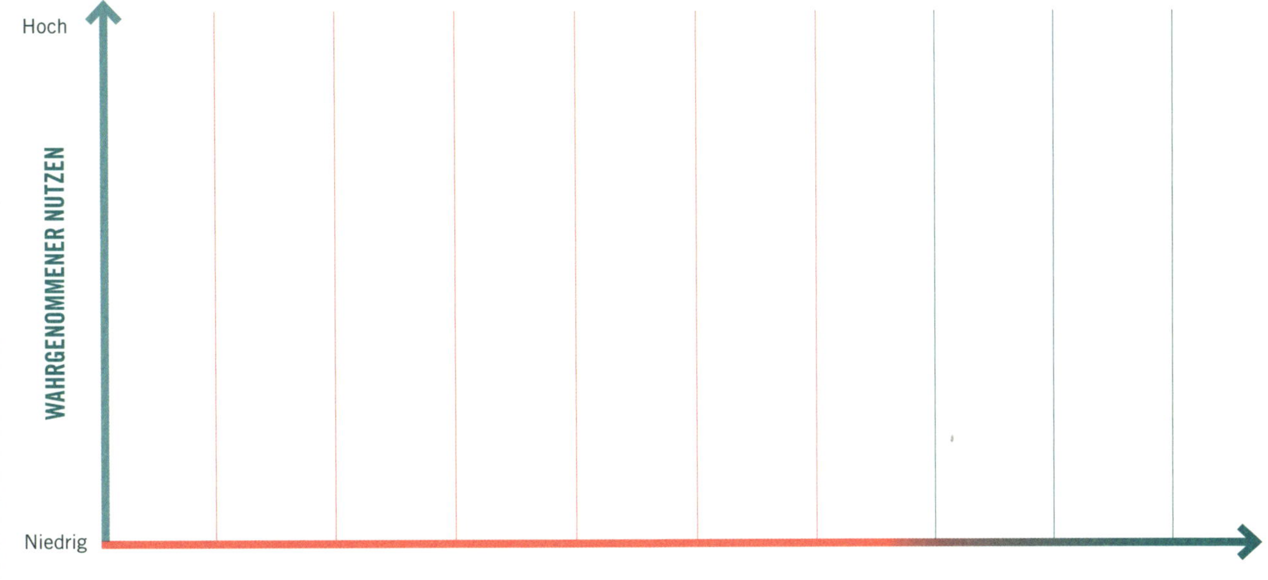

VIER-AKTIONEN-QUADRAT

KUNDENNUTZEN & ÜBERLEGENE GEWINNE

KUNDENNUTZEN & ÜBERLEGENE GEWINNE FORMULIEREN

ANLEITUNG

Die Formulierung einer knackigen »Winning Proposition« hat viele Führungskräfte schon vor große Herausforderungen gestellt.

1. Wir empfehlen Ihnen daher, zunächst deskriptiv die Veränderungen an den Angebotsmerkmalen aufzulisten.
2. Fassen Sie diese Merkmale im zweiten Schritt in einen Satz zusammen:

»Wir … (machen anders oder besser als der Wettbewerb) …, um damit … (den Nutzen XYZ) bei unseren … (Kunden) zu erzeugen und damit … (bessere Preise erzielen zu können/die Kosten zu senken).«

TIPP

Halten Sie sich nicht sklavisch an das Lücken-Statement, um den »differenzierenden Kundennutzen« herauszuarbeiten. Es geht lediglich darum, den Nutzen in einem ersten einprägsamen Satz zu formulieren. Es ist auch nicht unbedingt zwingend erforderlich, den Satz zu Ihren »überlegenen Gewinnen« in eine extern zugängliche Formulierung zu packen. Wichtig ist, dass alle Beteiligten intern die Logik kennen, verstehen und mittragen.

BEISPIELE

- Southwest Airlines:
  Operate at lowest industry costs and provide fun-filled air travel which competes with cost of car travel. (Wir arbeiten zu den niedrigsten Kosten der Branche und bieten unterhaltsame Flugreisen an, die mit den Kosten von Autoreisen konkurrieren.)
- BILSTER BERG: DRIVING BUSINESS
  Wir sind der bevorzugte Partner der Automobilbranche für individuelle automobile Faszination. Auf einer von Europas anspruchsvollsten Rennstrecken mit Offroad- und Dynamik-Parcour realisieren wir individuelle Fahr- und Markenerlebnisse – mitten in der Natur. Dadurch treiben wir das Geschäft unserer Kunden mit voran.
- SSI SCHÄFER Gruppe:
  Wir ermöglichen intelligente Prozesse für bessere Geschäftsergebnisse unserer Kunden. Dafür bieten wir modulare und skalierbare Intralogistiklösungen und herausragende Projektabwicklung. Unsere Innovationen und zukunftssicheren Technologien treiben die Automatisierung und Nachhaltigkeit unserer Kunden global voran.

ZIELMÄRKTE, KUNDENSEGMENTE & ANGEBOT

RICHTIGES SPIELFELD WÄHLEN

»Wenn Sie auf dem Spielfeld sind, geht es nicht darum, ob Sie es mögen oder nicht. Alles was zählt, ist, auf hohem Niveau zu spielen und alles zu tun, um Ihrem Team zum Sieg zu verhelfen.«
LeBron James, NBA-Basketballspieler

Das passende Spielfeld für Ihr Unternehmen auszuwählen, die bestmöglichen Fans zu gewinnen und ihnen ein begeisterndes Spiel zu bieten, ist das Herzstück einer jeden Unternehmensstrategie. Sie bestimmen mit Ihrem Team den Wettbewerbsfokus: In welchen »Zielmärkten« wollen Sie welche »Kundensegmente« mit welchem »Angebot« bedienen? Das mag im ersten Moment trivial klingen. Unsere Erfahrungen aus unzähligen Debatten über Markteinstieg und Marktaustritte, fehlendem Fokus bei den Kundensegmenten oder einem zu großen Angebotsportfolio mit tausenden Artikeln, von denen kaum jemand weiß, welche davon wirklich Geld einspielen, zeigen aber, dass es keineswegs trivial ist, den richtigen Wettbewerbsfokus zu finden.

Die Entscheidungen, die Sie an Tag 3 des Strategie-Workshop I fällen, werden sich massiv auf Ihr gesamtes Unternehmen auswirken. Entscheidungen treffen reicht nicht. Sie müssen auch angenommen und umgesetzt werden. Und auch das ist alles andere als trivial. Doch Sie können vorbauen!

STRATEGISCH HANDELN UND ENTSCHEIDEN

Im Rahmen der Situationsanalyse haben Sie im Modul »Herausforderungen« Ihre möglichen strategischen Handlungsoptionen gesichtet, sortiert und erste Einschätzungen getroffen. Wachsen oder konsolidieren? Geografische Konzentration oder lieber expandieren? Neue Märkte oder Kundensegmente erschließen? Ihr Produkt- oder Dienstleistungsangebot verändern? Von Optionen mit hohem Risiko und geringen Wachstumspotenzialen sollten Sie sich bereits verabschiedet haben. Eine Übersicht mit den verbleibenden Optionen liegt Ihnen vor. Doch wie kommen Sie nun zu den Entscheidungen, die wesentlich die Richtung Ihres Unternehmens und die notwendigen Aktivitäten bestimmen? Jetzt können Sie auf den »differenzierenden Kundennutzen« zurückgreifen. Bestimmen Sie die Nutzenmerkmale für Ihre Kunden, die Sie eliminieren, reduzieren, verbessern oder neu kreieren wollen und übersetzen Sie Ihr neues Nutzenangebot in Ihre Portfolio-, Kundensegment- oder Zielmarktstruktur.

Entlang der vertikalen Achse der Produkt-Markt-Matrix entscheiden Sie, welche Märkte ihrer »strategischen Kontur« wegen verlassen, beibehalten, ergänzt (geografisch, neue Kundensegmente) oder völlig neu angegangen werden sollen, um Ihre »Winning Proposition« umzusetzen und den »differenzierenden Kundennutzen« erlebbar zu machen.

REGELN FÜR GEWINNER

Selbstverständlich sollten die Entscheidungen, welches Spiel Sie morgen auf welchem Spielfeld spielen wollen, sehr gut durchdacht sein, denn Sie wollen schließlich gewinnen. In ihrem Buch *Playing to win* bringen Lafley und Martini (2013) die Regeln für Gewinner auf den Punkt. Wir haben ihre Einsichten als »goldene Regeln« für Sie zusammengefasst:

1. Entscheiden Sie explizit, wo Sie spielen wollen und wo nicht! Priorisieren Sie Ihre Entscheidungen.
2. Bevor Sie einen Markt oder eine Branche als strukturell unattraktiv bewerten, schauen Sie genau hin, ob es nicht doch attraktive Teilsegmente für Sie gibt.
3. Verfolgen Sie keine Strategie ohne spezifische Prioritäten. Sie können nicht alle Märkte und Segmente bespielen – also versuchen Sie es gar nicht erst.
4. Halten Sie Ausschau nach Möglichkeiten, aus einer unerwarteten Richtung anzugreifen.
5. Beginnen Sie keinen Krieg an mehreren Fronten. Antizipieren Sie die Reaktionen und Aktionen Ihrer Wettbewerber, damit Sie genug Atem haben, Ihre Entscheidungen auch durchzuziehen.
6. Überprüfen Sie die Verlockungen von möglichen blauen Ozeanen, auf denen sich scheinbar noch niemand befindet, daraufhin, ob Sie den »first mover« schlicht noch nicht entdeckt haben.

ZIELMÄRKTE, KUNDENSEGMENTE & ANGEBOT

Nur Sie und Ihr Team können das Spiel Ihres Unternehmens verändern. Wenn Sie mit Ihrem Team strategische Handlungsoptionen diskutieren, geht es um die Zukunft Ihres Unternehmens. Frühere Entscheidungen und Konsequenzen sind Vergangenheit, Sie sollten sie als solche behandeln. Wenn zum Beispiel Ihre gegenwärtige Infrastruktur für die beabsichtigte Zukunft nicht die richtige ist, dann sind die Investitionen, die Sie dafür getätigt haben, irrelevant. Die Kosten sind »versunken«. Wenn Sie an Vergangenem festhalten, werden andere Sie zum Spielball machen.

LEITFRAGEN:

1. **In welchen Märkten wollen wir spielen und in welchen nicht?**
2. **Welche Marktsegmente und Geografien werden wir in den Zielmärkten bedienen?**
3. **Welche Kundensegmente werden wir innerhalb der Märkte und Geografien bedienen und welche nicht?**
4. **Wie lassen sich Kunden sinnvoll segmentieren?**
5. **Welche Produkte und Dienstleistungen werden wir unseren Fokuskunden anbieten und welche nicht?**

ANLEITUNG:

Wir empfehlen die folgenden drei Schritte mit allen Workshop-Teilnehmer*innen gemeinsam im Plenum durchzuführen.

1. **Auswirkungen ableiten:** Verwenden Sie die Tabelle zu den veränderten Nutzenmerkmalen aus dem vorangegangenen Modul, und besprechen Sie die Auswirkungen auf Ihr heutiges Angebot, auf Kundensegmente und Märkte.
2. **Potenziale schätzen:** Im zweiten Schritt bewerten Sie gemeinsam mit Ihrem Team das Umsatzwachstums- und/oder Kosteneinsparpotenzial auf einer Skala von 0 bis 3.
   0 = kein Potenzial
   1 = unterdurchschnittliches Potenzial
   2 = durchschnittliches Potenzial
   3 = überdurchschnittliches Potenzial
3. **Risiko bewerten:** Das Risiko bewerten Sie nach der möglichen Schadenshöhe sowie der Eintrittswahrscheinlichkeit des Schadens.
   Schadenshöhe = sehr gering, gering, mittel, hoch, sehr hoch
   Eintrittswahrscheinlichkeit = unmöglich, unwahrscheinlich, möglich, wahrscheinlich, sehr wahrscheinlich
4. **Handlungsoptionen auswählen:** Markieren Sie in der Produkt-Markt-Matrix die Handlungsoptionen, bei denen das Potenzial »mindestens bei 2« liegt, die Schadenshöhe nicht als »hoch« oder »sehr hoch« eingeschätzt wird und gleichzeitig die Eintrittswahrscheinlichkeit nicht »wahrscheinlich« oder »sehr wahrscheinlich« ist.
5. **Optionen diskutieren und wählen:** Diskutieren Sie die verbleibenden Optionen noch einmal im Einzelnen und im Detail.
6. **Entscheidungen treffen:** Treffen Sie nach der Diskussion klare Entscheidungen, und vertagen Sie sie nicht. Stimmen Sie über die Optionen ab. Dabei zählt jede Stimme im Raum gleich, und die Teilnehmer haben pro Handlungsoption jeweils eine Stimme für eine der folgenden Aktivitäten:
   - Beobachten (B)
   - Prüfen (P)
   - Machen (M)
7. **Zielmärkte, Kundensegmente, Angebot formulieren:** Ihre Entscheidungen, vor allem im Bereich »Machen«, haben Auswirkungen auf Ihre Spielfelder. Halten Sie sie daher direkt auf der Modulkarte für alle sichtbar fest.

Listen Sie Ihre Zielmärkte mit den jeweiligen Kundensegmenten und den passenden Angebotsportfolios auf. Hier geht es um die Grundstruktur, mit der Sie auf dem Spielfeld antreten wollen. Diese Struktur sollte für alle intern wie extern gut nachvollziehbar sein. Stellen Sie sich als Hilfestellung vor, wie Sie die drei Kategorien auf Ihrer Website abbilden wollen, um Kunden konkret anzusprechen und aufzuzeigen, was Sie welchem Kunden in welchem Markt anbieten.

ABLEITUNG (SCHRITTE 1 BIS 3)

VERÄNDERTES NUTZENMERKMAL	AUSWIRKUNG AUF ANGEBOT	KUNDENSEGMENT	MARKT	POTENZIAL	SCHADENSHÖHE (Risiko)	EINTRITTSWAHR-SCHEINLICHKEIT (Risiko)

ZIELMÄRKTE

HANDLUNGSOPTIONEN (SCHRITTE 4 UND 5)

	ABBAU ANGEBOT	BESTEHENDES ANGEBOT	MODIFIZIERTES ANGEBOT	NEUES ANGEBOT	ZUKÜNFTIGES ANGEBOT
ABBAU MÄRKTE	1. **Rückzug:** Reduzierung des Angebots und der Markenpräsenz	2. **Produktkonstante Marktverdichtung:** Bestehendes Angebot in weniger Märkten anbieten			
BESTEHENDE MÄRKTE	3. **Marktkonstante Produktverdichtung:** Reduzierung des Angebotsportfolios in bestehenden Märkten	4. **Marktdurchdringung:** Hinzugewinn neuer Marktanteile durch Marketingaktivitäten	5. **Produktmodifikation:** Ein bestehendes Produkt wird leicht modifiziert, der entstehende Mehrwert regt die bestehende Zielgruppe zu einem erneuten Kauf an	6. **Produktentwicklung:** Durch die Weiterentwicklung können bestehende Kunden zu neuen Käufen angeregt werden	12. **Angebotsfindung:** Identifikation von zukünftigen Angeboten für bestehende und bekannte Märkte
BEKANNTE MÄRKTE		7. **Markterweiterung:** Hierbei werden bestehende Produkte auf neuen geografischen Märkten an die bekannte Zielgruppe verkauft	8. **Eingeschränkte Diversifikation:** Bestehende Produkte werden an neue geografische Märkte angepasst und dafür modifiziert	9.1. **Partielle Diversifikation I:** Neue Produkte werden für andere Anforderungen neuer geografischer Märkte entwickelt	
NEUE KUNDENSEGMENTE		10. **Marktentwicklung:** Erschließung neuer z. B. regionaler Märkte zur Steigerung des Absatzes bestehender Produkte	9.2. **Partielle Diversifikation II:** Produkte werden entsprechend den neuen Anforderungen neuer Kundensegmente modifiziert	11. **Diversifikation:** horizontal, vertikal, lateral	Zukünftige Angebote für neue Märkte/Zielgruppen
ZUKÜNFTIGE MÄRKTE/ KUNDENSEGMENTE		13. **Marktfindung:** Identifikation von zukünftigen Märkten für bestehendes und modifiziertes Angebot		14. **Zukünftige Diversifikation:** Neue zukünftige Angebote für zukünftige Märkte/Zielgruppen	

HINWEIS

Sollte eine Ihrer Entscheidungen für eine der Handlungsoptionen 12, 13, 14 fallen, hilft Ihnen bei der Bearbeitung dieser möglicherweise »Blauen Ozeane« der Prozessschritt »EXPERIMENTIEREN« Hier können Sie den empfohlenen Aufgaben folgen und dann wieder zu diesem Punkt im Workflow zurückkehren.

KUNDENSEGMENTE

ENTSCHEIDUNGEN (SCHRITT 6)

PRIORISIERUNG (1–7)	HANDLUNGSOPTION	MACHEN	PRÜFEN	BEOBACHTEN

ANGEBOTE

SPIELFELD FORMULIEREN

ZIELE & SCHLÜSSELERGEBNISSE

MACH, WAS WIRKLICH ZÄHLT

»Dreams without goals are just dreams. And ultimately, they fuel disappointment. On the road you must apply discipline, but more importantly, consistency. Because without commitment you'll never start, but without consistency, you'll never finish.«

Denzel Washington, US-amerikanischer Schauspieler

Was sind die wichtigsten Dinge, die Ihre Organisation konkret angehen muss, um das Zielbild mit »Wirkungsversprechen«, »Kundennutzen & Überlegene Gewinne« und »Spielfeld« zu realisieren?

Im letzten Schritt des Strategie-Workshop I geht es um die Festlegung der strategischen Prioritäten. Es sind die kritischen Faktoren, die für das Gelingen Ihrer Strategie den größten Unterschied ausmachen. Je länger die Liste der Prioritäten ist, desto geringer ist die Chance, dass Sie auch nur eine davon erledigen.

RICHTIGE PRIORITÄTEN SETZEN

Die Ziele und Schlüsselergebnisse legen fest, wie Sie die im Unternehmen vorhandenen Ressourcen und Fähigkeiten mobilisieren werden, um das Zielbild zu verwirklichen. Sobald die übergreifenden Ziele definiert sind, sollten sie durch die Organisation weitergegeben werden. Im Kern bedeutet es, das Zielbild auf die jeweiligen Ebenen, Funktionen und Personen in der Organisation herunterzubrechen. Wir gehen im Prozessschritt »Kaskadierung« im Detail auf dieses Herunterbrechen ein.

»Objectives & Key Results«

Die größte Herausforderung für Strateg*innen besteht darin, die formulierte Strategie umzusetzen und auszuführen. Lassen Sie uns die Strategie-PS auf die Umsetzungs-Straße bringen. Dafür nutzen wir eine im Management bewährte Methode: »OKR = Objektives & Key Results« – die Verbindung von Zielen mit Schlüsselergebnissen, denn »Umsetzung ist alles. (…) Es gibt so viele Menschen, die so hart arbeiten und doch so wenig erreichen«, konstatiert der Risikokapitalgeber John Doerr (2018) in seinem Buch *Measure what matters.* Doerr lernte OKR als Mitarbeiter bei Intel kennen und hat das OKR-Konzept später als Risikokapitalgeber erfolgreich bei unterstützten Start-ups wie Google eingeführt. Es eignet sich aber auch für große, komplexe Organisationen.

OKR IM STRATEGIEPROZESS

OKR sind ein Führungsinstrument zur zielbasierten Steuerung von Unternehmen, Teams oder Einzelpersonen. Der Ursprung von OKR liegt in Peter Druckers berühmten »Management by Objectives«-Ansatz, der die Unternehmensführung in den 1950er Jahren revolutionierte, aber in der praktischen Umsetzung auch Schwächen offenbarte, wie zum Beispiel Anreize individuelle Ziele zu Lasten übergeordneter Ziele zu verwirklichen. Um diese Schwächen auszumerzen, verfeinerte der Mitgründer und langjährige CEO von Intel, Andy Grove, den Ansatz durch die Einführung von Schlüsselergebnissen. Dabei handelt es sich um objektiv messbare Kriterien (beispielsweise Umsatzwachstum), die den Grad der Zielerreichung angeben.

Die OKR-Magie entsteht durch Konsequenz in der Anwendung. Es gibt einen disziplinierten Zyklus mit einer auf die jeweilige Zielsetzung angepassten Meeting-Routine zum Überprüfen und Nachhalten (»tracking«) des Fortschritts.

Das richtige Tracking ist wichtig, um Transparenz zu schaffen, wer welche Ziele verfolgt, wo jede*r Einzelne steht und worauf alle gemeinsam einzahlen.

Zu wissen, was der eigene Beitrag zur Erreichung eines gemeinsamen, höheren Ziels ist, trägt zum einen zur Sinnstiftung bei den beteiligten Führungskräften oder Mitarbeiter*innen bei. Zum anderen ist es wichtig für eine konsequente Zielverfolgung. In der Realität ist das schwieriger als es sich anhört, denn am Ende geht es darum, sich an die Vorgaben zu halten und deren Umsetzung nachzuverfolgen.

Im Strategiekontext sollten die zu setzenden OKR nicht in der oftmals vorherrschenden Quartalslogik gedacht werden. Wenn in der Hauptstrategie nur 3-Monats-Ziele verankert sind, dann kann es schwierig werden, denn Umsetzung braucht auch Zeit. Eine größere zeitliche Reichweite bestimmter Ziele macht daher durchaus Sinn. Stretch goals können eine Laufzeit von 2 bis 3 Jahren haben, während mid-term goals (moals) in der Regel auf 1 Jahr ausgerichtet sind. In einem nächsten Schritt können die stretch goals oder moals in ambitionierte 3-Monats-OKR-Sets übersetzt werden, um die zu entwickelnden Maßnahmen in die Handlungsfelder zu sortieren. So gelingt es, mit den OKR eine Brücke zu bauen, vom Zielbild in die Handlungsfelder, in denen zielgerichtete Maßnahmen mit adäquaten Ressourceneinsatz geplant werden können.

Der Erfolg einer Strategie-Implementierung hängt oft von der Kaskadierung des Zielekanons von der Unternehmensebene auf die nachfolgenden Ebenen, insbesondere die verschiedenen Geschäftsfelder, ab. Je nach Größe und Komplexität einer Unternehmung ist dies ein sehr diffiziles Unterfangen, das heute häufig nur mit Softwareunterstützung zu bewältigen ist. In der inhaltlichen Steuerung unterstützen aber OKR, wenn sie die gewünschte Wirkung, die verfolgten Ziele und die geplanten Maßnahmen mit ihrem Zeithorizont anzeigen.

ANPASSUNGSFÄHIGKEIT DURCH OKR

Kritiker*innen vermissen in Strategieprozessen oft den Raum für agiles und flexibles Handeln. Eine einmal gewählte Strategie ist nicht in Stein gemeißelt. OKR entfalten hier einen wichtigen Zusatznutzen. Sie schaffen zum einen Handlungsverbindlichkeit, zum anderen erlauben sie Flexibilität. Diese Steuerungsinstanz eröffnet die Möglichkeit, bestimmte Strategieelemente anzupassen, ohne dass die ganze Strategie verändert werden muss.

Fragen Sie mindestens einmal im Quartal: Wie weit sind wir in der Zielerreichung? Sind die gesetzten Ziele noch die richtigen, oder müssen wir adjustieren? Konsequente, institutionalisierte Überprüfung und Adjustierung der OKR durch die Meeting-Routinen verbessern die Implementierung der Strategie. So bekommt man dann die Strategie-PS auf die Umsetzungs-Straße.

OKR geben den Beteiligten auch Raum. In den Zielräumen, die top-down 60 Prozent und 40 Prozent bottom-up entwickelt und gemeinsam im Team und auf Individualebene vereinbart wurden, schafft man ein sehr verbindliches gemeinsames System. Deshalb ist es wichtig, dass dieses Zielsystem transparent für alle ist. Das heißt: Man kennt die Ziele der Kolleg*innen. Diese zahlen auch auf ein gemeinsames Teamziel ein. Wenn jede*r nur einzelne Ziele verfolgt, die nicht miteinander verbunden sind, ist fraglich, ob dies der richtige Weg ist und die Unternehmung nach vorne bringen kann. In Ihrem Team liegt die Stärke zur erfolgreichen Umsetzung der Strategie. Sie brauchen beispielsweise Ressourcen aus dem IT-Team, um die Digitalisierung voranzutreiben. Da kann man in der eigenen Abteilung noch so viel tun, wenn in der Zielsetzung das eine Geschäftsfeld in der Unterstützung nicht vorgesehen ist. Es entstehen dann Probleme bei der Ressourcenverteilung. Auch bezüglich des Ressourceneinsatzes helfen OKR weiter, denn man verliert sich nicht mehr im Klein-Klein der Maßnahmen, sondern erfasst den Wertbeitrag der einzelnen Maßnahmen und überprüft deren Sinnhaftigkeit und Beitrag zur Strategie.

BEISPIEL-SET

ZIEL 1: Wachsen zum führenden internationalen Anbieter von XYZ.

SCHLÜSSELERGEBNIS 1: Wir steigern unseren Umsatz außerhalb Deutschlands um 80 Millionen Euro.

SCHLÜSSELERGEBNIS 2: Für unser Basisprodukt gewinnen wir 500 neue B2B-Kunden.

SCHLÜSSELERGEBNIS 3: Zeit von Entwicklungsinvestition bis zum fertigen Produkt im Durchschnitt um 2 Jahre reduziert.

ZIEL 2: Nachhaltige Transformation unserer Kunden beschleunigen.

SCHLÜSSELERGEBNIS 1: Mit unseren Produkten reduzieren wir den CO2-Fußabdruck um mindestens 10 Prozent.

SCHLÜSSELERGEBNIS 2: 50 Prozent unserer Mitarbeiter*innen sind auf die neue ESG-Taxonomie geschult.

SCHLÜSSELERGEBNIS 3: Reduzierung des Treibstoffverbrauchs unseres Fuhrparks um 40 Prozent.

ZIEL 3: Einen großartigen Ort zum Arbeiten schaffen.

SCHLÜSSELERGEBNIS 1: Freiwillige Abgänge von Mitarbeiter*innen auf 3 Prozent reduzieren.

SCHLÜSSELERGEBNIS 2: Mitarbeiter*innenzufriedenheit auf 50 eNPS erhöhen.

SCHLÜSSELERGEBNIS 3: Anzahl neuer Bewerber*innen auf 200 steigern.

ZIELE & SCHLÜSSELERGEBNISSE

Es ist an der Zeit, Ihre Ziele zu setzen, um Ihre Strategie in der Umsetzung und im Ergebnis messbar zu machen. Scheuen Sie nicht davor zurück. Ohne diese Ebene im Zielbild bleibt der Rest ein Luftschloss.

LEITFRAGEN:

1. **Welche Ziele wollen wir im Zeithorizont der Strategie verfolgen?**
2. **Was macht den größten Unterschied, wenn wir es morgen anders machen?**
3. **Was sind unsere Top-Prioritäten?**
4. **Was ist der Hebel für den Erfolg? Und wie lässt er sich messen?**

ANLEITUNG:

1. Jede*r Workshop-Teilnehmer*in schreibt die persönlichen Top-Prioritäten individuell auf Karten. Teilen Sie die gesammelten Prioritäten in der Gruppe.
2. Clustern Sie diese und stimmen ab, zu welchen Themen (maximal 5!) Sie Ziele formulieren wollen.
3. Formulieren Sie mit Ihrem Team drei bis fünf ambitionierte qualitative Ziele.
4. Formulieren Sie je Ziel zwei bis fünf messbare Schlüsselergebnisse
   a. Teilnehmeranzahl kleiner 10: im Plenum
   b. Teilnehmeranzahl ab 10: in Breakout-Gruppen
5. Überführen Sie Ihre finalen Ziele und Schlüsselergebnisse auf die sichtbare Seite im StrategyFrame®.
6. Tracking, Meeting-Routinen und Zyklen zum Nachhalten werden zu einem späteren Zeitpunkt im Rahmen des gesamten Strategie-Workflows festgelegt.

ACHTUNG

- Verwechseln Sie qualitative Ziele nicht mit messbaren Schlüsselergebnissen!
- Legen Sie die Latte hoch, höher, noch etwas höher! Wenn Sie Ihre Ziele einfach erreichen können, verpassen Sie einmalige Chancen, Ihr Unternehmen wirklich auf ein neues Niveau zu bringen.
- Verwechseln Sie Schlüsselergebnisse nicht mit konkreten Maßnahmen zur Umsetzung.
- Jedes Schlüsselergebnis muss mess- und nachverfolgbar sein. Ist es nicht messbar, ist es kein Schlüsselergebnis!

SAMMELN

KUNDENSEGMENT

ZIELE

1.	2.	3.	4.	5.

SCHLÜSSELERGEBNISSE

ZIELE & SCHLÜSSELERGEBNISSE

ZIELE & SCHLÜSSELERGEBNISSE FORMULIEREN

TIPP

Ziele:

Dos:

- 3 bis 5 Ziele
- Qualitative Beschreibung
- Ziel zahlt auf Wirkungsversprechen ein
- Ziel ist herausfordernd und motivierend
- Formulierung im ganzen Satz

Don'ts:

- Schwammige Formulierung
- Evergreens
- Indikatoren (steigern, minimieren etc.)
- »Und« Verkettungen
- Nicht-verwirklichte Ziele der Vergangenheit

Schlüsselergebnisse:

Dos:

- 2 bis 4 Schlüsselergebnisse pro Ziel
- Erfolgstreiber des Ziels
- quantitative Metrik
- unabhängig voneinander
- aktiv beeinflussbar

Don'ts

- Meilensteine mit zeitlicher Abfolge
- Binäre Key Results
- In der Vergangenheit liegende Kennzahl
- »Und«-Verkettungen
- To-do-Listen

NÄCHSTE SCHRITTE PLANEN

»Nach dem Spiel ist vor dem Spiel!«
Sepp Herberger, ehem. Bundestrainer der Deutschen Fußballnationalmannschaft

Nachdem Sie gemeinsam mit Ihrem Team die ersten beiden Säulen des StrategyFrame® gefüllt haben, ist das Ende des Strategie-Workshop I fast erreicht. Vielleicht sind Sie noch nicht hundertprozentig mit jeder einzelnen Formulierung zufrieden. Zumindest sollte der Workshop Sie und Ihr Team für die nächsten Schritte beflügelt haben. Seien Sie aber bei Ihrer Rückkehr in den Unternehmensalltag vorbereitet auf Fragen oder Kommentare aus Ihrer Organisation wie: »Na, was habt Ihr denn schon wieder für tolle Überraschungen beschlossen?« »Warum waren nicht mehr Leute dabei?« »Wann erfahren wir, was besprochen wurde?« »Was wird sich für uns verändern?« »Wie war denn die Stimmung?« »Die haben schön Party auf Firmenkosten gemacht.« Lassen Sie sich nicht provozieren! Die eine oder andere Antwort sollten Sie natürlich parat haben. Wie sprechen Sie mit Ihren Mitarbeiter*innen über den Workshop? Und wie geht es weiter? Darauf sollten Sie noch im Workshop konkrete Antworten finden.

AUF DEN PUNKT BRINGEN

Als erstes sollten Sie den Teilnehmer*innen des Workshops klarmachen: Was wir gemeinsam aufgeschrieben haben, muss jetzt sacken und kann sich noch verändern. Die neue Sprache Ihrer Strategie schafft für alle im Team sofort eine neue Realität. Oder wie der italienische Filmregisseur und Drehbuchautor Federico Fellini feststellte: *»Andere Sprachen, andere Lebensauffassungen.«* Doch diese Sprache und die erarbeiteten Inhalte sind bisher ja nur einem sehr kleinen Kreis bekannt. Das sollte auch zunächst einmal so bleiben.

Nehmen Sie sich die Zeit, die Formulierungen aus dem StrategyFrame® zu hinterfragen, zu testen und sprachlich oder vielleicht sogar inhaltlich nachzuschärfen. Lassen Sie diesen Prozess der Überarbeitung durch ihren zentralen Prozessverantwortlichen organisieren, damit es zu keinem Umschreiben des gemeinsam Beschlossenen hinter verschlossenen Türen kommt. Da vermutlich niemand im Strategie-Team die professionellen Fertigkeiten eines Kreativtexters oder gar Schriftstellers besitzt, ist es sinnvoll, jemanden mit solchen Qualitäten für die Ausformulierungen und den sprachlichen Feinschliff unterstützend hinzuzuziehen. Sobald die Umformulierungen mit dem Strategie-Sponsor abgestimmt sind, sollten Sie die Veränderungen mit dem Workshop-Team eins zu eins im Vergleich durchsprechen. Dieses Vorgehen ist zwar intensiv, Sie werden aber feststellen, dass jedes Wort und jede Formulierung Emotionen auslösen kann. Gehen Sie deshalb umsichtig mit textlichen Anpassungen um. Nehmen Sie sich 2 bis 4 Stunden für diesen finalen Prozess Zeit.

POSITIVE WAHRNEHMUNG SCHAFFEN

»Perception matters …« und »information travels faster than light«. Alle in der Organisation wissen aus erster Hand oder durch den Flurfunk: Es gab einen Workshop des Führungsteams, und da wird ja auch was beschlossen worden sein. Wie Ihre Organisation über den Strategieprozess spricht, können Sie beeinflussen. Entscheidend ist, was die am Strategieprozess Beteiligten sowie die restliche Organisation wahrnehmen – und wie sie es wahrnehmen. Schaffen Sie eine positive Wahrnehmung durch eine offene und ehrliche Kommunikation. Dabei müssen Sie zu diesem Zeitpunkt nur das transparent kommunizieren, was für die jeweilige Ebene im Unternehmen unmittelbar relevant ist. Sprechen Sie über den Workshop und seine Teilnehmer*innen offen in Meetings und vielleicht sogar in einem Medienformat, wie dem internen Social-Media-Kanal, mit einem markanten und symbolstarken Foto der Teilnehmer*innen. Auf die Inhalte der Situationsanalyse oder das entwickelte Zielbild sollten Sie aber keinen Bezug nehmen. Schließlich steht Ihre Strategie erst zu Zweidritteln. Geben Sie Klarheit und Sicherheit, indem Sie allen Mitarbeiter*innen die nächsten Prozessschritte erläutern. Wie geht es konkret weiter, wann wird wer worüber informiert, wann und wie wird wer einbezogen? Das klingt banal, aber wenn Menschen wissen, wann sie womit rechnen können, und wenn ein grundsätzliches Vertrauen in die Belastbarkeit Ihrer Aussagen besteht, dann beruhigen sich auch das Schlechte vermutende Gemüter schnell.

Nur kommunizieren, was auch relevant ist

PERSPEKTIVEN AUFZEIGEN

Kommunizieren Sie den Mitgliedern des erweiterten Führungskreises, wann sie die Inhalte aus Strategie-Workshop I erfahren und wie sie eingebunden werden. Wenn Sie es noch nicht getan haben, ist spätestens jetzt der Zeitpunkt, den Strategie-Workshop II mit einer klaren Leitfrage zu planen und einzuladen: Was werden wir konkret anpacken? Dass nun die nächsten Führungsebenen ins Boot geholt werden, ist natürlich auch eine wichtige Information für alle anderen Mitarbeiter*innen Ihres Unternehmens. Es signalisiert ein plan- und maßvolles Vorgehen Ihrerseits. Das schafft Vertrauen. Idealerweise kommunizieren Sie auch einen Zeitpunkt, zu dem Sie der gesamten Belegschaft die neue Strategie vorstellen möchten und in welchem Format Sie das tun wollen. Um die Organisation mitzunehmen, reicht nach unserer Erfahrung oft schon die Aussage: »Am Ende des Monats ..., werden wir euch unsere neue Strategie vorstellen und aufzeigen, wie ihr alle einen Beitrag zum Gelingen leisten könnt.« Wir empfehlen, dass Sie sich noch im Workshop über die kommunikative Vorgehensweise einig werden. Sprechen Sie als Führungsteam mit einer Stimme, und senden Sie klare Botschaften.

NÄCHSTE SCHRITTE

Beantworten Sie zum Ende des Strategie-Workshop I die Leitfragen zur weiteren Kommunikation sowie der Planung des Prozesses. Das gibt Ihrem Top-Führungsteam Sicherheit beim Umgang mit dem Thema in der Belegschaft und Klarheit über die nächsten Schritte.

LEITFRAGEN:

ZUR KOMMUNIKATION:

1. **Wann und wie sprechen Sie mit Ihren Mitarbeiter*innen über den Workshop?**
2. **Gibt es eine offizielle Kommunikation über den Workshop in bestehenden Meeting-Formaten und Medienkanälen?**
3. **Was sind die Kernbotschaften?**

ZUM FAHRPLAN:

1. **Wann stimmen Sie die finalen Inhalte aus Strategie-Workshop I nochmal gemeinsam im Team ab?**
2. **Wann findet der Strategie-Workshop II zu den Handlungsfeldern statt? Wer wird an diesem Workshop teilnehmen?**
3. **Wann und wie wollen Sie den gesamten StrategyFrame® Ihren Mitarbeiter*innen vorstellen?**

ANLEITUNG:

1. Beantworten Sie die Leitfragen mithilfe der Vorlage rechts.
2. Planen Sie die nächsten Meilensteine und prüfen Sie diese mit Ihrem gesamten Masterplan aus dem Prozessschritt »Planen«.
3. Übertragen Sie die Meilensteine.

TIPP

- Den StrategyFrame® des Strategie-Workshop I nach dem Workshop nicht an die Teilnehmer*innenrunde verteilen.
- Inhalte nicht in erweiterte Führungskreise oder Belegschaft diffundieren.
- Den weiteren Prozessverlauf offen erläutern.
- Starke Bilder aus dem Workshop für sich sprechen lassen.

KERNBOTSCHAFTEN

VERÖFFENTLICHUNG (intern)

MEDIUM/MEETING	ZIELGRUPPE	INHALT (TEXT BILD)	ZEITPUNKT	BEMERKUNG

STRATEGIE-WORKSHOP II (1,5 Tage)

Welche Führungsebenen sollten im nächsten Schritt involviert werden (in Abhängigkeit von der Unternehmensgröße)?

Führungsebene: ______

Führungsebene: ______

Führungsebene: ______

Teilnehmer*innenzahl: ______

Ort: ______ **Datum:** __.__.____

CHECKLISTE FÜR FORMULIERUNG DER KERNBOTSCHAFTEN

- ☐ Es wird nur eine Sprache verwendet (Vermeidung von fremdsprachlichen Begriffen oder Sätzen).
- ☐ Verzicht auf Phrasen und internen Fachjargon.
- ☐ Gängige Rechtschreibung ist erfüllt.
- ☐ Sequenz der Kernbotschaften ergibt eine logische und nachvollziehbare Gesamtgeschichte.
- ☐ Die Dringlichkeit zur Veränderung, die aus der Situationsanalyse und den benannten Herausforderungen folgt, ist auch emotional spürbar.
- ☐ Das Zielbild hat Strahlwirkung und motiviert.

»DAS LEBEN GEHÖRT DEM LEBENDIGEN AN, UND WER LEBT, MUSS AUF WECHSEL GEFASST SEIN.«

Johann Wolfgang von Goethe, Deutscher Dichter

ADAPTIEREN

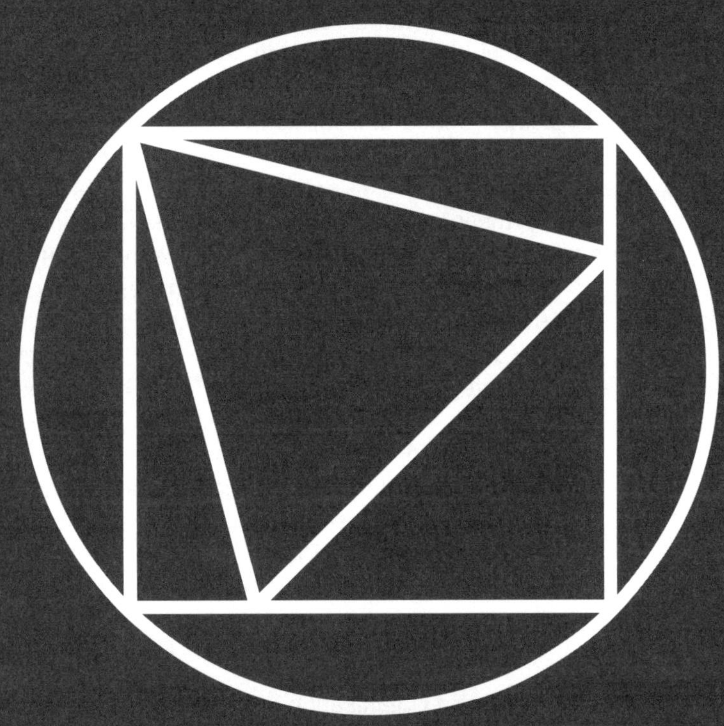

WAS WIR ANPACKEN

»Du musst genau das machen, wovon Du glaubst: Das kann man nicht machen.«
Eleanor Roosevelt, ehemalige US-amerikanische Menschenrechtsaktivistin, Diplomatin und First Lady

Sie und Ihr Führungsteam wissen jetzt, wo Sie stehen und wohin Sie mit Ihrem Unternehmen wollen. Im nächsten Schritt müssen Sie Ihre Organisation auf das von Ihnen definierte strategische Unternehmensumfeld ausrichten und adaptieren. Adaptation bedeutet »Anpassung«. Darunter verstehen wir die verschiedenen Vorgänge, die in Summe bewirken, dass Ihr Unternehmen ein reaktionsfähiges System für die von außen einwirkenden Kräften bildet, mit dem das gewünschte Zielbild verwirklicht werden kann.

Im Einzelnen bedeutet Adaption:

- die aktuellen »Strukturen und Prozesse« zu hinterfragen und anzupassen,
- zu überprüfen, ob die richtigen »Menschen« mit den richtigen Fähigkeiten an Bord sind oder ob die personellen Ressourcen verschoben, aufgestockt oder runderneuert werden müssen,
- die »Kultur« Ihres Unternehmens kritisch zu betrachten, denn »culture eats strategy for breakfast« wie Peter Drucker pointiert konstatierte,
- Ihre »Daten & IT« zukunftsfähig aufzustellen,
- dafür zu sorgen, dass »Innovation« kein Fremdwort ist und Ihre Organisation nicht unter dem »Not Invented Here«-Syndrom leidet, sondern sich kontinuierlich mit neuen Entwicklungen auseinandersetzt und diese selbst vorantreibt, und schließlich
- für Schlüsselthemen die richtigen »Partner« an Ihrer Seite zu haben.

Um Ihre gesamte Organisation in die gewünschte Richtung zu bewegen, müssen Sie an vielen Stellschrauben gleichzeitig drehen. Sie ahnen oder wissen aus Erfahrung: Das ist keine einfache Aufgabe. Drei Punkte sind entscheidend für die erfolgreiche Umsetzung Ihres Vorhabens:

Stellschrauben zur Anpassung der Organisation

1. Sie passen das gesamte Unternehmenssystem an. Egal welche Initiativen, Projekte oder Maßnahmen Sie auch starten: Sie müssen einen Beitrag zur Erreichung der festgelegten Ziele leisten. Verfolgen Sie diese mit unermüdlicher Konsequenz und klar geregelten Verantwortlichkeiten.
2. Sie haben einen klaren Fahrplan mit der richtigen Dramaturgie, um Widerstände zu überwinden und die Veränderung zu beschleunigen

3. Sie erzeugen eine fortschreitende Erfolgswahrnehmung für Ihr Vorhaben durch eine prägnante und überzeugende »Storyline«, mit der Sie, Ihre Führungsspieler*innen und ausgewählte Multiplikatoren das Strategie-Gesamtbild über eine adäquate Kommunikationsinfrastruktur der Organisation vermitteln.

LÜCKEN SCHLIESSEN

Operationalisieren Sie Ihre Ziele und Schlüsselergebnisse und hinterlegen Sie diese mit Initiativen, Projekten und Maßnahmen. Hierfür braucht es eine Übersetzung in die Sprache des Gehens auf dem Weg, der Sie zur Verwirklichung Ihres Zielbilds führen soll. Wandeln Sie daher Ihre fünf Ziele mit Schlüsselergebnissen in Lückenaussagen um, die den aktuellen und den gewünschten zukünftigen Zustand der Organisation für jedes Ziel beschreiben. Daraus leiten Sie die Hindernisse ab, die überwunden werden müssen, um die gewünschte Zukunft zu verwirklichen.

Silos vorbeugen

So schaffen Sie Verständnis für die Realitäten Ihrer gemeinsamen Strategiereise und ermöglichen es, Fortschritte zu messen, Hindernisse zu beseitigen und Erfolge zu feiern. Sie stellen die strategische Agenda ins Rampenlicht, mit konkretisierten Initiativen, Projekten und Maßnahmen und definierten Zeithorizonten. Übertragen Sie Ihrem Führungsteam die Verantwortung, die Lücken über alle Ziele hinweg zu schließen. Dies beugt auch einer möglichen Silo-Mentalität vor, die spätestens bei der »Kaskadierung« der Strategie in die einzelnen Bereiche, Abteilungen und Teams auftreten wird. Setzen Sie je Ziel eine*n Hauptverantwortliche*n aus Ihrem Führungsteam ein. Fortschritt wird so messbar. Sie verlieren sich nicht im Klein-Klein von unendlichen Reporting-Sitzungen, Excel-Tabellen oder komplizierten Programm-Management-Landschaften.

GESCHÄFTSSYSTEM AUF STRATEGIE AUSRICHTEN

Die Lücken zu schließen ist zwar von entscheidender Bedeutung, reicht aber nicht aus. Damit Ihre Strategie zum Erfolg führt, müssen alle Elemente des Handlungssystems Ihrer Organisation wirksam auf diese Strategie ausgerichtet werden. Die bestehende Organisation verkörpert das Handlungssystem für die Strategie von gestern. Nun muss das System auf die Strategie für das Morgen ausgerichtet werden.

Das Handlungssystem einer Organisation muss ganzheitlich funktionieren, wie ein Ökosystem, bei dem jeder Teil die anderen Teile unterstützt. Strategie braucht Konsistenz – die Elemente müssen wie die Teile eines Puzzles zusammenpassen – und Kohärenz – alle Aktivitäten müssen wie die Zahnräder eines Uhrwerks ineinander greifen und die gleiche Wirkrichtung haben. Wenn ein einzelnes Element seine unterstützende Rolle nicht spielt oder wenn die Elemente gegeneinander arbeiten, wird Ihre Strategie ins Stocken geraten. Dafür müssen Sie die sechs Elemente Ihres Handlungssystems als Handlungsfelder bearbeiten:

1. STRUKTUREN & PROZESSE

Was müssen Sie strukturell und prozessual anpassen? Hier geht es nicht nur um die Strukturen und Abläufe in ihrer Gesamtheit und im Großen, sondern auch um die einzelnen Einheiten (etwa Abteilungen). Beispielsweise kann ein neuer Vertriebsansatz den Wechsel vom klassischen Vertriebsmodell zu einem E-Commerce-Modell erforderlich machen, was neue Strukturen und Prozesse erfordert.

Wie sieht Ihre Prozesslandschaft aus? Sind die heutigen Prozesse nachvollziehbar dokumentiert? Wie sehen die idealen Prozesse für das Morgen aus? Wie können Sie diese »end-to-end« entwerfen, gegebenenfalls automatisieren und implementieren?

2. MENSCHEN

Haben Sie die richtige Mannschaft mit den richtigen Kompetenzen zur Zielerreichung an Bord? Sind Ihre Führungsebenen mit den richtigen Leuten besetzt? Haben Sie klar definierte Rollen, Verantwortlichkeiten und Hierarchien? Wo müssen Sie Ressourcen aufbauen, abbauen oder verschieben? Bedarf es neuer Kompetenzen? Welche Schulungen, Trainings oder Coachings brauchen Ihre Mitarbeiter*innen, um auf das für Ihre Strategie relevante Niveau zu kommen?

Ohne die Ressource Mensch geht nichts. In einer alternden und schrumpfenden Gesellschaft wird diese Ressource zunehmend knapper und damit umkämpfter. Es geht schon lange nicht mehr nur um den »war for talent«, den Kampf um Nachwuchskräfte. Mitarbeiter*innen müssen immer häufiger und in Zukunft wahrscheinlich noch stärker wechselnde Aufgaben und Rollen übernehmen. Fähige und motivierte Mitarbeiter*innen zu finden und vor allem zu halten, ist eine Herausforderung. Wie begegnen Sie dieser Herausforderung? Sind Sie attraktiv genug als Arbeitsgeber oder braucht es neue Anreize? Haben Sie die Mitarbeiterentwicklung institutionalisiert? Gibt es einen Pool an Talenten? Wie fördern Sie diese? Gibt es ein Nachfolgemanagement?

3. KULTUR

Ist Ihre Unternehmens-, Führungs- und Arbeitskultur geeignet, um Ihr strategisches Zielbild zu verwirklichen? Welche Werte bilden die Grundlage Ihres Handelns? Wieviel »Chef und Untergebene« ist in Ihrer Führungskultur? Haben Sie eine Fehlerkultur? Kann ein »kooperatives Führungssystem« die Zielerreichung erleichtern? Braucht es eine stärkere Selbstorganisation oder Dezentralisierung? Welche Rolle spielen »New Work«-Elemente?

Diese Fragen – und sicherlich noch ein paar mehr – sollten Sie sich stellen, denn das Handlungsfeld ist sehr vielfältig. So vielfältig wie Ihr Unternehmen. Machen Sie sich mit Ihrer Mannschaft Gedanken, welches Führen für das Morgen nötig ist und wie das Zusammenarbeiten gestaltet sein soll.

4. DATEN & IT

Ohne digitales Rückgrat geht heute nichts mehr. Ist die IT-Infrastruktur zukunftsfähig? Haben Sie Ihre Systemlandschaft für die Zukunft aufgestellt? Braucht es eine Harmonisierung der System- und Applikationslandschaft, um die unterschiedlichen Unternehmensteile besser steuern zu können? Brauchen Sie gezielte digitale Lösungen für die Erreichung der gesteckten Ziele?

Mit Software- und Hardware-Systemen ist es noch lange nicht getan. Was machen Sie eigentlich mit Ihren Daten? Nichts, wenig oder hat Sie bereits die Sammelwut ergriffen? Wie steht es mit Ihrer Datenstruktur? Sind Schrauben in jedem ERP-System je Geschäftseinheit mit einer anderen Inventarnummer versehen? Haben Sie ein Master-Data-Management etabliert?

5. INNOVATION

Ist Innovation Bestandteil der DNA Ihrer Organisation oder ein Fremdwort? Wie gehen Sie mit Trends um? Managen Sie diese aktiv, oder kümmert sich darum nur Ihre Forschung- und Entwicklungsabteilung? Wie identifizieren Sie neue Trends, und wie gehen diese in die Entwicklung neuer Produkte ein? Gibt es hierfür einen systematischen Prozess? Wie messen Sie Ihre Innovationsfähigkeit? Wieviel Geld investieren Sie in die zukünftige Überlebensfähigkeit Ihres Unternehmens?

6. PARTNER

Um vermeintliche Wettbewerbsvorteile zu schützen, verzichten Unternehmen mitunter auf Kooperationen mit anderen Unternehmen. Aus Geheimniskrämerei und Kontrollverlustängsten macht man dann lieber alles selbst, obwohl sich durch Kooperation kostensenkende oder werterhöhende Komplementaritäten nutzen ließen. Ohne Offenheit für Kooperationen ist die Komplexität der heutigen Welt nicht mehr zu bewältigen.

Kooperieren Sie entlang Ihrer Wertschöpfungskette mit anderen Unternehmen? Haben Sie die richtigen Partner? Was machen Sie in Zukunft noch selbst, was werden Sie von anderen Unternehmen oder Dienstleistern einkaufen? Mit wem wollen Sie kooperieren?

VERÄNDERUNG BESCHLEUNIGEN UND ERFOLGSWAHRNEHMUNG ERZEUGEN

Nachdem die Handlungsfelder gefüllt sind, geht es an die Erstellung eines Fahrplans. Hier hat sich Kotters (2014) Ansatz mit den acht Beschleunigern der Veränderung als praxistauglich bewährt. Dabei geht es noch nicht um die Detailplanung Ihrer »Transformation«, sondern um eine generelle Weichenstellung sowie um die richtige Dramaturgie zur Beseitigung von Widerständen und zum strategischen Aufbau eines Netzwerks von Unterstützern. Ein umfassendes und tiefgehendes Umsetzungskonzept entwerfen Sie erst im Prozessschritt »Transformation«.

Sobald Sie diesen Prozessschritt mit Ihrem Team absolviert haben, stehen Sie vor der Aufgabe, Ihre Stakeholder (Anteilseigner, Investoren, sämtliche Führungskräfte und natürlich alle Mitarbeiter*innen) abzuholen, von Ihrem Vorhaben zu überzeugen und auf die Strategiereise mitzunehmen. Die Planung Ihrer Kommunikation bekommt daher eine Schlüsselrolle.

Dafür haben Sie mit dem StrategyFrame® bereits die inhaltliche Grundlage für eine Storyline geschaffen, die Zusammenhänge transparent macht und Klarheit über das »Warum« bringt. Allein den StrategyFrame® zu verteilen, reicht aber nicht aus. Ein ganzes Potpourri an kommunikativen Maßnahmen ist erforderlich, um Ihre Mannschaft hinter der neuen Strategie zu versammeln.

»OFFENHEIT MACHT UNS ALS UNTERNEHMEN, ABER AUCH ALS LAND KRISENFESTER. DESHALB MUSS SICH INSBESONDERE DER DEUTSCHE MITTELSTAND ÜBERLEGEN, WIE ER VOM HIDDEN ZUM OPEN CHAMPION WIRD.«

Kerstin Hochmüller, CEO, Marantec Group

BEREICH

SITUATIONSANALYSE

KUNDEN

MARKT

WETTBEWERB

TRENDS

ALLGEMEINES UMFELD

EIGENE REALITÄTEN

HERAUSFORDERUNG

ZIELBILD

WIRKUNGSVERSPRECHEN

KUNDENNUTZEN

ZIELMÄRKTE

KUNDENSEGMENTE

ZIELE

NAME

ZEITHORIZONT

HANDLUNGSFELDER

STRUKTUREN & PROZESSE

MENSCHEN

KULTUR

DATEN & IT

INNOVATION

PARTNER

ZIEL 1

ZIEL 2

ZIEL 3

ZIEL 4

ZIEL 5

ÜBERLEGENE GEWINNE

ANGEBOTE

SCHLÜSSELERGEBNISSE

FAHRPLAN

STRATEGIE-WORKSHOP II

Der zweite Strategie-Workshop sollte circa 4 bis 6 Wochen nach dem ersten und der finalen sprachlichen Reformulierung stattfinden. So halten Sie das Momentum hoch und schließen die Lücke zu den Handlungsfeldern.

LEITFRAGEN & TIPPS:

1. **Wann und wo findet der Strategie-Workshop statt?**
   Ein zeitlicher Abstand von 4 bis 6 Wochen nach Workshop I ist nach unserer Erfahrung ideal. Denken Sie an die rechtzeitige Einladung an den erweiterten Teilnehmerkreis. Auch hier empfehlen wir Ihnen »offsite« zu gehen, also Ihre gewohnte Umgebung zu verlassen, um Freiraum zum Denken und Handeln zu schaffen.

2. **Wie lange soll der Strategie-Workshop dauern?**
   Sie sollten 1,5 Tage einplanen, um ausreichend Zeit zu haben, die neuen Teilnehmer*innen abzuholen, Lücken zu identifizieren und passende Maßnahmen zu entwickeln. Wie auch beim Strategie-Workshop I empfiehlt es sich, am Vorabend zu starten, gemeinsam zu Abend zu essen und dann am nächsten Tag voll durchzustarten.

3. **Wer soll am Strategie-Workshop teilnehmen?**
   Um nicht nur im eigenen Saft zu schmoren, empfiehlt es sich, den Kreis der Teilnehmer*innen gezielt auf 20 bis 30 Personen zu erweitern. Sie können dann in fünf Breakout-Gruppen entlang der fünf Ziele mit je vier bis sechs Teilnehmer*innen arbeiten. Vermeiden Sie bei der Erweiterung, zu viele Bedenkenträger an den Tisch zu holen. Setzen Sie vermehrt auf Impulsgeber*innen, die nachfolgend in einer Art strategischem Netzwerk agieren können und dem Strategieprozess zusätzlich Beschleunigung verleihen.

4. **Wer übernimmt die Moderation des Strategie-Workshops?**
   Die Aufgabe der Ziel-Teams ist es, gezielte Maßnahmen zu erarbeiten. Die Team-Verantwortung können Sie an die erfahrenen Kolleg*innen aus Ihrem Führungsteam oder Workshop I übergeben. Dann kann entweder der Sponsor im Tandem mit dem für den Strategieprozess Verantwortlichen die Moderation und Koordination übernehmen. Erfahrung in der Arbeit mit diesen Gruppengrößen ist klar von Vorteil. Selbstverständlich können Sie auch eine*n externe*n Moderator*in hinzuziehen, insbesondere wenn Sie selbst an der inhaltlichen Erarbeitung in einem der Zielteams mitwirken möchten.

AGENDAVORSCHLAG

TAG 1 ___.___.________ Dauer circa: 3,5 Stunden + Abendessen

UHRZEIT	MODUL	FORMAT	AUSSTATTUNG	WER	WO	EMPFEHLUNG
___:___	Anreise und Check-in					
___:___	Begrüßung			Strategie-Sponsor	Plenum	15 Min.
___:___	**Check-in:** Welche Teilnehmer*innen aus Workshop I: Was hat euch im Workshop I inspiriert?	Im Huddle mit Sammlung	Metaplanwand		Plenum	Je 1 Min. (max. 15 Min.)
___:___	**Check-in:** Welche neue Teilnehmer*innen: Was ist eure Erwartung an den Workshop?	Im Huddle mit Sammlung	Metaplanwand		Plenum	Je 1 Min. (max. 15 Min.)
___:___	**Vorstellung StrategyFrame® I:** Situationsanalyse	Präsentation	Beamer oder Bildschirm	Sechs Teilnehmer*innen aus Workshop I	Plenum	Je Modul 10 Min. (insgesamt 60 Min.)
___:___	Kaffeepause					15 Min.
___:___	**Vorstellung StrategyFrame® II:** Zielbild	Präsentation	Beamer oder Bildschirm	Strategie-Sponsor	Plenum	30 Min.
___:___	**Frage- und Antwortrunde**	Fragen digital oder analog sammeln	Metaplanwand	Beantwortung der Fragen durch die Teilnehmer*innen aus Workshop I	Plenum	30 Min.
___:___	**Ausblick Tag II**	Agenda-Vorstellung Tag II	Beamer oder Bildschirm	Moderator*in	Plenum	15 Min.
___:___	**Check-out:** Was hat euch heute überrascht?			Alle Teilnehmer*innen	Plenum	15 Min.
___:___	Gemeinsames Teamabendessen			Alle		

TAG 2 ___.___.________ ganztägig

UHRZEIT	MODUL	FORMAT	AUSSTATTUNG	WER	WO	EMPFEHLUNG
___:___	Begrüßung			Moderator*in	Plenum	5 Min.
___:___	**Check-in:** Was habt ihr euch für heute vorgenommen?			Alle Teilnehmer*innen	Plenum	20 bis 30 Min.
___:___	**Vorstellung Vorgehensweise**	Präsentation	Beamer oder Bildschirm	Moderator*in	Plenum	15 Min.
___:___	**Gruppeneinteilung in fünf Breakout-Groups**		Beamer oder Bildschirm	Vier bis sechs Personen je Gruppe + Ziel-Verantwortliche*r	Plenum	5 Min.
___:___	Kaffeepause					15 Min.
___:___	**Lücken identifizieren**	Arbeitssession	Beamer oder Bildschirm je Raum + Flipchart + zwei Metaplanwände	Eingeteilte Gruppen	Gruppenräume	45 Min.
___:___	**Lücken vorstellen**	Präsentation		Ziel-Verantwortliche*r	Plenum	Je Gruppe 10 Min.
___:___	Mittagspause					60 Min.
___:___	**Lücken schließen**	Arbeitssession	Handlungsfeldkarten	Eingeteilte Gruppen	Gruppenräume	45 Min.
___:___	**Organisation auf Ziel ausrichten**	Arbeitssession	Handlungsfeldkarten	Eingeteilte Gruppen	Gruppenräume	45 Min.
___:___	Kaffeepause					15 Min.
___:___	**Vorstellung Initiativen, Projekte und Maßnahmen**	Präsentation	Handlungsfeldkarten	Ziel-Verantwortliche*r	Plenum	Je Gruppe 10 Min. vorstellen und je 5 Min. Fragen
___:___	**Priorisierung der Maßnahmen**	Digitale oder analoge Abstimmung	Fünf Bewertungspunkte je Teilnehmer*in	Alle Teilnehmer*innen	Plenum	5 Min.
___:___	**Übertragung in Handlungsfelder des StrategyFrame®**			Moderator*in	Plenum	5 Min.

UHRZEIT	MODUL	FORMAT	AUSSTATTUNG	WER	WO	EMPFEHLUNG
___ : ___	**Ausblick auf nächste Prozessschritte**	Präsentation Kommunikation an alle Mitarbeiter*innen Team + Kaskadierung		Moderator*in	Plenum	10 Min.
___ : ___	**Feedback und Check-out**	Digital oder analog sammeln	Metaplanwand	Alle Teilnehmer*innen	Plenum	30 Min.
___ : ___	**Dank und Verabschiedung**			Strategie-Sponsor	Plenum	15 Min.

AUFSTELLUNG IM GRUPPENRAUM

METAPLANWAND I

»Aktueller Zustand«

FLIPCHART

»Ziel 1 bis 5«
»Hindernisse«

METAPLANWAND II

»Zielzustand«

ZIEL-VERANTWORTLICHE*R

TEILNEHMER*INNEN

HANDLUNGSFELDER ANGEHEN

Was wollen Sie konkret anpacken? Wie richten Sie Ihre gesamte Organisation auf die neue Strategie aus? Wie lassen sich mögliche Hindernisse überwinden?

LEITFRAGEN:

1. **Inwieweit ist der »aktuelle Zustand« unserer Organisation geeignet, um das »Ziel« zu erreichen?**
2. **Wie sieht der »Zielzustand« unserer Organisation aus, wenn wir das »Ziel« erreicht haben?**
3. **Welche »Hindernisse« müssen wir aus dem Weg räumen, um den »Zielzustand« zu erreichen?**
4. **Welche Initiativen, Projekte und Maßnahmen müssen wir mit welchem Zeithorizont starten, um die Lücke zu schließen?**
5. **Was müssen wir mit Blick auf die sechs Handlungsfelder unserer Organisation mit konkreten Initiativen, Projekte und Maßnahmen verändern, um die Organisation auf das Ziel auszurichten?**

ANLEITUNG:

1. Kopieren Sie bitte die Handlungsfeldkarte mit Vorder- und Rückseite analog Ihrer Zielanzahl oder nutzen Sie den Download zur digitalen Arbeit.
2. Schreiben Sie Ihr Ziel auf die Arbeitsseite der Handlungsfeldkarte, oder übertragen Sie es auf ein Flipchart. Erläutern oder ergänzen Sie die Schlüsselergebnisse zum Ziel.
3. Beschreiben Sie gemeinsam im Team den »aktuellen Zustand« der Organisation. Halten Sie die einzelnen Beschreibungen und Attribute auf der Karte oder der Metaplanwand fest.
4. Beschreiben Sie gemeinsam im Team den »Zielzustand«, wie Ihre Organisation aussieht, wenn das Ziel erreicht ist. Halten Sie die einzelnen Beschreibungen und Attribute auf der Karte oder der Metaplanwand fest.
5. Leiten Sie die Lücke zwischen dem »aktuellen Zustand« und »Zielzustand« ab, indem jede*r Teilnehmer*in mögliche Hindernisse für die Zielerreichung auf eine Karte schreibt und diese aufhängt.
6. Entwickeln Sie kreative Lösungen, wie Sie diese Hindernisse mit Initiativen, Projekten und Maßnahmen überwinden wollen. Ordnen Sie diese in die sechs Handlungsfelder Ihres Geschäftssystems ein.
7. Im letzten Schritt der Gruppenarbeit ergänzen Sie die Handlungsfelder mit Initiativen, Projekten und Maßnahmen, die Sie an den einzelnen Stellschrauben verändern müssen, um Ihr Geschäftssystem vollständig auf die Strategie auszurichten. Hier können Sie auch bestehende Maßnahmen einsortieren, die bereits auf die neue Strategie einzahlen.
8. Stimmen Sie in der gesamten Gruppe je Ziel und Handlungsfeld die wesentlichen Maßnahmen ab. Dazu erhält jede*r Teilnehmer*in fünf Stimmen.
9. Die gewählten Initiativen, Projekte und Maßnahmen übertragen Sie bitte in die dafür vorgesehenen Handlungsfelder des Frame.

TIPP

Nutzen Sie für die Bearbeitung in kleinen Gruppen die Handlungsfeldkarte, oder stellen Sie bei der Gruppenarbeit jeweils eine Metaplanwand für den »aktuellen Zustand« und den »Zielzustand« Ihrer Organisation. Dazwischen stellen Sie ein Flipchart auf, auf dem Sie das bearbeitete Ziel aufschreiben und darunter die in der Arbeitssession identifizierten Hindernisse auflisten.

Sollte ein »Ziel« für die Bearbeitung in der Gruppe zu abstrakt sein, dann nutzen Sie die festgelegten »Schlüsselergebnisse«.

Nutzen Sie für die Auflistung der Initiativen, Projekte und Maßnahmen entlang der sechs Handlungsfelder der Organisation die Handlungsfeldkarte (digital oder analog). Alternativ können Sie weitere Seiten einer Metaplanwand verwenden.

HANDLUNGSFELDER

Ziel: ______________________________

Verantwortliche*r: ______________________________

STRUKTUREN & PROZESSE	
MENSCHEN	
KULTUR	
DATEN & IT	
INNOVATION	
PARTNER	

NOTIZEN

FAHRPLAN II FÜR KOMMUNIKATION

MOMENTUM FÜR DEN AUFBRUCH SCHAFFEN

»Das größte Problem in der Kommunikation ist die Illusion, sie hätte stattgefunden.«
George Bernard Shaw, irisch-britischer Dramatiker und Politiker

Die Handlungsfelder sind gefüllt. Sie haben den dienstbaren Strategiegeist aus seiner Flasche geholt, aber damit ist er noch lange nicht in der Organisation angekommen. Strategievermittlung heißt nun das Zauberwort. Es geht an die Verbreitung der »frohen Botschaft«: Wir haben einen neuen Plan. Sie erzählen Ihren Anteilseignern, Mitarbeiter*innen und anderen Interessengruppen (Investoren, Analysten, Banken, ...), wohin die Reise gehen soll. Das klingt erstmal nach Einbahnstraße, nach »top-down« und »wir sprechen, ihr hört zu und setzt um«. Doch so einfach ist es nicht. Nicht alle werden sofort Feuer und Flamme für das sein, was Sie mit Ihrem Führungsteam und internen Multiplikatoren entwickelt haben, denn eine neue Strategie bedeutet Veränderung. Und die Aussicht auf Veränderung schürt besonders bei den Mitarbeiter*innen die Angst, aussortiert zu werden und auf der Strecke zu bleiben. Sie müssen daher Überzeugungsarbeit leisten und die Stakeholder für Ihr Vorhaben gewinnen. Dass Kommunikation hierbei der Schlüssel für eine erfolgreiche Vermittlung und Umsetzung ist, sollte heute kein Geheimnis mehr sein. Leider sieht die Realität häufig anders aus. Aus einem idealistisch angedachten Dialog mit allen Beteiligten wird schnell ein Monolog, der auf der zweiten Führungsebene verhallt und die unteren Etagen der Unternehmenszentrale gar nicht erreicht. Deshalb brauchen Sie auch hier einen Plan, wie Sie die »Storyline« der neuen Strategie an Mann und Frau bringen wollen.

AUS DER PRAXIS

Einer der Autoren dieses Buches war vor einiger Zeit zu einem Strategiegespräch bei einem Vorstandsvorsitzenden eines großen Unternehmens eingeladen. Begeistert erzählte der Unternehmenslenker von der neuen Strategie, die in Zusammenarbeit mit externen Beratern entstanden sei und sich gerade in der Umsetzung befände. Alles klang sehr durchdacht, plausibel für die damalige Unternehmenssituation und in sich stimmig. Wie der Zufall so spielt, traf der Ko-Autor nach dem Gespräch in der Lobby auf einen Senior Manager der Strategieabteilung des Unternehmens. Man kannte sich von früher. Der Ko-Autor sagte, er habe gerade vom Vorstandsvorsitzenden die neue Unternehmensstrategie vorgestellt bekommen. Er erhielt eine überraschende Rückmeldung: »Eine neue Strategie? Davon weiß ich nichts ...« Ein paar Wochen später hatte der Ko-Autor zwei Manager der mittleren Ebene desselben Unternehmens als Teilnehmer in einer

Schulungsveranstaltung. Was lag näher, als zu fragen, »Wie läuft es denn mit der neuen Strategie?« Antwort: »Welche neue Strategie?« Nachdenken, Grübeln. »Meinen Sie etwa unsere neue TV-Werbung?«

VON DER ENTWICKLUNG ZUR UMSETZUNG

Sie befinden sich im Übergang von der Strategieentwicklung zur Umsetzung. Dies ist ein neuralgischer Punkt im Strategieprozess, denn hier verändert sich die Prozessdynamik fundamental. Während Sie in der Phase der Strategieentwicklung immer Herr oder Frau der Lage sein und die Dramaturgie für einen überschaubaren Rahmen an Personen klar bestimmen können, ändern sich jetzt die Spielregeln. Sie sollten sich jetzt darüber klar werden, wen Sie wie und wann ins Bild setzen wollen. Drei gute Nachrichten vorab: Erstens haben Sie bereits über Elemente, wie zum Beispiel die qualitativen Interviews, politisch wichtige Personen mit dem Prozess vertraut gemacht. Zweitens haben Sie Ihre Mannschaft über den Fortschritt des Prozesses kontinuierlich informiert und in der Kommunikation zu den ersten Prozessschritten eine Sensibilität für die Notwendigkeit einer neuen Strategie und die damit einhergehende Veränderung geschaffen. Und drittens bietet Ihnen der StrategyFrame® die Grundlage für Ihr Strategienarrativ und das Instrument für Ihre weitere Kommunikation und Überzeugungsarbeit.

GESAMTBILD VERMITTELN

StrategyFrame® = Storyline

Wichtig ist die Vermittlung eines Gesamtbildes. Anstelle von unzähligen ermüdenden PowerPoint-Folien präsentiert der StrategyFrame® strukturiert, übersichtlich und im jeweiligen Kontext Ihre Analyseergebnisse sowie die gemeinsamen Interpretationen und Entscheidungen des Strategieteams über die drei Säulen »Wo stehen wir?«, »Wohin wollen wir?« und »Was müssen wir anpacken?«. Somit haben Sie die Gliederung für die Geschichte, die Sie erzählen wollen, die Inhalte für diese Geschichte und das Drehbuch, wie Sie Ihre Geschichte erzählen werden. Neudeutsch: Die Storyline steht. Folgende Fragen sollten Sie nun beantworten: Wen wollen Sie, wann, in welchem Format und mit welchen Kernbotschaften für Ihre Strategie begeistern?

1. INHALTE & VISUALITÄT ANPASSEN

Überprüfen Sie die Inhalte des StrategyFrame® unter dem Gesichtspunkt: Ist die dargelegte Strategie für alle Beteiligten beziehungsweise Betroffenen wirklich verständlich und nachvollziehbar? Sind die gewählten Formulierungen prägnant?

Lassen sich noch Inhalte ausdünnen, um den Kern der Strategie schneller und besser greifbar zu machen? Hier kann auch eine visuelle Anpassung des StrategyFrame® an Ihr Corporate Design, Ihre Unternehmensfarben und Ihr Logo oder sogar ein starkes Bildmotiv für den Hintergrund hilfreich sein. Behalten Sie aber den grundsätzlichen Aufbau bei, denn dieser ermöglicht eine stringente Argumentationskette.

2. ZIELGRUPPEN & ZEITPUNKT WÄHLEN

Legen Sie fest, wer in Ihrer Organisation und im Umfeld wann, wie und worüber informiert oder an Bord geholt werden muss. Stakeholdergruppen, Gremien und Einzelpersonen mit großem Interesse an und Einfluss auf Ihr Unterfangen müssen Sie frühzeitig einbinden und stets auf dem neuesten Stand halten. Stakeholder, die entweder großes Interesse, aber geringen Einfluss, oder großen Einfluss, aber geringes Interesse haben, sollten Sie über den Fortgang auf dem Laufenden halten.

3. KERNBOTSCHAFTEN DEFINIEREN

Bestimmen Sie, welche Kernbotschaften der Strategie für welche Zielgruppe von Bedeutung sind. So können Sie den Schwerpunkt Ihrer Kommunikation auf die jeweilige Zielgruppe und das gewählte Format zuschneiden.

4. VERANSTALTUNGSFORMATE FESTLEGEN

In welchen Formaten wollen Sie die jeweiligen Zielgruppen ins Bild setzen? Aufsichtsrats- oder Beiratssitzung, Capital Markets Day, Investoren-Briefing, Bankengespräch, Führungskräfte-Meeting (falls Sie noch nicht alle Führungsebenen in den Prozess eingebunden haben), Betriebs- oder Mitarbeiterversammlung oder digitaler Strategie-Summit im Netz? Wählen Sie Formate, die zu Ihrem Unternehmen passen und für eine angemessene Aufmerksamkeit sorgen.

Wenn die gewählten Medien- und Event-Formate funktionieren sollen, brauchen sie eine durchdachte Dramaturgie. Sorgen Sie für eine Balance von Information, Dialog und Emotion. Schließlich wollen Sie Menschen für Ihr Vorhaben gewinnen. Information und Erläuterung sind für das Verstehen Ihrer Strategie unabdingbar. Dialog bietet die Möglichkeit, das Kommunizierte zu hinterfragen und zu präzisieren. Setzen Sie einen emotionalen Anker, der den Empfängern Ihrer Strategiebotschaft die Bedeutung des Vorhabens nicht rein über »Blut, Schweiß und Tränen« oder über eine zweckrationale Argumentation vermittelt. Hierbei kann ein sehr geübter Gastredner Wunder bewirken. Wenn Sie eine solche Unterstützung für sinnvoll halten, achten Sie darauf, dass ein solcher Redner den Bezug zur Unternehmenssituation und zu Ihrer Strategie herstellt und nicht allgemeine Motivationsgeschichten von sich gibt.

5. MEDIEN NUTZEN

Damit Ihre Strategie im Unternehmen und – wenn gewünscht – auch darüber hinaus bekannt wird, sollten Sie das nutzen, was Sie haben. Und wenn Sie nicht viel haben, ist dies der richtige Zeitpunkt, eine saubere Medienarchitektur im Unternehmen aufzubauen: Intranet, Mitarbeiterzeitung, Newsletter, Videos. Um schneller voranzukommen oder in Ergänzung, können Sie natürlich auch externe Vermittlung in klassischen und sozialen Medien in Anspruch nehmen.

6. STRATEGYFRAME® VERTEILEN

Nutzen Sie den StrategyFrame® in allen Formaten als Ihren visuellen Anker, um kognitive Brüche bei Ihrem Publikum zu vermeiden. Schaffen Sie für die Mitarbeiter*innen einen Bezug zwischen dem Heute – also den täglichen Arbeitsroutinen – und der im Zielbild ausgedrückten Zukunft. Verteilen Sie den StrategyFrame® an alle Mitarbeiter*innen, und präsentieren Sie ihn zusätzlich an zentralen Orten in Ihrem Unternehmen. Was omnipräsent ist, verschwindet nicht so leicht in der Schublade.

7. ZENTRALE PLATTFORM EINRICHTEN

Bauen Sie intern eine zentrale digitale Plattform, die Strategieinhalte, Prozessschritte sowie den Soll-Ist-Stand von Entwicklung und Implementierung darstellt. Hier geht es zur Steuerung der Erfolgswahrnehmung vor allem um Transparenz in der Abarbeitung der Projektaufgaben und der Fortschrittskontrolle. Dazu bedarf es noch der Kaskadierung von Zielen, Schlüsselergebnissen und Maßnahmen.

8. PRÄSENZ ZEIGEN

Die Vorstellung der Unternehmensstrategie ist Chef*innen-Sache, denn ohne Strategie keine Führung und ohne Führung keine Strategie. Wenn Sie kein Strategieeinzeltäter sind, dann lassen Sie den Bühnenscheinwerfer auch auf die anderen am Strategieprozess Beteiligten scheinen. So senden Sie das starke Signal, dass die Strategie vom gesamten Führungskreis getragen wird.

9. MEILENSTEINE UND LEUCHTTURMMASSNAHMEN ANKÜNDIGEN

Mit einer großangelegten, aber einmaligen Kommunikation ist es nicht getan. Die nächsten zwei Prozessschritte stehen an. Legen Sie dafür eindeutige Start- und Endzeitpunkte für die »Kaskadierung« der Ziele und Schlüsselergebnisse in Ihren Funktionen und Geschäftsbereichen oder Regionen fest. Kommunizieren Sie zudem bereits jetzt den Startzeitpunkt der »Transformation«.

KOMMUNIKATIONSPLANUNG

ZEITPUNKT	ZIELGRUPPE	KERNBOTSCHAFTEN	EVENT	MEDIEN	ZAHLT EIN AUF: 1. Information 2. Dialog 3. Emotion

MEILENSTEINPLANUNG

Start der Kaskadierung ___.___.________

Ende der Kaskadierung ___.___.________

Start der Transformation ___.___.________

mit folgenden Leuchtturmmaßnahmen: ________________________________

FAHRPLAN II

»EXECUTION IS EVERYTHING.«

John Doerr, OKR-Evangelist, Investor und Risikokapitalgeber

KASKADIEREN

GEMEINSAM MEHR ERREICHEN

»Was dem Einzelnen nicht möglich ist, das schaffen viele.«
Friedrich Wilhelm Raiffeisen, deutscher Sozialreformer und Kommunalbeamter

Alle wesentlichen Stakeholder sind über die neue Marschrichtung für Ihr Unternehmen im Bilde. Das ist aber leider noch nicht einmal die halbe Miete auf dem Weg, Ihre Strategie zum Leben zu erwecken. Mit dem Prozessschritt »Kaskadieren« starten Sie nun in die Strategieimplementierung. Nach dem lauten Knall der Ankündigung »Wir richten uns neu aus!« entsteht häufig ein kommunikatives Vakuum, wenn nicht sofort klar wird, was das bedeutet und wie die nächsten Schritte aussehen werden. Sie und Ihre Führungsmannschaft müssen Ihrem Strategietiger Leben einhauchen, damit er in den alltäglichen Routinen nicht zum Papiertiger wird.

STOLPERSTEIN NUMMER 1: IMPLEMENTIERUNG!

Laut Sull, Homkes und Sull (2019) schlagen 67 Prozent aller Unternehmensstrategien aufgrund mangelnder Umsetzungskompetenz fehl. Momentive (2022) hat in den USA, Großbritannien und Australien 1 750 Entscheider*innen in Unternehmen mit mehr als 1 000 Mitarbeitenden über Umgang und Erfahrung mit Strategie befragt. Das Ergebnis ist katastrophal: »Ernüchternde 9 von 10 Unternehmen scheitern bei der Umsetzung ihrer Strategie.«

Die Gründe sind vielfältig. Kern des Problems ist aber der unterschiedliche Fokus zwischen Führungsebene und Mitarbeiter*innen. Ziele sind unklar, Mitarbeiter*innen werden häufig vom Tracking der Zielerreichung ausgeschlossen (47 Prozent aller Befragten). Die Frequenz, mit der sich Mitarbeiter*innen mit der Strategie beschäftigen, variiert von einmal im Monat (32 Prozent) zu zweimal im Jahr (30 Prozent), wohingegen sich 63 Prozent der obersten Führungskräfte wöchentlich mit der Strategie befassen. Das sind erschreckende Zahlen, wenn wir den Aufwand bedenken, der in die Strategieentwicklung gesteckt wurde. Doch das ist kein Grund, Ihre Strategieflinte ins Korn zu werfen.

PS AUF DIE UMSETZUNGSSTRASSE BRINGEN

Das Wichtigste und Schwierigste zugleich, was Sie für Ihre Strategie – und den Erfolg Ihres Unternehmens – tun können, ist, Ihren Plan in die Hände Ihrer Führungskräfte und Mitarbeiter*innen zu legen. Hier stellen sich selbst nach der besten Vermittlung der Strategie mit Hilfe des StrategyFrame® viele Fragen: Was bedeutet die Strategie konkret für mich? Mein Team? Meinen Geschäftsbereich? Wie können wir dazu beitragen, die Ziele zu erfüllen? Und was ist mein persönlicher Beitrag?

Antworten auf diese Fragen liefert die »Kaskadierung«. Der Begriff, der in unterschiedlichen Bereichen wie IT, Stromerzeugung oder Management benutzt wird, bedeutet, mit einer hintereinander geschalteten Anordnung von Modulen eine höhere Wirkung zu erzielen als mit nur einem einzelnen Modul oder losgelöst voneinander operierenden Modulen. Die Verbindung zwischen einzelnen Modulen ist dabei einseitig gerichtet, dennoch besteht die Möglichkeit der Rückverbindung zum Anfang der Kette.

Doch wie setzen Sie diese Kettenreaktion in Gang, die Ihre Strategie entzündet und sie wie die olympische Fackel durch Ihr Unternehmen trägt? Es geht darum, das große Ganze der Unternehmensstrategie so herunterzubrechen, dass sie Bedeutung und Verständnis für den Alltag der Mitarbeitenden bekommt. Je größer und komplexer Ihr Unternehmen ist, um so größer ist der zeitliche und personelle Aufwand, Ihre Ziele und Schlüsselergebnisse zu kaskadieren. Matrix-Organisationen stellen nochmal eine gesonderte Herausforderung dar, wie das folgende Beispiel aus der Praxis zeigt.

AUS DER PRAXIS

In der Praxis zeigt sich: Einen echten Überblick darüber, was im Unternehmen läuft, haben nur die wenigsten. Das ist keine Schwarzmalerei, sondern bittere Unternehmensrealität. Ein internationaler Kunde aus dem Mobilitätsbereich arbeitete mit uns an der Schärfung seiner Gruppenstrategie inklusive der Festlegung der wertsteigerndsten Aktivitäten über alle Divisionen, Regionen und Länder hinweg. Eingebunden waren der Vorstand, alle Divisions- und Funktionsverantwortlichen sowie die regionalen P&L-Verantwortlichen. Nach wochenlangem Ringen um die richtigen Ziele, Zahlen und Formulierungen stellte man stolz der internen Mannschaft sowie dem externen Investorenpublikum die angepasste Marschrichtung aus der Strategiekrise vor. Alle waren begeistert und schworen sich auf die vereinbarten Ziele inklusive Aufgabe eines historisch wichtigen, aber lange nicht mehr profitablen Produktsegment ein.

Was sich dann aber Monat für Monat in den finanziellen Ergebnissen des Unternehmens, insbesondere in einem Schlüsselmarkt zeigte, lag leider meilenweit neben den formulierten Erwartungen. Nachdem die Regionsverantwortlichen im Ringen mit der zuständigen Geschäftsführung des Landes Nachforschungen anstellten, fiel plötzlich der Bau einer völlig neuen Produktionslinie für genau dieses unprofitable Produktsegment auf. Das Projekt hatte Unsummen an Investitionen verschlungen und produzierte weiterhin nur rote Zahlen. Genau dieses Produktsegment wurde aber in allen anderen Ländern auf Grundlage der vereinbarten neuen Strategie gerade gestoppt, abgebaut oder veräußert.

Dieses Beispiel zeigt, wie wichtig die richtige Vermittlung der Strategie, Festlegung und Kaskadierung der Ziele sowie die Überprüfung des jeweiligen Fortschritts sind. Schaffen Sie deshalb die Grundlagen, die es für eine erfolgreiche Implementierung braucht. Lassen Sie sich nicht von Komplexität und Aufwand entmutigen, die Ziele und Schlüsselergebnisse aus dem StrategyFrame® durch Ihr gesamtes Unternehmen abzuleiten, mit konkreten Verantwortlichkeiten, Maßnahmen, Budgets und Zeitlinien zu hinterlegen sowie die Umsetzung kontinuierlich messbar zu machen. Dieser Schritt ist extrem wichtig für den Erfolg.

1. KASKADE FESTLEGEN

Ist doch glasklar, wie die Kaskade laufen muss, sagen Sie jetzt – einfach nach unserer bestehenden Hierarchie – von oben nach unten. Beim genauen Hinschauen ist dies aber nicht ganz trivial.

Wer leitet welches Kaskaden-Meeting mit welcher Ebene und Anzahl an Teilnehmer*innen? Welches ist der zeitliche Horizont, bis wir in den letzten Winkel unseres Unternehmens vorgedrungen sind? Wie gelingt die Abstimmung der erarbeiteten Ziele, Schlüsselergebnisse und Maßnahmen mit den anderen Teams auf der horizontalen Ebene? Denn hier geht es nicht nur darum, die vertikale Team-Abstimmung auf Ziele und Schlüsselergebnisse zu fördern, sondern auch die horizontale Abstimmung sicherzustellen. Alle versuchen ihren Beitrag zu leisten, können dies aber vielleicht nicht, weil die Unterstützung aus einem anderen Team fehlt. Das fördert kontraproduktives Silodenken. Ein passendes Beispiel ist die Unterstützung des IT-Teams bei der Digitalisierung von Geschäftsbereichen oder Business-Einheiten. Sie können sich noch so schöne Ziele stecken, die auf die Strategie einzahlen. Wenn Sie diese aber nicht mit den IT-Teams synchronisiert haben, werden Sie lange auf eine Umsetzung Ihres ambitionierten digitalen Vorhabens warten. Wenn Ziele nicht synchronisiert werden, fehlt es an Ressourcen und Einsatz. Der Frust ist groß und das altbekannte »blame game« beginnt.

Aus diesem Grund ist eine gut gemachte zentrale Planung und Steuerung des Rollouts der Strategiekaskade durch die Strategieprozess-Verantwortlichen ein wesentlicher Erfolgsfaktor. Beginnen Sie die Kaskade für die Gesamtunternehmung mit den beiden obersten Führungsebenen 0 bis 1. In kleinen Unternehmen genügen Geschäftsführung und Teamleitung, wenn Sie sonst keine weitere Führungsebene haben. Beginnen Sie mit der Ableitung der Ziele und Schlüsselergebnisse aus dem StrategyFrame® auf ein Jahr und dann auf ein Quartal. Im Anschluss planen Sie Ihre Führungsebene 1 beziehungsweise Ihre Teamleiter aus dem KMU-Beispiel mit deren »direct reports« (Führungsebene 2 oder Mitarbeiter im KMU-Beispiel). Idealerweise bauen Sie die Kaskade immer weiter nach unten, bis Sie jede*n Mitarbeiter*in in Ihrer Organisation erreichen.

Dabei ist es allerdings nicht immer ratsam, bis in die letzte operative Ebene zu gehen. Das bedeutet keineswegs, dass diese Menschen es nicht verdient hätten, am Prozess beteiligt zu werden. Es ist jedoch zum Beispiel für die Kolleg*innen in der Poststelle oder am Empfang nicht unbedingt notwendig, ein solches Zielsystem vor der Brust zu haben. Achten Sie auch darauf, dass die einzelnen Gruppen in der Kaskade nicht mehr als 15 Personen umfassen, da sonst eine aktive Teilnahme der Mitglieder nicht gewährleistet werden kann und eine Konsumhaltung bei einigen auftritt. Teilen Sie in diesem Fall die Gruppe lieber auf und führen das Gruppentreffen zweimal durch. Überprüfen Sie auch, dass keine Stabsstelleninhaber*innen oder Sonderfunktionen aus dem Raster fallen und deshalb nicht berücksichtigt werden.

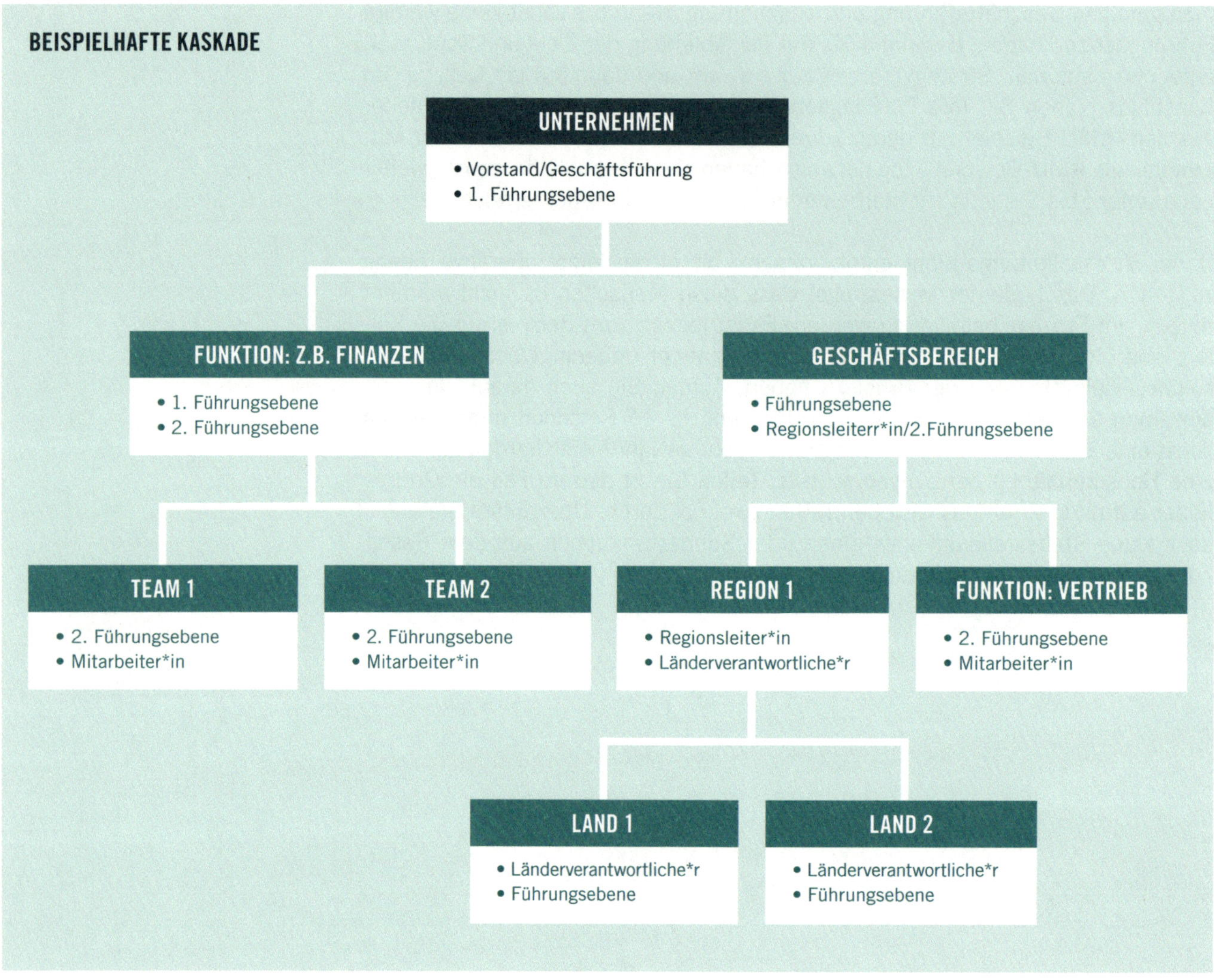
BEISPIELHAFTE KASKADE
UNTERNEHMEN
• Vorstand/Geschäftsführung
• 1. Führungsebene
FUNKTION: Z.B. FINANZEN
• 1. Führungsebene
• 2. Führungsebene
GESCHÄFTSBEREICH
• Führungsebene
• Regionsleiterr*in/2.Führungsebene
TEAM 1
• 2. Führungsebene
• Mitarbeiter*in
TEAM 2
• 2. Führungsebene
• Mitarbeiter*in
REGION 1
• Regionsleiter*in
• Länderverantwortliche*r
FUNKTION: VERTRIEB
• 2. Führungsebene
• Mitarbeiter*in
LAND 1
• Länderverantwortliche*r
• Führungsebene
LAND 2
• Länderverantwortliche*r
• Führungsebene

2. ZENTRALE PLATTFORM SCHAFFEN

An schlauen Empfehlungen aus der OKR-Methodenwelt und zahlreichen Tracking-Softwarelösungen mangelt es wahrlich nicht, wenn es darum geht, Ziele herunterzubrechen und den Fortschritt regelmäßig zu überprüfen. Für jeden Geschmack ist da was dabei: von der intelligenten PowerPoint bis zur programmierten Excel-Tabelle und darüber hinaus. Die Kunst besteht hier wieder darin, es mit dem Reporting, Tracking und Controlling nicht zu übertreiben und trotzdem auf einer zentralen Grundlage den Fortschritt der Implementierung transparent für alle beobachten zu können. Dabei gilt es unterschiedliche Anforderungen und Bedürfnisse zu berücksichtigen:

- Die Unternehmensführung möchte stets den Überblick über den Fortschritt der Implementierung, den Ressourcenverbrauch und den Wertbeitrag der verschiedenen Aktivitäten quer durch das Unternehmen behalten, um im Zweifel vor allem bei finanziellen Problemen eingreifen zu können.
- Die Verantwortlichen für den Strategieprozess müssen zum einen das »Dashboard« für den Überblick führen und zum anderen für die Aktivierung der beteiligten Mitarbeiter*innen durch Ihre Führungskräfte sorgen. Gleichzeitig sind die festgelegten Ziele zu synchronisieren und ihre konsistente Verfolgung sicherzustellen. Die Prozessverantwortlichen brauchen daher nicht nur einen guten Überblick, sondern auch einen detaillierten Durchblick.
- Die für die Umsetzung verantwortlichen Führungskräfte müssen die Botschaft der neuen Strategie einheitlich kommunizieren, die Ziele für ihre Teams ableiten und mit machbaren Maßnahmen hinterlegen. Ab diesem Zeitpunkt stehen sie unter Druck und müssen sich mit Blick auf die Realisierung der gesteckten Ziele in die Karten schauen lassen.
- Die Mitarbeitenden wollen in erster Linie wissen, welcher Beitrag zur Verwirklichung der Ziele von ihnen erwartet wird und wie sie die ihnen zugeordneten Themen und Aufgaben neben dem ganzen Tagesgeschäft unter dem Druck regelmäßiger Berichterstattung und voller Transparenz der individuellen Leistung bewältigen sollen.

Diese Ausgangslage ist wahrlich keine einfache, wenn man bedenkt, dass es immer noch um Menschen geht, die Daten und Ergebnisse in Software-Tools einpflegen sollen, ohne sich dabei auf Schritt und Tritt verfolgt zu fühlen.

Wir empfehlen daher, das im Unternehmen bereits vorhandene Instrumentarium zum Projektmanagement zu nutzen und mit weiteren kommunikativen Systemen zu kombinieren. Das Schlüsselwort heißt Akzeptanz für die technische Lösung. Wenn Ihre Mitarbeiter*innen mit neuen technischen Lösungen Akzeptanzprobleme haben, besteht die Gefahr, dass sie diese Problemorientierung auf ihre Einstellung zur neuen Strategie und zum gesamten Prozess übertragen. Nehmen Sie Ihre Führungsmannschaft in die Pflicht, den eigenen Mitarbeiter*innen den Sinn neuer Werkzeuge nahe zu bringen und den Umsetzungsfortschritt individuell abzufragen. Dieser zusätzliche Zeiteinsatz zahlt sich aus. Wichtig ist, dass Richtung und Stimmung für Ihr Vorhaben stimmen.

3. STRATEGISCHE DIALOGE FÜHREN

Schärfen Sie im Dialog mit den verschiedenen Teams das Verständnis für die Zusammenhänge der Strategie. Halten Sie fest, wo das Unternehmen heute steht. Leiten Sie ambitionierte Ziele und Schlüsselergebnisse aus der jeweiligen nächst höheren Zielebene ab. Synchronisieren Sie diese mit den Teams, von denen Sie Unterstützung bei der Erreichung der gesteckten Ziele brauchen. Definieren Sie für das nächste Quartal konkrete Maßnahmen mit Verantwortlichkeiten und Fristen.

Nutzen Sie für die gesamte Kaskade möglichst vorhandene und daher vertraute Meeting-Formate. Erweitern Sie diese bei Bedarf zeitlich. Kommunizieren Sie Termine und Inhalte frühzeitig. Strategie muss in den Alltag der Mitarbeitenden vordringen und in deren Denken und Handeln verankert werden. Das ist die wichtigste Aufgabe für Sie und Ihr Führungsteam. Sie kann nicht nach unten delegiert werden. Ihre Führungsqualitäten sind nun gefragt. Zeigen Sie Präsenz, und haben Sie ein offenes Ohr für die Bedenken und Probleme Ihrer Mitarbeiter*innen. Diese werden zunächst mit sich selbst beschäftigt sein und sich fragen, was die Strategie für sie persönlich bedeutet. Nehmen Sie den Mitarbeiter*innen die psychische Unsicherheit. Vermitteln Sie die Strategieinhalte mit Klarheit und Überzeugung sowie direktem Bezug auf die jeweilige Dialoggruppe. Legen Sie fest, wie und bis wann Sie das Feedback der Teilnehmer*innen einsammeln und transparent machen.

Stellen Sie für eine flächendeckende Implementierung in angemessener Zeit sicher, dass Ihre Führungskräfte »auf Kurs« sind, die Durchführung der Dialog-Termine im vorgegebenen Zeitraum nicht aus Eigennutz verschleppen oder Feedback und Ergebnisse nicht zeitnah berichten.

Die im strategischen Dialog erarbeiteten Ziel-Vorschläge werden dann in ein analoges oder digitales Dokument eingetragen und für alle zugänglich gemacht. Wenn die Vorschläge eines Teams von den Ressourcen anderer Teams abhängen, müssen sie aufeinander abgestimmt werden, um eine horizontale Integration zu gewährleisten. Die Schlüsselergebnisse pro Ebene müssen nicht perfekt quantifiziert oder qualifiziert sein. Je mehr sie jedoch aufeinander abgestimmt sind, desto besser ist gewährleistet, dass Ihr Unternehmen die gesetzten Ziele erreichen kann. Die Verantwortlichen des Strategieprozesses sorgen in einem abschließenden vertikalen Abstimmungsprozess für Konsistenz und Synchronisierung über alle Ebenen.

Das Ergebnis ist ein konsistentes Paket an Zielen und Schlüsselergebnissen für das nächste Quartal. Es gibt die Richtung für alle vor und ist damit das Herzstück des gesamten Prozesses. Das Paket wird vervollständigt durch die bereits festgelegten Maßnahmen und Verantwortlichkeiten.

FORTSCHRITT MESSEN UND ROUTINE ETABLIEREN

Transparenz über alle Ebenen und zwischen allen Teams ist ein wesentlicher Schlüssel zum Erfolg. Disziplin und Konsistenz bei der täglichen Arbeit stellen eine große Herausforderung dar. Da der Prozess an eine OKR-Systematik angelehnt ist, besteht die Gefahr, in einen echten Tracking- und Meeting-Wahnsinn zu verfallen. Die von uns beobachteten Unternehmen in OKR-Prozessen haben aber eines alle gezeigt: Ein zu starres Vorgehen schürt keine Begeisterung, sondern erzeugt ein Gefühl von Bürokratie. Zusätzlich fällt es vielen Mitarbeiter*innen schwer, die alltäglichen Arbeiten den Zielen zuzuordnen. Denn die Frage ist berechtigt: Wenn ich etwas tue, sollte es doch auf die Strategie einzahlen – doch was hat meine Beantwortung von administrativen Emails damit zu tun? Sehr viel! Wenn Sie durch schlechte Arbeitsplatzorganisation wichtigen Maßnahmen nicht effektiv nachkommen können, wirkt sich das auf die Realisierbarkeit Ihrer Ziele und Schlüsselergebnisse aus.

In welcher Frequenz sollten Sie den Fortschritt messen? OKR-Regeln sprechen von wöchentlich mit Behandlung in verschiedenen Meeting-Formaten. Wir raten Ihnen eher zu einem Monatsrhythmus, um Ihren Teams ausreichend Raum zum Handeln zu geben. Einmal im Quartal sollte dann die Nachjustierung erfolgen, auf die wir im Prozessschritt »Adjustierung« noch spezifischer eingehen.

KASKADIERUNG

Im Folgenden finden Sie Anweisungen und Hinweise für die Durchführung der gesamten Kaskadierung als Strategieprozess-Verantwortliche*r sowie eine ausfüllbare Vorlage für den einzelnen strategischen Teamdialog.

LEITFRAGEN FÜR STRATEGISCHEN DIALOG:

1. **Wo wollen wir im Jahr 20XX mit unserem Unternehmen stehen? Was haben wir bereits erreicht, und was ist noch zu tun?**
2. **Was erwarten unsere Kunden und Kolleg*innen von uns?**
3. **Vor welchen konkreten Herausforderungen steht unser Team?**
4. **Welchen Beitrag können wir als Team leisten?**
5. **Was müssen wir besser oder anders machen? Was nehmen wir uns konkret vor?**

ANLEITUNG:

Strategieprozess-Verantwortliche*r

1. **Kaskade definieren:** Legen Sie die Kaskade durch ihr Unternehmen in einer Excel-Tabelle mit Verantwortlichkeiten, Teilnehmenden je Termin und Durchführungsdatum fest.
2. **Zentrale Plattform wählen:** Richten Sie eine zentrale Plattform für die Kommunikation und Sammlung der Ziele und Schlüsselergebnisse, möglicher Schlüsselmaßnahmen sowie des nachfolgenden Fortschritt-Trackings ein. Etablieren Sie diese vor dem Beginn der Umsetzung.
3. **Einführung der Strategiekaskade:** Kickoff mit Teamdialog auf oberster Unternehmensebene
   - **3.1.** Leiten Sie die strategischen Ziele und Schlüsselergebnisse für das aktuelle Jahr ab.
   - **3.2** Leiten Sie die Quartalsziele und Schlüsselergebnisse ab.
   - **3.3** Starten Sie die Kaskade mit der Beauftragung der Führungsebene 1.

Moderation/Führungskraft

4. **Vorbereitung Teamdialog:** Bereiten Sie sich auf den Teamdialog vor.
5. **Durchführung Teamdialog:** Führen Sie den Teamdialog durch.
6. **Nachbereitung Teamdialog:** Berichten Sie die Ergebnisse für das nächste Quartal über den festgelegten Weg beziehungsweise auf der vorgesehenen Plattform.
7. **Ergebnisse synchronisieren:** Stellen Sie den horizontalen und vertikalen Abgleich sicher.
8. **Routine festlegen:** Verständigen Sie sich über die monatliche Berichtsroutine, und legen Sie alle Quartal-Meetings im Kalender fest.

Strategieprozess-Verantwortliche*r

9. **Steuerung der Kaskadeneinführung:** Behalten Sie den Überblick über den Gesamtprozess, und lösen Sie Probleme und Verzögerungen.

MATERIALIEN FÜR TEAMDIALOG:

- StrategyFrame® ausgedruckt oder digital
- Flipchart
- Metaplanwand
- Ziele und Schlüsselergebnisse des übergeordneten Teams in der Kaskade für das nächste Quartal
- Teamdialog Ziel- & Handlungsfeldkarte (siehe folgende Seite – bitte für 3 bis 5 Ziele kopieren oder drucken)

ECKDATEN STRATEGISCHER TEAMDIALOG

Team ______________________

Moderator*in ______________________

Teilnehmende ______________________

____

____

____

____

____

ROUTINE

Monatlich am: ___.___.________

Im Quartal am: ___.___.________

AGENDA

UHRZEIT	MODUL	FORMAT	AUSSTATTUNG	EMPFEHLUNG
___:___	**Begrüßung und Check-in**			Ca. 10 Min.
___:___	**Wo wollen wir hin bis 20XX?**	Sammeln Sie Aussagen der Teammitglieder	• Flipchart • StrategyFrame®	Ca. 20 Min.
___:___	**Was erwarten unsere Kunden und Kolleg*innen von uns?**	Stellen Sie das Zielbild des StrategyFrame® erneut vor	• StrategyFrame® • Metaplanwand	Ca. 20 Min.
___:___	**Welchen Beitrag leisten wir im nächsten Quartal zur Strategie? (1/2)**	Sammeln konkreter Herausforderungen entlang der 6 Felder der Situationsanalyse mit Teambezug	• Ziele und Schlüsselergebnisse obere Ebene	Ca. 40 Min.
___:___	Kaffeepause			Ca. 15 Min.
___:___	**Welchen Beitrag leisten wir im nächsten Quartal zur Strategie? (2/2)**	Leiten Sie max. 2 bis 4 Schlüsselergebnisse aus Ihren 3 bis 5 Zielen ab	• Teamdialog Ziel- & Handlungsfeld-Karte	Ca. 45 Min.
___:___	**Was nehmen wir uns konkret vor?**	Leiten Sie Maßnahmen mit Timing und Verantwortlichkeiten entlang der Handlungsfelder und Schlüsselergebnisse ab	• Teamdialog Ziel- & Handlungsfeld-Karte • Flipchart	Ca. 45 Min.
___:___	**Ende**			

Team: ______________________ **Quartal:** ______________________

Abgeleitetes Team Quartalsziel aus Schlüsselergebnissen:

____

____

Schlüsselergebnisse:

____

____

Handlungsfelder:

____

____

»IT IS NOT THE STRONGEST OF THE SPECIES THAT SURVIVE, NOR THE MOST INTELLIGENT, BUT THE ONE MOST RESPONSIVE TO CHANGE.«

Charles R. Darwin, britischer Naturforscher

TRANSFORMIEREN

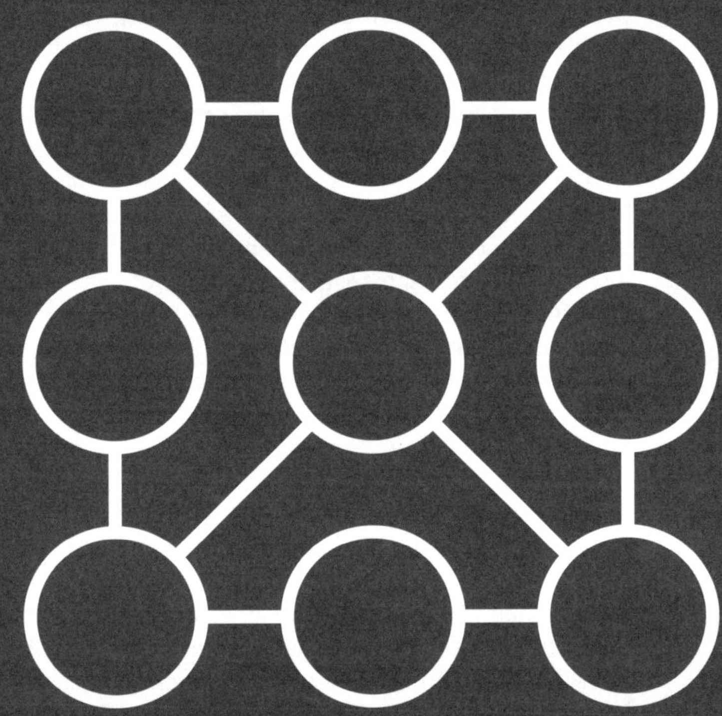

VERÄNDERUNG BESCHLEUNIGEN MIT DUALEM BETRIEBSSYSTEM

»The central issue is never strategy, structure, culture, or systems. The core of the matter is always about changing the behavior of people.«

John P. Kotter, Professor für Unternehmensführung, Harvard Business School

Die Welt, in der wir heute leben, arbeiten und wirtschaften, wird gerne mit dem Akronym **V**(olatility)**U**(ncertainty)**C**(complexity)**A**(mbiguity) beschrieben. Alles ist volatil, ungewiss, komplex und vieldeutig. Wir können uns nicht mehr auf unser gewohntes Handwerkszeug und die Erfolgsfaktoren von gestern verlassen. Die bislang bewährten Methoden zur Umsetzung von Strategien lassen Unternehmenslenker*innen im harten Wettbewerb bei anhaltender geopolitisch getriebener Deglobalisierung immer häufiger im Stich. Mit Art und Tempo des Wandels Schritt zu halten, wird zunehmend schwieriger, wenn man im reaktiven Modus verharrt und sich von den VUCA-Kräften treiben lässt.

Traditionelle Managementprozesse sind auf vorgegebene Entscheidungshierarchien ausgerichtet und so angelegt, dass die täglichen Anforderungen an einen »normalen« Unternehmensbetrieb mit operationalen Routinen effektiv und effizient erfüllt werden. Selten decken diese Prozesse auftauchende Gefahren rechtzeitig auf und erkennen ihre mögliche Dimension. Sie sind nicht dafür gemacht, strategische Antworten auf unerwartete Bedrohungen, Systemveränderungen oder neue Gelegenheiten zu liefern und sie zügig in strategische Initiativen zu gießen. Die Analysen von John Kotter (2012), dem »Papst« des Change Management, bestätigen, dass »a[ny] company that has made it past the start-up stage is optimized for efficiency rather than for strategic agility – the ability to capitalize on opportunities and dodge threats with speed and assurance.«

Grund genug für uns, die klassische Strategiekaskade in eine »agile« Kaskade mit größerer Flexibilität und Manövrierbarkeit umzuformen. Aus der OKR-Methodik übernehmen wir daher die Logik der quartalsweisen Erreichung von Zielen und Schlüsselergebnissen, um die gesamte Organisation in der bestehenden Hierarchie und Ordnung zu aktivieren. Doch die Arbeit der Strategiemacher*innen endet nicht an dieser Stelle mit einem Controlling der Hierarchie-Kaskade bis zur Zielerreichung. Vielmehr beginnt jetzt der Spaß des Strategiemachens!

INTERNES STRATEGISCHES NETZWERK AUFBAUEN

Die traditionelle Umsetzungskaskade ist auf die bestehende Hierarchie ausgerichtet und liefert ihren Beitrag zur Erreichung der gesteckten Ziele entlang der verschiedenen Hierarchieebenen. Doch die Transformation läuft längst nicht nur synchron über alle Teams in der Kaskade, sondern in verschiedenen Geschwindigkeiten, Intensitäten und parallel asynchronen Strängen. Vielleicht reformieren Sie sogar als Maßnahme im Handlungsfeld »Strukturen & Prozesse« Ihre Organi-

sationsstruktur. Ein solcher Umbau löst in der Regel psychologische Unsicherheit bei den Betroffenen aus, die zu Zurückhaltung oder gar Widerständen führen und deren Beitrag zur Zielerreichung reduzieren kann.

Kotter (2014) empfiehlt daher ein »dual operating system« aufzubauen. Gemeint ist eine interne Gemeinschaft aus Entscheider*innen, Multiplikator*innen und Unterstützer*innen (»influencer«) aus verschiedenen Hierarchieebenen und Unternehmensbereichen mit strategischer Vernetzung in das gesamte Unternehmen. Solche Personen hatten Sie gegebenenfalls bereits in den Strategie-Workshop II eingebunden. Wenn nicht, wird es jetzt höchste Zeit. Machen Sie sich unabhängiger von Ihrer bestehenden Führungskaskade und der bekannten »Lehmschicht« des mittleren Managements. So erhalten Sie die notwendige »Zuverlässigkeit, Effizienz, Schnelligkeit und Wendigkeit«, um im Wettbewerb zu bestehen.

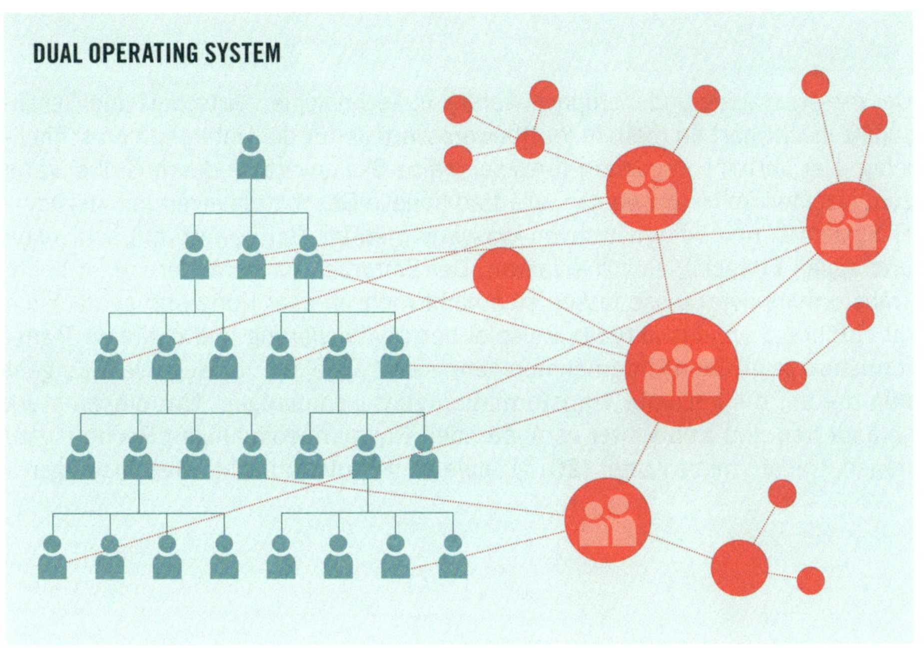

BESCHLEUNIGUNG DER VERÄNDERUNG

Kotter (1996) hat in seinem Bestseller *Leading Change* ein Acht-Stufen-Modell eingeführt, das Unternehmen weltweit als Standardmethodik für die Umsetzung von Veränderung übernommen haben. Die acht Stufen sind:

1. Schaffung eines Gefühls der Dringlichkeit.
2. Bildung einer führenden Koalition.
3. Entwicklung einer Vision für den Wandel.
4. Kommunikation der Vision, damit sie von allen mitgetragen wird.
5. Ermächtigung zu breit angelegtem Handeln.
6. Erzielung kurzfristiger Erfolge.
7. Nie nachlassen.
8. Integration der Veränderungen in die Unternehmenskultur.

Der massive rapide und disruptive Wandel in Technologie, Wirtschaft und Gesellschaft macht hart erarbeitete Wettbewerbsvorteile für die Unternehmen schnelllebig. Der Vorteil von gestern (beispielsweise Skalenvorteile durch Größe) kann zum Nachteil im Heute werden, wie traditionelle Geschäftsbanken mit »legacy«-IT-Systemen und administrativen Wasserköpfen im Wettbewerb mit schlanken und agilen Fintechs leidvoll erfahren. Der Zeitdruck für Veränderung ist hoch. Transformationsprozesse lassen sich nicht mehr in aller Ruhe und gemächlich durchführen, wie das aktuelle Beispiel der Digitalisierung und digitalen Transformation zeigt. Kein Unternehmen kann sich entziehen. Im Gegenteil: Es geht nun darum, die gesamte Transformation zu beschleunigen. Um diesen stark veränderten und sich weiter verändernden Rahmenbedingungen Rechnung zu tragen, transformiert Kotter (2014) seine acht Stufen in acht »Beschleuniger«.

1. Anstatt die acht Stufen sequenziell und auf sich begrenzt abzuarbeiten, sind die Beschleuniger gleichzeitig und fortwährend in Aktion.

2. In Kotters ursprünglichem Modell wird das Fortschreiten über die acht Stufen von einer kleinen Kerngruppe vorangetrieben. Im Beschleuniger-Modell sorgt ein strategisches Netzwerk neben der Führungskaskade für die Einbindung möglichst vieler Menschen aus der gesamten Organisation.

3. Das Acht Stufen-Modell ist so konzipiert, dass es innerhalb einer traditionellen Hierarchie funktioniert. Das Beschleuniger-Modell hingegen setzt auf die Flexibilität und Agilität eines parallelen, hierarchielosen Netzwerks.

Sie können das Beschleuniger-Modell für zwei wesentliche Aufgaben einsetzen: (1) Transformation Ihrer Organisation in ein duales Betriebssystem und (2) Entwicklung Ihrer Organisation auf der Unternehmens- oder Gruppenebene entlang der sechs Handlungsfelder des StrategyFrame®.

Im Strategie-Workshop II haben Sie bereits notwendige Anpassungen beschlossen (so zum Beispiel Umbau des Vertriebs, Einführung einer prozessorientierten Organisation oder Veränderung der IT-System- und Applikationslandschaft). Nun sollen konkrete Maßnahmen im Beschleunigungsmodus folgen. Wer soll sich um diese konkreten Maßnahmen kümmern? Zum einen ist es Aufgabe und Verantwortung der einzelnen Teams, diese Maßnahmen mit ihren Maßnahmen zur Erreichung der quartalsweisen Ziel- und Schlüsselergebnisse abzustimmen und zu integrieren. Zum anderen braucht es eine zentrale Steuerung und Kontrolle, da diese Art von Maßnahmen Leuchtturmcharakter besitzen und auf das Gesamtprojekt Transformation ausstrahlen und einzahlen.

Für das Gelingen der Beschleunigung sieht Kotter fünf kritische Erfolgsfaktoren:

1. Viele Akteure des Wandels, nicht nur die üblichen Verdächtigen, also die Führungskräfte.
2. Ein Wollen und ein Dürfen – nicht nur ein Müssen.
3. Kopf und Herz, nicht nur Kopf.
4. Viel Führung, nicht nur mehr Management.
5. Duales Betriebssystem aus Hierarchie und Netzwerk.

Mit Hilfe der »Beschleuniger« und der Erfolgsfaktoren können Sie Ihre konkreten Maßnahmen sowie die Dramaturgie der Transformation ableiten, durch eine Aktualisierung des Fahrplans im StrategyFrame® festhalten und so die Transformation kontinuierlich anschieben. Zur inhaltlichen und prozessualen Anpassung an Ihren Arbeitsfluss haben wir das Beschleunigerpaket ein wenig vereinfacht.

STRATEGIEBESCHLEUNIGER

1. ERZEUGEN SIE FORTWÄHREND DAS GEFÜHL DER DRINGLICHKEIT IN BEZUG AUF IHR ZIELBILD UND VOR ALLEM AUF IHR WIRKUNGSVERSPRECHEN.

Es ist von entscheidender Bedeutung, Ihrem Team das richtige Bewusstsein für die Transformation zu vermitteln. Dringlichkeit und angestrebte Wirkung müssen sich in Haltung und Einstellung der Unternehmensführung ausdrücken und täglich für jedes Mitglied Ihrer Organisation erfahrbar sein. Natürlich wird es im Verlauf der Transformation strategische Anpassungen geben müssen. Schließlich steht die Welt nicht still, während Sie Ihr Unternehmen transformieren. Verlieren Sie bei diesen Anpassungen aber das Zielbild niemals aus den Augen.

Ohne eine entsprechende Perspektive kommt die Organisation nicht in Bewegung. Erzeugen Sie daher Momentum. Aus den in Ihrem StrategyFrame® beschriebenen Herausforderungen und Wirkungsversprechen haben Sie Ihre Strategiegeschichte entwickelt. Sie ist das Fundament für Ihre Transformationsgeschichte, die sie nun in allen Medien und bei allen Publikumsveranstaltungen kundtun. Lassen Sie Zielbild und Wirkungsversprechen lebendig werden. Beleuchten Sie sie aus unterschiedlichen Perspektiven. Seien Sie »laut«. Das ist nicht Ihre Art? Machen Sie es zu Ihrer Art. Nur so wird man Sie hören.

AUS DER PRAXIS

Die innovative Full-Service-Elektronikgruppe KATEK hat das »Lautsein« mit ihrem Claim »Lead the Category« erfolgreich vorgemacht. Geboren aus der Idee, den stark fragmentierten Markt kleiner und mittlerer Produzenten von Elektronik-Baugruppen mit einer »Buy-and-build«-Story zu konsolidieren, hat sich dieses junge Unternehmen mutig auf den Weg gemacht, europäische Unternehmen aller Branchen als Nachfrager von Elektronikbauteilen wieder unabhängiger von brüchigen globalen Lieferketten zu machen. Nach dem Börsengang 2021 stehen die Zeichen auf Marktführerschaft: »Unser Branding, und insbesondere der Claim, haben für uns den entscheidenden Unterschied gemacht. So konnten wir außerordentliche Talente und neue Unternehmen für unsere Gruppe gewinnen, die Teil dieser Erfolgsgeschichte sein wollen«, berichtete CEO Rainer Koppitz in unserem Podcast.

2. BAUEN SIE EINE FÜHRUNGSKOALITION AUF UND PFLEGEN SIE DIESE.

Das Herzstück des strategischen Netzwerks bildet eine Kerngruppe von Freiwilligen aus der gesamten Organisation, Kotters »Guiding Coalition«. Jede*r kann sich für die Mitwirkung bewerben. Es gibt keine Hierarchien. Alle Mitglieder sind gleichberechtigt und haben Zugang zu den gleichen Informationen. Jenseits jeglicher Hierarchien lassen sich so Denk- und Handlungssilos aufbrechen und Widerstandsnester beseitigen.

Nach unserer Erfahrung scheuen Unternehmen eine solche Vorgehensweise gerade in prekären Situationen oder aber weil die Meinung vorherrscht, dass zu viele

Köche den Strategiebrei verderben. Gerne werden dann gerade die unliebsamen Geister und ewigen Nörgler*innen ausgegrenzt. Gute Strategiearbeit integriert aber auch notorische Kritiker*innen sinnvoll und gewinnbringend. Denken Sie darüber nach und wägen Sie ab, wer aus Ihrer Organisation in den Steuerungskreis Transformation passt. Zur Synchronisierung mit der Hierarchie-Kaskade empfehlen wir Ihnen, das Kernteam Ihres strategischen Netzwerks um die verantwortlichen Führungskräfte für die fünf großen Ziele des StrategyFrame® zu erweitern. Selbstredend sollte die oberste Führungsebene ebenso vertreten sein wie der oder die Verantwortliche für den Strategieprozess als Koordinator*in.

3. STELLEN SIE DEM NETZWERK KAPAZITÄTEN ZUR VERFÜGUNG, UM AUFTAUCHENDE HINDERNISSE ZU BESEITIGEN ODER PROBLEME ZU LÖSEN.

AUS DER PRAXIS:

Ein großes Maschinenbauunternehmen verfügt über ein internes hierarchieloses strategisches Netzwerk, das bereichs- und funktionsübergreifend bei Problemlösungen und Ähnlichem helfen soll. Netzwerkmitglieder bekommen Zeitkapazitäten gutgeschrieben, wenn sie als Netzwerkmitglieder im Einsatz sind. Beispiel: Ein Produktmanager erhielt eine Kundenanfrage mit einer völlig neuen Produktanforderung. Der Manager hatte ad hoc weder eine Lösungsidee noch genug Zeit, selbst darüber nachzudenken, denn der Kunde brauchte möglichst schnell eine Antwort (»Wir haben ein Problem. Könnt ihr es lösen?«). Daher bat der Produktmanager das interne Netzwerk um Hilfe. Ein Netzwerkmitglied mit freier Kapazität meldete sich: »Ich werde ein Team zur Problemlösung zusammenstellen.« Die freiwillige Person verfasste ein Exposee und teilte es im Netzwerk. Es meldeten sich mehrere Kolleg*innen mit entsprechenden fachlichen und sachlichen Fähigkeiten und freien Kapazitäten. Der Aussender des Exposees übernahm die Aufgabe der Teamleitung zur Organisation und Koordination der Gruppe. Nach einer Woche hatte die Gruppe eine pragmatische, software-basierte Lösung für die Kundenanforderung gefunden. Der Kunde war hoch erfreut über die Schnelligkeit des Unternehmens und die kostengünstige Lösung.

Wie funktioniert das in Ihrer Organisation? Wären Sie bereit, 20 Prozent der Ressourcenkapazität für Netzwerkmitglieder freizuräumen?

4. ENTWICKELN SIE EINE DRAMATURGIE DES FORTSCHRITTS UND DER ERFOLGE. INSZENIEREN SIE DIESE UNABHÄNGIG VOM AKTUELLEN DISKUSSIONSSTAND IN EINZELNEN INITIATIVEN ODER PROJEKTEN.

Die Glaubwürdigkeit des dualen Betriebssystems hängt maßgeblich davon ab, dass es schnell genug sichtbare und wirkungsvolle Ergebnisse liefert. Die menschliche Geduld ist begrenzt, vor allem bei denjenigen, die sich in psychologischer Unsicherheit befinden und Angst davor haben, am Ende als Verlierer der Transformation dazustehen. Je länger es dauert, umso einfacher haben es Skeptiker*innen, Nörgler*innen und Saboteur*innen, Erreichtes zu verwässern und Hindernisse aufzubauen. Feiern Sie daher das Erreichen von Meilensteinen und alle Erfolge, die auf Ihr Zielbild einzahlen. Nutzen Sie dabei jede Art der Kommunikation über interne und externe Medien. Erfolge begeistern, emotionalisieren. Nehmen Sie die Menschen in Ihrer Organisation emotional mit.

5. GEBEN SIE NICHT AUF! LERNEN SIE WEITER AUS DEN ERFAHRUNGEN. ERKLÄREN SIE NICHT ZU FRÜH DEN SIEG.

Sie müssen Ihre strategischen Initiativen innerhalb der Handlungsfelder durchführen und immer wieder neue schaffen, um sich an ein veränderndes Geschäftsumfeld anzupassen und wettbewerbsfähig zu bleiben. Wenn Sie vom Gas gehen, verliert der Prozess sein Momentum und bietet Widerständen aller Art Raum zur Entfaltung.

Das ist der entscheidende Grund, aus dem die Situationsanalyse mit ihren Herausforderungen so zentral für die Dringlichkeit Ihres Strategieprozesses ist. Nur was wichtig und gleichzeitig dringlich ist, hält die Menschen in Bewegung. Wenn die Dringlichkeit zu Beginn schwach ist oder vernachlässigt wird, lässt die Entschlossenheit im strategischen Netzwerk rasch nach, und der Fokus verschiebt sich zurück auf die Hierarchie.

6. INSTITUTIONALISIEREN SIE STRATEGISCHE VERÄNDERUNGEN IN DER KULTUR IHRER ORGANISATION.

Strategische Initiativen sind erst dann abgeschlossen, wenn sie in die täglichen Routinen überführt und integriert wurden. Verankern Sie deshalb nicht nur faktische Ergebnisse aus dem schrittweisen Abarbeiten der definierten Arbeitspakete. Jede Initiative bringt neue An- und Herausforderungen für das Denken und Handeln der Mitwirkenden. Durch gemeinsames Lernen und Umlernen und das Teilen des Erlernten mit anderen in der Organisation entsteht neues organisationales Wissen, das kreativ und innovativ für die Wettbewerbsfähigkeit des Unternehmens genutzt werden kann. Kontinuierliches strategisches Lernen (Pietersen, 2010) wird Ihre Organisation verändern und eine Kultur der Offenheit für Neues, der Wendigkeit im Denken und Handeln und der Nachhaltigkeit des Tuns schaffen.

TRANSFORMIEREN

Um Ihre Strategie umzusetzen, müssen Sie nun Ihre gesamte Organisation Schritt für Schritt transformieren. Dafür haben Sie im Prozessschritt »Adaptieren« bereits die Grundlagen in allen Handlungsfeldern gelegt, und beim »Kaskadieren« sind auf den unterschiedlichen Teamebenen Ihres Unternehmens weitere wichtige Maßnahmen hinzugekommen. Jetzt gilt es, die Transformation mit den sechs Strategiebeschleunigern in Gang zu setzen und auf die notwendige Geschwindigkeit zu bringen.

LEITFRAGEN:

1. **Wie starten wir die Transformation, um nachhaltige Veränderung zu erzeugen?**
2. **Wie überwinden wir Hürden und Widerstände in der bestehenden Hierarchie?**
3. **Wer ist Teil der Steuerungskreis Transformation – dem Kernteam der Transformation?**
4. **Wie aktivieren wir bisher ungenutzte Kräfte in der gesamten Organisation und formen diese zu einem strategischen Netzwerk?**
5. **Wie schaffen wir die notwendige kommunikative Infrastruktur und Inhalte, um die Reise zu beschleunigen?**
6. **Wie können wir starke Symbole für die Dringlichkeit der Veränderung sowie für unser Wirkungsversprechen setzen?**
7. **Wie verankern wir die systemischen Veränderungen in Strukturen und Prozessen?**
8. **Wie begeistern wir die Menschen in der Organisation und bringen sie dazu, aktiv an der Reise teilzunehmen?**

ANLEITUNG:

1. Starten Sie den Bewerbungs- und Auswahlprozess für die strategische Community und den Steuerungskreis Transformation.
2. Legen Sie Termine für das Auftakttreffen des Steuerungskreises sowie für die Sitzungs- und Berichtsroutine fest.
3. Stellen Sie die Synchronisierung mit der Strategiekaskade und deren Routinen sicher.
4. Starten Sie das strategische Netzwerk mit klaren Spielregeln und Ihrer Rückendeckung.
5. Bauen Sie eine tragfähige multidirektionale Infra- und Inhaltstruktur für Ihre Kommunikation und den Austausch des Netzwerks auf.
6. Entwickeln Sie eine spannende Dramaturgie entlang der Veränderungskurve, um Erfolge in Szene zu setzen und zu begeistern.

TIPPS

Besetzungsvorschlag der Guiding Coalition (Steuerungskreis Transformation):

- Sponsor des Strategieprozess,
- Verantwortliche*r für den Strategieprozess
- Pat*in der fünf Ziele,
- fünf Vertreter*innen des strategischen Netzwerks aus allen Hierarchieebenen und Unternehmensbereichen (nach Möglichkeit Diversität auch bezüglich Geschlecht, Alter, Nationalität, Sexualität, ...).

Beschränken Sie die Runde auf 12 Mitglieder, da sonst die Dynamik aufgrund der Gruppengröße verloren geht.

Besetzung des strategischen Netzwerks: Kombinieren Sie Vorschläge aus der bestehenden Hierarchie mit einem offenen internen Bewerbungsprozess inklusive Motivationsschreiben oder -video. Achten Sie dann bei der Besetzung des Netzwerks darauf, dass Sie alle regionalen, funktionalen und operativen Bereiche Ihres Unternehmens abdecken.

ACHTUNG

Die Erfahrung zeigt, dass in der Regel die guten, beliebten (konsensfähigen) und willigen Mitarbeiter*innen für wichtige Arbeitsgruppen oder Pilotprojekte vorgeschlagen werden. Zeit ist aber die knappste aller Ressourcen. Diese üblichen Verdächtigen sind meistens bereits über Gebühr im Tagesgeschäft und in anderen Projekten entlang der Strategiekaskade im Einsatz. Stellen Sie dem Netzwerk daher ausreichend Zeitressourcen zur Verfügung und entlasten Sie sie von anderen Aufgaben. Ihre Netzwerker*innen sollten mindestens 20 bis 40 Prozent ihrer Arbeitszeit für die Transformation nutzen können. Lassen Sie neben Vorschlägen zudem die Eigeninitiative der Kolleg*innen entscheiden.

STEUERUNGSKREIS TRANSFORMATION

MITGLIEDER:

Strategiesponsor: ______________________________

Strategieprozess-Verantwortliche*r: ______________________________

Pat*in Ziel 1: ______________________ **Community 1:** ______________________

Pat*in Ziel 2: ______________________ **Community 2:** ______________________

Pat*in Ziel 3: ______________________ **Community 3:** ______________________

Pat*in Ziel 4: ______________________ **Community 4:** ______________________

Pat*in Ziel 5: ______________________ **Community 5:** ______________________

Strategiekaskade Update-Routine:

Frequenz: ______________________ **Daten:** ___.___.______

Steuerungskreis Transformation Kickoff: ___.___.______ **Meeting-Frequenz:** ______________________

Strategiekaskade Tracking-Tool: ______________________________

Transformations-Program-Tracking-Tool: ______________________________

STRATEGISCHE COMMUNITY

Start des Bewerbungsprozess: ___.___.______

Auswahlkriterien: ______________________________

Ernennungsprozedere: ______________________________

Anzahl der Mitglieder zum Start der Community (zur Abdeckung alle Lokationen)**:** ______________________

INFRASTRUKTUR FÜR KOMMUNIKATION & ZUSAMMENARBEIT

KANÄLE	DRINGLICHKEIT & WIRKUNGSVERSPRECHEN	PROZESS- & ERFOLGSMELDUNGEN	COMMUNITY-AUSTAUSCH	STEUERUNGSKREIS-AUSTAUSCH	HINTERGRUNDGESCHICHTEN & STRATEGISCHE EINORDNUNG
Bsp. Teams-Kanal Community			✓		

FAHRPLAN III

BEREICH

TRANSFORMATIONSDRAMATURGIE

MONAT/QUARTAL

PHASEN

MEILENSTEINE

MASSNAHMEN

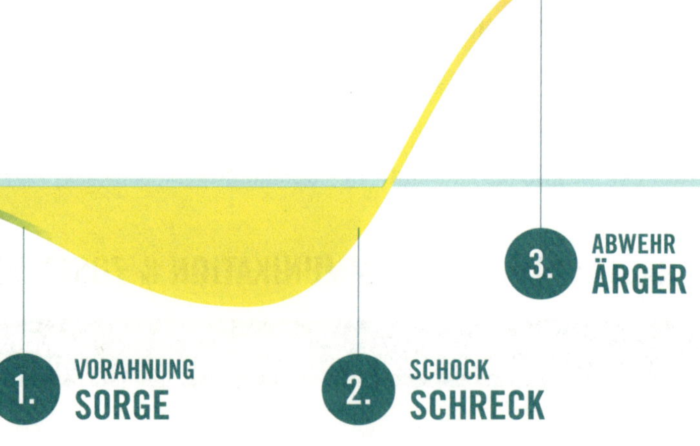

EMOTIONALE REAKTION –
adaptierte Veränderungskurve nach Kübler-Ross (1969)

REALISIERUNG

NAME

STAND

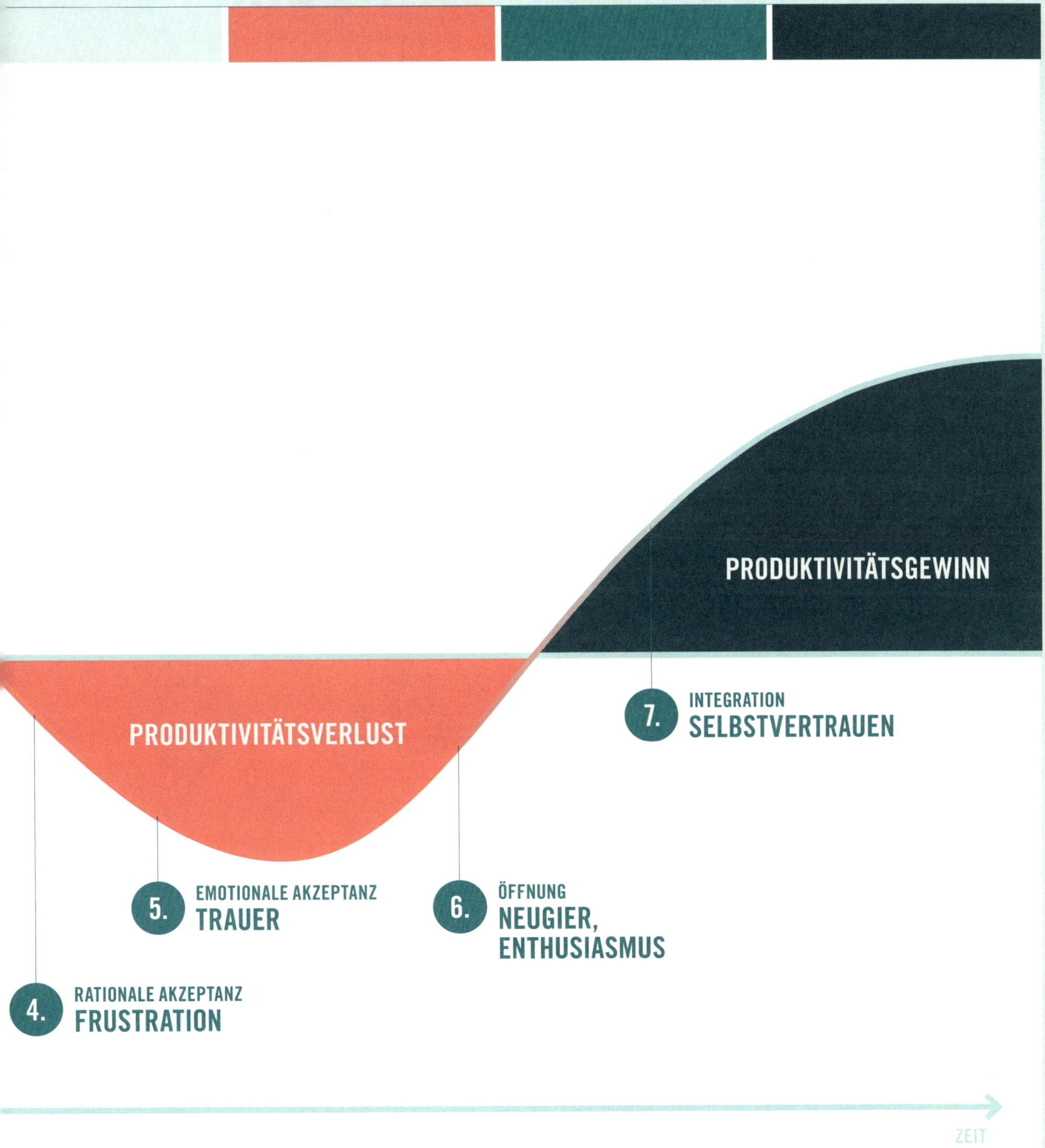

PRODUKTIVITÄTSGEWINN

PRODUKTIVITÄTSVERLUST

7. INTEGRATION
SELBSTVERTRAUEN

5. EMOTIONALE AKZEPTANZ
TRAUER

6. ÖFFNUNG
NEUGIER, ENTHUSIASMUS

4. RATIONALE AKZEPTANZ
FRUSTRATION

ZEIT

»THE REASON WHY IT IS SO DIFFICULT FOR EXISTING FIRMS TO CAPITALIZE ON DISRUPTIVE INNOVATIONS IS THAT THEIR PROCESSES AND THEIR BUSINESS MODEL THAT MAKE THEM GOOD AT THE EXISTING BUSINESS ACTUALLY MAKE THEM BAD AT COMPETING FOR THE DISRUPTION.«

Clayton M. Christensen, US-amerikanischer Wirtschaftswissenschaftler, Autor & Unternehmensberater

EXPERIMENTIEREN

WACHSTUMSMOTOR FÜR ÜBERMORGEN

»Experimentation can be defined as an iterative process of learning, what does and does not work. The goal of a business experiment is actually not a product or solution; it is learning – the kind of learning about customers, markets, and possible options that will lead you to the right solution.«

David L. Rogers, Berater, Autor und Fakultätsmitglied für Digital Strategy & Marketing, Columbia Business School

Mit dem aktuellen Strategieprozess richten Sie Ihr Unternehmen mit Blick auf die Zukunft neu aus. Sie wollen Wettbewerbsfähigkeit und Widerstandskraft maximieren. Aber die Ausführung von Strategie ist immer ein Experiment. Zum einen wird Ihre Strategie neue Elemente enthalten, von denen Sie heute noch nicht wissen, wie sie morgen intern oder beim Kunden funktionieren werden. Zum anderen rollen Sie Ihre Strategie nicht in einem Vakuum aus, sondern unter Wettbewerbsdruck in einem Umfeld, das sich stetig verändert.

Sieht Ihre Strategie zum Beispiel eine aggressivere Preis- und Vertriebspolitik vor, um in einem bestimmten Markt Ihren Anteil zu erhöhen, greifen Sie damit Ihre Konkurrenten direkt an. Diese könnten dann zur Verteidigung ihrer Marktpositionen aggressiv antworten und ihre Preise senken. Niedrigere Preise erfreuen die Nachfrager, reduzieren aber die Unternehmensgewinne. Ihre Konkurrenten könnten aber auch in einem anderen Markt zurückschlagen, in dem Sie aus Rentabilitätsgründen auf ein höheres Preisniveau angewiesen sind. Gehen Sie daher beim Transformieren getreu unserem Buchtitel nicht nach dem Prinzip »Hoffnung« von einem »Es wird schon funktionieren« aus.

Ihr Unternehmen ist – wie wir alle – Teil von diversen Systemen, überlappenden und konkurrierenden, von der Mikro- bis zur Makroebene. Ihre Aktivitäten liefern daher nicht nur dort Ergebnisse, wo Sie es möchten, sondern sie können zu unerwarteten Konsequenzen an anderen Stellen eines Systems führen. Es ist daher wichtig, systemische Wechselwirkungen Ihrer Strategieelemente zu identifizieren, ihre Art zu verstehen und ihre Tragweite abzuschätzen. Sie können Ihre Umsetzungsrisiken reduzieren, indem Sie kritische Strategieelemente (beispielsweise neue Preisangebote) schrittweise und iterativ austesten (unter anderem in verschiedenen, klar abgegrenzten Testmärkten).

Ist mit einem gelungenen Experimentieren das Ende der Fahnenstange erreicht? Natürlich nicht, denn es gilt die alte Fußballerweisheit: Nach dem Spiel ist vor dem Spiel. Die nächste Disruption könnte schon auf der nächsten Messe lauern oder vom nächsten Start-up kommen. Denken Sie daher weiter: Welche Fähigkeiten und Ressourcen stecken heute bereits im Unternehmen, mit denen Sie den Wachstumsmotor von übermorgen entwickeln können. Vielleicht entgegnen Sie nun: »Ja, richtig und wichtig, aber lassen Sie uns doch zuerst den aktuellen Strategieprozess zu Ende bringen.«

Angefangenes sollte in der Tat zu Ende gebracht werden, aber, falls es Ihnen noch nicht aufgefallen ist, der Prozess hat kein Ende, wenn Sie ihn zu Ihrer neuen strategischen Routine machen. Und in dieser Routine der ständigen Überprüfung und Adjustierung stellt sich die Frage nach dem Wachstumsmotor von übermorgen von allein. Denn unabhängig davon, woher die nächste Disruption kommt oder welche Kräfte sie vorantreiben, der beste Weg, bereit zu sein, sich gegen Herausforderer durchzusetzen und neue Wachstumsfelder zu dominieren, ist nach Anthony, Gilbert und Johnson (2017) eine »duale Transformation«:

»Dual transformation is the greatest challenge a leadership team will ever face. It is also the greatest opportunity a leadership team will encounter.«

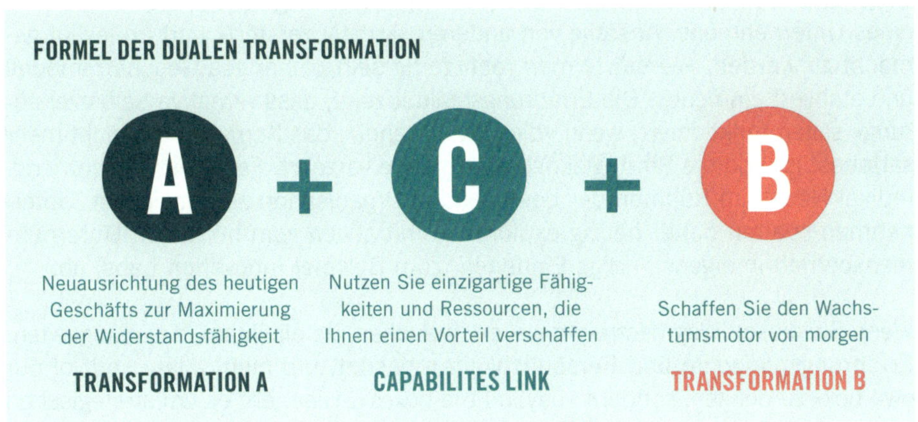

Das A steht dabei für den Strategieprozess, den Sie aktuell durchlaufen. Selbstverständlich befinden sich in diesem Prozess ausreichend Themen, die Sie vor oder während der Umsetzung schrittweise und dosiert testen können. Experimentieren fördert das Lernen. Um auch übermorgen noch relevant und erfolgreich sein zu können, sollten Sie bedenken, dass Sie Ihr künftiges Wachstum vielleicht außerhalb des in A abgebildeten Kerngeschäfts generieren müssen. Wenn Sie sich bereits im Zielbild bei der Festlegung des Spielfelds für eine der drei strategischen Handlungsoptionen

- Angebotsfindung
- Marktfindung
- Zukünftige Diversifikation

entschieden haben, dann finden Sie hier nun die Anleitung zur Ausarbeitung.

SCHAFFUNG DES WACHTUMSMOTORS = B

Die Suche nach neuen Märkten, neuer Nachfrage und neuen Geschäftsmodellen ist eine große strategische Herausforderung, der Sie mit Weitsicht, Offenheit im Denken und Beweglichkeit im Handeln begegnen müssen. Sie zu meistern erfordert meist neue Ressourcen und Fähigkeiten sowie ein anderes Herangehen als in Ihren etablierten Märkten. Zudem kann das zukünftige Aktivitätsfeld ganz anders aussehen als das heutige. Aus diesem Grund haben wir den Prozessschritt der Dualität im ersten Durchlauf von der Ausrichtung des Kerngeschäfts in A entkoppelt.

Geschäftsmodellinnovation ist eine Option für die strategische Weiterentwicklung eines Unternehmens. Anstelle von anderen »kreativ zerstört« und irrelevant gemacht zu werden, »zerstört« man rechtzeitig sein bisheriges Geschäftsmodell und etabliert ein neues. Die Erfahrungsrealität zeigt, dass »kreative Selbstzerstörung« selten funktioniert, wenn »die Hütte brennt«, das Kerngeschäft nicht mehr sattelfest ist und die Strategiekrise alle Energie verzehrt. Ferner ist es schwierig, radikal Neues im Rahmen der bestehenden Organisation zu entwickeln. Unternehmen spalten daher häufig explorative Initiativen vom normalen Unternehmensbetrieb in eigenständige Einheiten (zum Beispiel Innovation Labs) ab.

Wenn Sie diesen Weg bestreiten wollen, brauchen Sie ein Team, das Fähigkeiten, Erfahrungshorizonte und Persönlichkeiten besitzt, um nicht allein »out of our own box« zu denken, sondern »beyond the boxes«. Hier geht es um strategischen Weitblick, das Verstehen von Trends und Entwicklungen auf Makro- und Mikro-Ebenen. Um den zukünftigen Wachstumsmotor zu bauen, sind Investitionen und stabile finanzielle Ressourcen nötig. Ob irgendetwas Verwertbares aus dem Zukunftslaboratorium kommen wird, weiß keiner. Es gibt keine Garantien, aber eine Vielzahl von Risiken. Sie müssen daher diejenigen in Ihrem Unternehmen, die eher wenig Risiko eingehen möchten, von der Suche nach dem Zukunftsmotor und der Sinnhaftigkeit des damit verbundenen Einsatzes knapper Ressourcen überzeugen.

WIE FINDEN SIE IHR B?

Neue Geschäftsmodelle werden meist geboren, wenn in einem Markt auf der Angebots- oder Nachfrageseite neue Geschäftsgelegenheiten erkannt werden. Die Gründer von Netflix hebelten Blockbusters stationäres Verleihgeschäft von Videofilmen aus, als sie erkannten, dass sich die neue DVD-Technologie ideal für den Versand eignete. Mit Amazon hatten sie zudem ein funktionierendes Vorbild für den Versandhandel. In der Kombination aus neuer Technologie und neuem

Vertriebsansatz entstand ein neues Geschäftsmodell. Auch die Geschäftsmodelle von Uber, Airbnb und anderen digitalen Intermediären basieren auf der Erkenntnis, dass sich Angebot und Nachfrage mit Hilfe von Technologie besser und gewinnbringend koordinieren oder gar erst schaffen lassen.

Wie können Sie vorgehen? Identifizieren Sie in Ihren potenziellen Fokusmärkten Probleme, Schwächen oder Unvollkommenheiten, die bislang nicht oder unzulänglich adressiert wurden, weil spezialisierte Fähigkeiten fehlen, mögliche Lösungen unter den bestehenden Bedingungen zu teuer oder zu unbequem sind oder die Nachfrager noch keine Vorstellung von besseren Lösungen haben. Ihre Aufgabe besteht nun zunächst darin, bessere, billigere oder bequemere Lösungen zu finden. Danach entwickeln Sie ein Geschäftsmodell, das bestehende Barrieren überwinden, den neuen Markt profitabel bedienen und Ihre Zukunft sichern kann. Prüfen Sie die verschiedenen Möglichkeiten, Ihr neues Geschäftsmodell im Fokusmarkt an den Start zu bringen, wie zum Beispiel die Gründung eines neuen Unternehmens, Ausgründung aus dem heutigen Unternehmen, Übernahmen oder Beteiligungen an etablierten Unternehmen oder Start-ups.

EINZIGARTIGE FÄHIGKEITEN ENTDECKEN = C

Dies ist wahrlich der schwierigste Teil der dualen Reise. Welche Fähigkeiten und Ressourcen braucht Ihr Unternehmen, um in der Zukunft relevant und erfolgreich zu sein? Welche einzigartigen Fähigkeiten und Wachstumspotenziale schlummern in Ihrem Unternehmen? Im Kern geht es darum, aus den vorhandenen und den zu entwickelnden Fähigkeiten und Ressourcen die Brücke von Ihrem heutigen Unternehmen zum Wachstumsführer von morgen zu bauen. Das ist der »capabilities link«.

Treten Sie einen Schritt zurück: Auf welchen Fähigkeiten und Ressourcen basieren Ihre heutigen Unternehmenskompetenzen? Wie sehr sind sie von Ihrer Marke und dem im Unternehmen akkumulierten Wissen bestimmt?

Die Zukunft ist keine lineare Fortschreibung des Heute. Machen Sie sich deshalb bewusst, dass Ihre gegenwärtigen Kernkompetenzen wahrscheinlich nicht auf Ihre Wachstumsinitiativen der Zukunft einzahlen werden.

AUS DER PRAXIS:

In den 1990er Jahren wurde IT von vielen Managementprofessoren, Beratern und Unternehmenslenker*innen als Hygienefaktor angesehen. Wenn keine Kernkompetenz, dann konnte man die meist ungeliebte, weil unverstandene IT doch kostengünstig aus Indien in einem »24/7/365 global delivery model« importieren. Diese Sichtweise führte unter den günstigen Bedingungen der Globalisierung zu einem Outsourcing-Boom und dem Aufstieg spezialisierter IT-Dienstleister. Zwanzig Jahre später kam dann für viele Unternehmen die Ernüchterung: Nichts geht mehr ohne IT. Apple, Amazon, Google und Microsoft haben das früh erkannt und sind so zu Technologieführern geworden. Ihre IT- und KI-gestützten Plattform-Geschäftsmodelle machen sie zu den wertvollsten Unternehmen der Welt. Spätestens mit der digitalen Transformation haben dann auch die letzten Unternehmenslenker*innen erkannt, dass das Beherrschen von IT in der 4. Industriellen Revolution eine Kernkompetenz darstellt.

Ermutigen Sie Ihre Teams, sich zu den Kernkompetenzen und Wachstumspotenzialen Gedanken zu machen und sich auszutauschen. Stellen Sie sicher, dass ausreichend Zeit-, Personal- und Finanzressourcen für B und C zur Verfügung stehen, und widmen Sie diesem Teil der dualen Transformation sichtbar Ihre persönliche Aufmerksamkeit und Unterstützung. Anthony (2017) fasst Ihre Herausforderung prägnant zusammen:

»Creating a new business from scratch is hard, but executives of incumbents have the dual challenge of creating new businesses while simultaneously staving off never-ending attacks on existing operations, which provide vital cash flow and capabilities to invest in growth.«

Und nun? Eine Frage haben wir bisher noch nicht beantwortet: Wie finden Sie diese einzigartigen Fähigkeiten und Ressourcen, die Wachstumspotenziale generieren und neue Geschäftsmodelle für morgen und übermorgen inspirieren?

IDEEN GENERIEREN MIT STRATEGISCHER INTUITION

»A good hockey player plays where the puck is. A great hockey player plays where the puck is going to be.«

Wayne Gretzky, ehemaliger kanadischer Eishockeyspieler

Wie entstehen Ihre neuen Ideen? Und wie entstehen aus Ihren Ideen neue Geschäftsmodelle? Reichen Denk-Freiraum und Inspiration aus, um für Ihr Unternehmen etwas bahnbrechend Neues zu schaffen?

Für Joseph Schumpeter (1911) war Innovation vor allem das Erschaffen von Neuem durch die neuartige Kombination von Bestehendem. Und das Bestehende muss nicht zwangsläufig aus dem eigenen Haus kommen. Im Gegenteil:

»Good artists copy – great artists steal.«

Steve Jobs, ehemaliger US-amerikanischer Unternehmer, Gründer und CEO von Apple Inc.

Dieses Bonmot, das Steve Jobs dem Künstler Pablo Picasso zuschrieb, steht für die Fähigkeit des Mitgründers von Apple, über den eigenen Tellerrand hinauszublicken, sich aus dem Guten und Erfolgreichen zu bedienen, das schon da war, es aber mit anderen Augen zu sehen und so mit den eigenen Vorstellungen so zu verknüpfen, dass etwas Neues entstand. Nehmen wir Apples iPod und iPhone als Beispiele. Der analoge Vorvorläufer des iPod war Sonys Walkman, der erste tragbare Miniaturkassettenrekorder. Steve Jobs »digitalisierte« den Walkman. Mit dem iPhone machte er das Mobiltelefon »smart«. In beiden Fällen mussten nur wenige Räder gänzlich neu erfunden werden. Das Design von iPod und iPhone »entlieh« Jobs vom deutschen Industriedesigner Dieter Rams und dessen Arbeiten für den Elektrogerätehersteller Braun, wie unter anderem das Transistorradio T3 (1958) oder der Taschenrechner ET66 (1987).

Vor der Innovation steht die Idee. Wann haben Sie Ihre besten Ideen? Wahrscheinlich in der Nacht oder unter der Dusche oder in einem völlig unerwarteten Augenblick. Plötzlich durchzuckt es Sie – Sie haben einen Geistesblitz. Vor Ihrem geistigen Auge fügen sich Dinge zusammen, die Sie bislang nicht in einen Zusammenhang gebracht hatten. Gedanken verknüpfen und manifestieren sich in einer Idee.

Die Gehirnforschung hat untersucht, wie diese Geistesblitze entstehen. Es handelt sich um eine besondere Form der Intuition. Es gibt drei Arten von Intuition. Die gewöhnliche Intuition lässt sich am besten als unser »Bauchgefühl« verstehen. Es entsteht aus Erfahrungen, Wissen und Projektionen. Bei der fachlichen Intuition handelt es sich um schnelle Urteile, die wir treffen, weil wir etwas Bekanntes oder Analoges wahrnehmen und die Folgen grundsätzlich kennen. In solchen Entscheidungssituationen sind wir »Expert*innen«, und unser Gehirn generiert eine Experteneinschätzung. So wie erfahrene Fußballspieler*innen aus der Art und Geschwindigkeit, wie ein Ball gespielt wird, schließen können, wo der Ball ankommen wird. Die dritte Art der Intuition ist mehr als ein Bauch- oder Expertengefühl. Vielmehr liefert sie eine Idee für das zukünftige Handeln. Duggan (2007) hat diese Art der Intuition daher als »strategische Intuition« bezeichnet.

Strategische Intuition ist ein klarer Gedanke. Und sie ist nicht schnell, wie die Experteninituition. Sie ist langsam. Der Geistesblitz, den Sie gestern Abend hatten, könnte ein Problem lösen, das Sie schon seit einem Monat beschäftigt. Und sie tritt nicht in vertrauten Situationen auf, wie im Fußballmatch. Strategische Intuition funktioniert in neuen oder andersartigen Situationen, wenn weder Bauch- noch Expertengefühl Lösungen offerieren. Dann brauchen wir strategische Intuition am meisten.

Carl von Clausewitz, preußischer General in den napoleonischen Kriegen und Wegbereiter der modernen Strategielehre, analysierte Napoleons Erfolge auf dem Schlachtfeld. Er stellte fest, dass Napoleon vor allem strategische Intuition besaß. Clausewitz definiert strategische Intuition als einen vierstufigen Prozess. Auf der ersten Stufe braucht es ein »historisches« Bewusstsein. Napoleon studierte aufmerksam vergangene Schlachten, lernte aus ihnen und nutzte die Einsichten für seine eigenen Schlachten. Heutige Strategiemacher*innen sollten also mit dem vertraut sein, was bislang geschehen oder schon vorhanden ist. Steve Jobs war ein Fan der Bauhaus-Design-Schule und kannte die Arbeiten von Dieter Rams.

Wissen und Vertrautheit allein genügen nicht. Auf der zweiten Stufe muss Geistesgegenwart hinzukommen. Als Steve Jobs in den frühen 1970er Jahren Xerox Labs besuchte, sah er im Forschungslabor einen Minicomputer mit einer grafischen Benutzeroberfläche, die von einem Gerät, das wir heute Maus nennen, angesteuert werden konnte. Sein hellwacher Geist kombinierte das Geschaute mit seiner eigenen Vision: den Apple Personal Computer. Der Geistesblitz als dritte Stufe der strategischen Intuition zündete und lieferte die Idee zum Handeln. Um zum Handeln zu kommen, braucht es als letzte Stufe der strategischen Intuition Entschlossenheit. Steve Jobs hatte die nötige Entschlossenheit: vom Apple I (1976) bis zum heutigen Notebook.

Sie können für Ihre Ideengenerierung Duggans (2013) »Insight Matrix« nutzen, die in Zusammenarbeit mit General Electric entstand. Sie erfasst Problemlösungen oder deren Leistungselemente aus anderen Bereichen (Unternehmen, Branchen, Märkten) oder Kontexten (Sport, Theater, ...). Ziel ist es, die verschiedenen Elemente so zu kombinieren, dass neuen Lösungen entstehen. Die nachfolgende Matrix zeigt die Anwendung am Beispiel von Netflix.

PROBLEM 1 Online-Bestellung DVD-Verleih-Club	**PROBLEM 2** Online Streaming

QUELLEN

ELEMENTE	BLOCK-BUSTER	FITNESS CLUB	AMAZON	DVDS	ANDERE?	AWS CLOUD	NAPSTER
GESCHÄFTSART	✓		✓				
BEZAHLSYSTEM		✓	✓				
VERSANDSYSTEM			✓		✓		
ONLINE SERVER						✓	
ONDEMAND STREAMING							✓

INSIGHT MATRIX
NETFLIX I + II erweitert nach Duggan (2013)

AUS DER PRAXIS

Netflix kombinierte die neue DVD-Technologie mit dem von Amazon übernommenen digitalen Vertriebsmodel zu einem völlig neuen Geschäftsmodell. Das Unternehmen stellte zudem stets den größtmöglichen Bestand an Filmen auf DVD sicher. Die Vorteile lagen auf der Hand. Bei Netflix konnten die Kunden aus einem riesigen Filmbestand auswählen, die gewünschten Filme einfach über das Internet bestellen und sich nach Hause liefern lassen. Sie hatten keine Zeit- und Wegekosten, um zur nächsten Videothek zu gelangen. Netflix sparte sich die fixen Raum- und Personalkosten eines stationären Geschäftsbetriebs. Später adaptierte Netflix umgehend neue technologische Entwicklungen im IT-Bereich, insbesondere die Cloud Angebote von Amazon Web Services (AWS), und stieg aus dem DVD-Versand-Modell aus, um ein neues Geschäftsmodell zu etablieren: »video on demand« über »internet streaming«. Die Kunden mussten nicht mehr warten, bis die Zustellung kam.

Die Beziehung zwischen Netflix und AWS ist ein Beispiel von Kooperation bei gleichzeitiger Konkurrenz, in der Fachsprache »co-opetition« genannt. AWS verdient an jedem »stream« eines Netflix-Nutzers und bietet gleichzeitig mit Amazon Prime ein direktes Konkurrenzprodukt an. Auf der einen Seite der Geschäftsmodelle von AWS und Netflix wird kooperiert, während auf der anderen Seite harter Wettbewerb um jedes Abonnement herrscht.

STRATEGISCHE INNOVATIONSROUTINE ETABLIEREN

Überlassen Sie das Aufspüren neuer Marktgelegenheiten und Geschäftsmöglichkeiten nicht dem Zufall. Integrieren Sie auch das auf das Übermorgen ausgerichtete Denken in Ihren Strategieprozess für das Morgen. Richten Sie eine Arbeitsroutine ein, die folgende Schritte beinhaltet:

1. ERFASSEN SIE DAS PROBLEM

Sie betrachten beispielsweise einen Fokusmarkt. Starten Sie damit, im Team das aktuelle Verständnis der Marktgegebenheiten und des Kundennutzens aufzuschreiben. Identifizieren Sie mögliche Probleme oder Gelegenheiten auf Angebots- und Nachfrageseite, die den Kundennutzen betreffen. Wer sind die heutigen Kunden? Wer könnten die zukünftigen Kunden sein? Erstellen Sie Personas Ihrer heutigen und zukünftigen Kunden. Personas sind Modelle von »typischen« Kunden oder Nutzern, die Personen einer Zielgruppe in ihren Merkmalen charakterisieren. Welche Wertangebote wären attraktiv? Welche Angebotselemente (Preis, Qualität und Ähnliches) stiften Ihren Personas den hauptsächlichen Nutzen? Erfassen Sie diese Elemente in der Insight-Matrix.

2. FINDEN SIE ERFOLGREICHE VORBILDER

Schauen Sie auf Ihr Trendradar im Prozessschritt »Analysieren«

Suchen Sie nach Lösungsoptionen oder Vorbildern für Lösungen in anderen Bereichen oder Kontexten. Tragen Sie diese Vorbilder in die Insight-Matrix ein. Nutzen Sie als Inspiration für Ihre Suche die Situationsanalyse im Modul »Trends« des StrategyFrame®. Welche Makrotrends wirken auf Ihre Branche und Ihr Geschäftsmodell ein? Welche Mikrotrends sind für Ihre Personas relevant?

3. KOMBINIEREN SIE DIE VORBILDER ZU NEUEN LÖSUNGEN

Die Kombination der verschiedenen Lösungselemente aus unterschiedlichen Quellen ist ein kreativer Prozess: Welche Elemente passen zusammen, welche müssen modifiziert werden oder hinzukommen, um gewinnbringend einen höheren Kundennutzen zu erzielen? Auf welche Elemente können Sie verzichten?

Schaffen Sie die bestmöglichen Voraussetzungen für strategische Intuition. Kreativität funktioniert nicht auf Knopfdruck, weil heute Brainstorming-Workshop ist. Geben Sie Ihren Teammitgliedern Zeit für eine Hausaufgabe: eigenständig erfolgversprechende Lösungen zu erarbeiten. Die Liste an Lösungsvorschlägen ist dann der Input für den Team-Workshop, in dem die Vorschläge im Einzelnen vorgestellt und diskutiert werden. Entscheiden Sie dann gemeinsam mit Ihrem Team, welche Vorschläge weiter verfolgt werden sollen. Stellen Sie diese verkürzte Liste einem erweiterten Kreis von Führungs- und Fachkräften vor.

Bleiben Sie dabei offen für Anregungen oder gar neue Ideen. Wählen Sie am Ende gemeinsam die Top-3-Lösungen aus, die in die nächste Phase gehen sollen.

4. SCHAFFEN SIE NEUE WERTANGEBOTE UND BAUEN SIE GESCHÄFTSMODELL-PROTOTYPEN

Erarbeiten Sie für Ihre Top-3-Lösungen die konkreten Nutzen- oder Wertangebote an Ihre Personas. Ausgehend von diesen Wertangeboten können Sie mit Hilfe des bekannten »Business Model Canvas« Prototypen möglicher Geschäftsmodelle entwerfen.

BUSINESS MODEL CANVAS & VALUE PROPOSITION adaptiert nach Osterwalder (2010)

SCHLÜSSELPARTNER	SCHLÜSSELAKTIVITÄTEN	WERTANGEBOT (Value proposition)	KUNDENBEZIEHUNGEN	KUNDENSEGMENTE
Welches sind Ihre wichtigsten Partner, um Wettbewerbsvorteile zu erzielen?	Welches sind die wichtigsten Schritte, um Ihren Kunden näher zu kommen?	Wie werden Sie das Leben Ihrer Kunden glücklicher machen?	Wie oft werden Sie mit Ihren Kunden in Kontakt treten?	Wer sind Ihre Kunden?
	SCHLÜSSELRESSOURCEN	**PRODUKTE UND DIENSTLEISTUNGEN**	**KANÄLE**	**KUNDENJOBS**
	Welche Ressourcen brauchen Sie, um Ihre Idee zu verwirklichen?	**GEWINNERZEUGER**	Wie wollen Sie Ihre Kunden erreichen?	**GEWINNE**
		PROBLEMLÖSER		**SCHMERZEN**

KOSTENSTRUKTUR	EINKOMMENSSTRÖME
Wie viel planen Sie für die Produktentwicklung und Marketing in einem bestimmten Zeitraum?	• Wie viel planen Sie? • Wie viel wollen Sie in einem bestimmten Zeitraum verdienen? • Vergleichen Sie Ihre Kosten und Einnahmen.

Alexander Osterwalder, Erfinder des Business Model Canvas, bringt es auf den Punkt:

»Once you understand business models you can then start prototyping business models just like you prototype products.«

Der Canvas umfasst die Kernelemente, die zur Erstellung und Profitabilität Ihres Wertangebots nötig sind. Folgende Fragen sind für jeden Geschäftsmodell-Prototypen zu beantworten:

- Welche Ressourcen und Fähigkeiten müssen wir für ein kosteneffizientes Wertangebot einsetzen?
- Welche Aktivitäten sind dafür nötig? Brauchen wir hierfür Partner? Wenn ja, welche?
- Wer sind unsere Zielkunden(gruppen)?
- Über welche Kanäle erreichen wir unsere Zielkunden?
- Welche Beziehungen müssen wir zu unseren Zielkunden aufbauen, um kontinuierlich ausreichend hohe Umsätze zur Erreichung unserer Rentabilitätsziele zu generieren?

Die Beantwortung dieser Fragen hilft Ihnen auch zu verstehen, welche Ihrer heutigen Fähigkeiten oder Ressourcen nicht so leicht von der Konkurrenz zu kopieren sind und zudem möglicherweise Vorteile für den Wachstumsmotor von übermorgen bringen könnten.

5. TESTEN UND LERNEN SIE

»Your No. 1 goal is to reduce the risk of failure and uncertainty.«
Alexander Osterwalder, Schweizer Autor und Erfinder des Business Model Canvas

Testen Sie Ihre Geschäftsmodell-Prototypen mit potenziellen Kunden. Sie reduzieren so das Risiko, etwas zu entwickeln, das niemand wirklich braucht und kauft. Lernen Sie aus der Resonanz Ihrer Testkunden. Passen Sie die Prototypen immer weiter an, bis Sie ein Modell finden, das Investitionen und Entwicklung bis zur Marktreife rechtfertigt. Überlegen Sie gut, welchen Weg in den Markt (»go-to-market«) Sie nehmen wollen. Geht das mit Ihrem bestehenden Unternehmen, oder erhalten Sie Marktzugang beispielsweise durch Zukäufe?

Vergessen Sie beim Experimentieren nicht: Strategie ist ein Plan. Er muss aber flexibel sein, um sich auf die sich ständig verändernden Gegebenheiten in Ihrem Markt, beim Wettbewerb, bei Trends und in Ihrem allgemeinen Umfeld einstellen zu können.

»JE PLANMÄSSIGER DIE MENSCHEN VORGEHEN, DESTO WIRKSAMER TRIFFT SIE DER ZUFALL.«

Friedrich Dürrenmatt, Schweizer Schriftsteller, Dramatiker und Maler.

EXPERIMENTIEREN

Sich immer wieder neu zu erfinden und niemals stehenzubleiben, ist zum Anspruch unserer schnelllebigen Zeit geworden. Machen Sie daher strategische Innovationsarbeit zu einer Routine in Ihrem Unternehmen. Wir schlagen zum Auftakt einen zweitägigen Workshop mit einem diversen Team quer durch Ihre Organisation vor, um die neue Routine und ihre Methoden vorzustellen und sie danach in Ihr Unternehmen zu tragen. Wichtig ist: Definieren und vermitteln Sie einen klaren Prozess, wie neue Ideen und aus ihnen echtes Neugeschäft entstehen sollen, damit die neue Routine nicht zur wertlosen Beschäftigungstherapie wird.

LEITFRAGEN:

1. **Welche einzigartigen Fähigkeiten und Ressourcen besitzen Sie in Ihrem Kerngeschäft, die Ihnen einen Vorteil für morgen und vielleicht sogar übermorgen verschaffen können?**
2. **Welche Trends verändern Ihre Branche und bedrohen Ihr Geschäftsmodell?**
3. **Welche Probleme werden Sie morgen für Ihre Kunden zu lösen haben?**
4. **Gibt es bereits in anderen Umfeldern oder Kontexten Vorbilder für erfolgreiche Problemlösungen?**
5. **Wie lassen sich diese Vorbilder zu neuen Lösungen für Ihre potenziellen Kunden und deren Probleme verbinden?**
6. **Welche Wertangebote an Ihre Personas sind mit diesen neuen Lösungskombinationen möglich?**
7. **Wie sieht ein mögliches Geschäftsmodell für das jeweilige Wertangebot aus? Auf welche einzigartigen Fähigkeiten oder Ressourcen können Sie dabei aufbauen?**
8. **Wie testen Sie Ihre Prototypen, um Risiken bestmöglich zu reduzieren?**
9. **Was kann Ihr Wachstumsmotor von morgen sein?**

ANLEITUNG:

(Die Detailbeschreibung finden Sie auf den Seiten davor.)

1. Erfassen Sie das Problem.
2. Finden Sie erfolgreiche Vorbilder.
3. Kombinieren Sie die Vorbilder zu neuen Lösungen.
4. Schaffen Sie neue Wertangebote und bauen Sie Geschäftmodell-Prototypen.
5. Testen und lernen Sie.

INSIGHT-MATRIX

PROBLEM

QUELLEN

ELEMENTE							

BUSINESS MODEL CANVAS nach Osterwalder (2010)

SCHLÜSSELPARTNER	SCHLÜSSELAKTIVITÄTEN	WERTANGEBOT	KUNDENBEZIEHUNGEN	KUNDENSEGMENTE
	SCHLÜSSELRESSOURCEN		KANÄLE	

KOSTENSTRUKTUR	EINKOMMENSSTRÖME

»WENN DU DIE ABSICHT HAST, DICH ZU ERNEUERN, TU ES JEDEN TAG.«

Konfuzius

ADJUSTIEREN

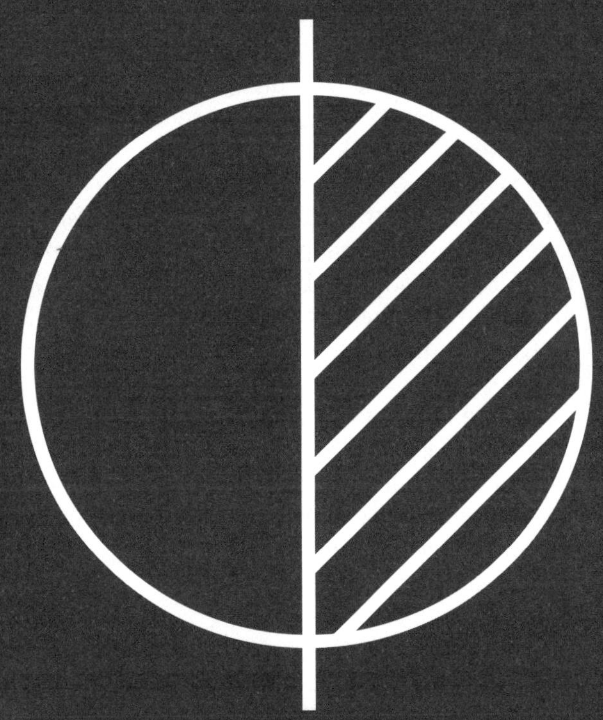

KURS KONTINUIERLICH ADJUSTIEREN

»Gefahren warten nur auf jene, die nicht auf das Leben reagieren. Derjenige, der die von der Gesellschaft ausgehenden Impulse aufgreift und dementsprechend seine Politik gestaltet, der braucht keine Angst vor Schwierigkeiten zu haben.«
Michail S. Gorbatschow, letzter Staatspräsident der Sowjetunion

Corona-Shutdowns von Städten und Häfen, Explosion der Energiepreise, Lieferstopp von Gas für Ihre Industrie, akuter Wassermangel an Fertigungsstandorten, verunsicherte Verbraucher, die wegen Inflationsängsten den Konsum einschränken, ein neuer Konflikt zwischen China und Taiwan – die Welt dreht sich nicht schneller als früher. Aber Ereignisse, die früher weit weg waren und für Ihr Unternehmen keine Bedeutung hatten, gibt es eigentlich nicht mehr. Alles hängt zusammen. Heute sollte es Sie vielleicht doch interessieren, wenn in China der sprichwörtliche Sack Reis umfällt.

Internationale Verflechtungen und die Globalität von Lieferketten verändern sich unter den jüngsten geopolitischen und pandemischen Entwicklungen einschneidend und unvorhersagbar. Wie flexibel muss Ihre Strategie deshalb sein? Wie oft sollten Sie Ihre Strategie adjustieren? Alle 3 Jahre, einmal im Jahr, einmal im Quartal, monatlich oder ad hoc?

Der letzte Prozessschritt unseres Strategie-Workflow ist das fortlaufende »Adjustieren« der in der Umsetzung befindlichen Strategie. Für viele Unternehmen stellt er die größte Herausforderung dar. Gleichzeitig gibt es hier auch viel Raum für Missverständnisse. Was müssen wir unter welchen Zeithorizonten anpassen? Und wenn wir laufend anpassen müssen, können wir uns dann nicht gleich das Strategiemachen sparen?

Die Antwort darauf lautet: Nein. Sicherlich gibt es Elemente wie beispielsweise Ihr Zielbild, welches Sie fest im Blick behalten sollten. Den Weg dorthin müssen Sie aber beständig prüfen und bei großen Stolpersteinen, falscher Ausrüstung oder unerwarteten Geländeveränderungen anpassen. Auch wenn sich Ihre Ausgangslage ändert, sollten Sie klären, ob Sie noch auf Kurs sind und Ihr Zielbild im gewünschten Zeithorizont erreichen können.

Verschiebt sich in Ihren Märkten die Nachfrage oder greift ein Wettbewerber massiv an, müssen Sie prüfen, was das für Sie bedeutet. Natürlich tun Sie das nicht jede Woche, außer das Ereignis ist so einschneidend, dass es einer schnellen Risikoabschätzung bedarf. Ihr Zielbild mit Wirkungsversprechen, Kundennutzen und Spielfeld werden Sie auch nicht innerhalb eines Jahres verändern. Gerade bei Wirkungsversprechen und Kundennutzen sollte eine deutlich längere Halbwertszeit zum Tragen kommen. Bei Ihren Zielen und Schlüsselergebnissen sieht dies vielleicht schon wieder anders aus. Hier können Sie beispielsweise gut nachjustieren und re-priorisieren, um Ihre Organisation manövrierfähig zu halten. In den Handlungsfeldern haben Sie unterschiedliche Laufzeiten für Initiativen, Projekte und Maßnahmen sowie deren Erweiterung und Ergänzung. Den dazugehörigen Fahrplan sollten Sie mindestens monatlich anpassen, um Kurs zu halten. Den gesamten StrategyFrame® sollten Sie hingegen lediglich einmal im Jahr unter die Lupe nehmen.

SCHRITT FÜR SCHRITT

Eine neue Strategie ist für jedes Unternehmen ein einschneidendes Erlebnis. Mit ihrer Umsetzung gehen viele Veränderungen einher. Einige davon sind vielleicht kleine Schritte, manche eher evolutionär und wieder andere wirklich systemverändernd und damit revolutionär. Wir haben Ihnen mit diesem Buch hoffentlich viele Impulse und Empfehlungen für Ihren Strategieprozess gegeben. Diese Anregungen werden in Ihrer Organisation – trotz Einbindung und Mitwirken der Betroffenen – nicht immer auf Gegenliebe stoßen, da sie gelebte Realitäten, Althergebrachtes oder schlicht Gewohnheiten infrage stellen. Mit einer neuen Strategie nehmen Sie sich viel vor. Um sich dabei nicht zu verheben, sollten Sie sich auch selbst auf den Prüfstand stellen und Ihr Denken und Handeln regelmäßig hinterfragen. Großen Veränderungen gehen kleine Veränderungen voraus. Gehen Sie Schritt für Schritt – um jeden Tag ein Stück besser zu werden.

NEUE STRATEGIE-ROUTINEN ETABLIEREN

»Kann eine minimale Veränderung dem Leben eine andere Richtung geben? (…) Der heilige Gral der Gewohnheitsänderung ist nicht eine einzige einprozentige Verbesserung, sondern Tausende davon. Es sind viele Gewohnheiten, die zusammenkommen und gemeinsam das Gesamtsystem bilden. (…) Mit jeder Verbesserung wird ein Sandkorn auf die positive Seite der Waage gelegt, sodass sie sich langsam zu Ihren Gunsten neigt.«

Aus der Perspektive erfolgreicher Verhaltensveränderung von Menschen beschreibt Clear (2020), wie minimale Veränderungen Großes bewirken können. Und schließlich steckt in Ihrem Strategieprozess bei aller Rationalität und Ernsthaftigkeit auch viel Menschliches. Nichts in diesem Prozess ist ohne die Ideen, das Engagement und die Hartnäckigkeit von Ihnen, Ihrer Führungsmannschaft und allen anderen in Ihrer Organisation wirklich möglich.

Verwandeln Sie mit dem StrategyFrame® Ihre neuen Gewohnheiten in Routinen.

STRATEGIE-ROUTINEN

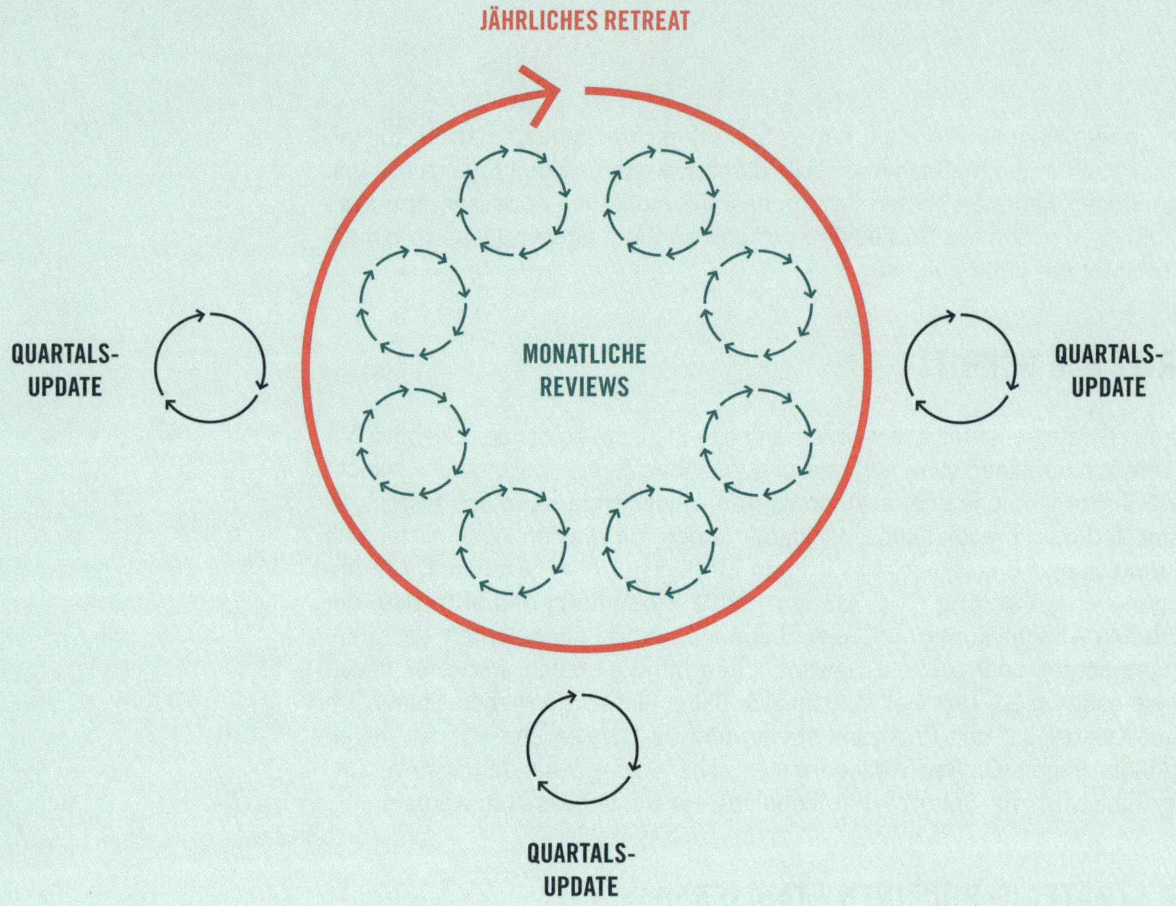

JÄHRLICHES RETREAT

QUARTALS-UPDATE

MONATLICHE REVIEWS

QUARTALS-UPDATE

QUARTALS-UPDATE

ROUTINEN IM ÜBERBLICK

SYMBOL	ZYKLUS	MEETING-FORMAT	DAUER	STRATEGYFRAME® MODULE
	3 bis 5 Jahre	Strategie-Workshops I-III	siehe Prozess-schritte 1–4	gesamt
	1-mal im Jahr	Strategie-Retreat	2 Tage	Situationsanalyse (Märkte, Kundensegmente, Angebot, Ziele & Schlüsselergebnisse)/Zielbild (Ziele & Schlüssel-ergebnisse)/Handlungsfelder (Fahrplan)
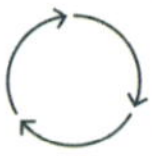	3-mal im Jahr	Strategie-Update	1 Tag	Situationsanalyse (Markt, Wettbewerb, Trends, Allgemeines Umfeld)/Zielbild (Ziele & Schlüsselergebnisse)/Handlungs-felder (Innovation, Fahrplan)
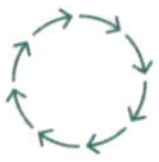	8-mal im Jahr	Strategie-Review	0,5 Tag	Zielbild (Ziele & Schlüsselergebnisse)/Handlungsfelder (Innovation, Fahrplan)
	bei dringendem Bedarf	Strategie-Check	tbd.	Situationsanalyse (Außergewöhnliche Ereignisse aus Wettbewerb, Allgemeines Umfeld)/Handlungsfelder (Strukturen & Prozessen, Menschen, Kultur, Daten & IT)

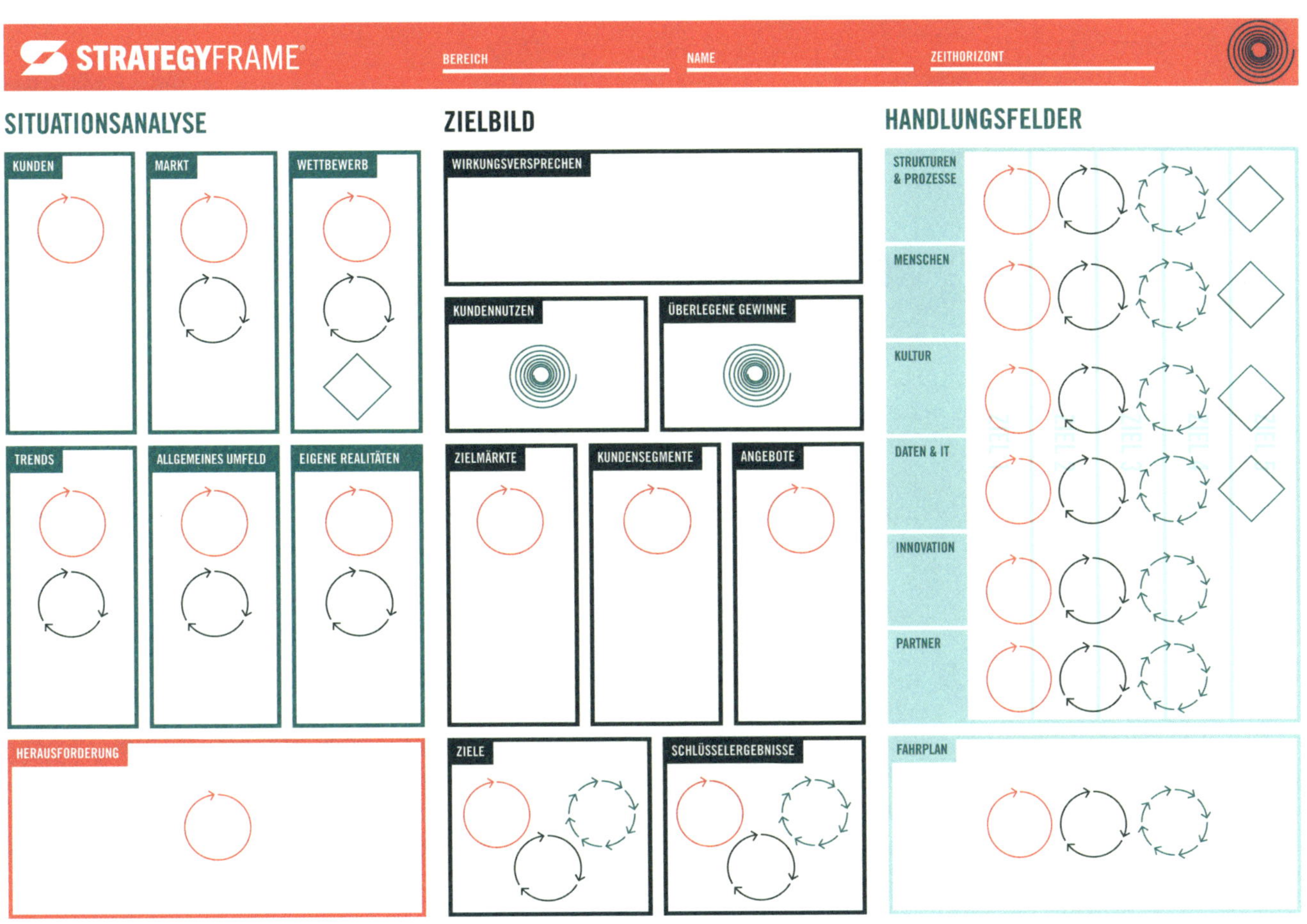

ROUTINEN NACH WORKFLOW & GREMIEN

	STRATEGIE SPONSOR + GESCHÄFTSFÜHRUNG + PROZESSVERANTWORTLICHE*R	VERANTWORTLICHE PATEN ZIELE (MAX. FÜNF PERSONEN)	COMMUNITY VERTRETER (MAX. FÜNF PERSONEN)	VERANTWORTLICHE INNOVATION (MAX. ZEHN PERSONEN)
STEUREUNGSKREIS ZIELE	✓	✓		
STEUERUNGSKREIS TRANSFORMATION	✓	✓	✓	
STEUERUNGSKREIS INNOVATION	✓			✓

MEETINGROUTINEN

STRATEGIE-CHECK

Ad-hoc-Format, das auf Ebene der Steuerungskreise nur zum Einsatz kommt, wenn es zu weitreichenden und einschneidenden Ereignissen oder Veränderungen in den Märkten oder im allgemeinen Umfeld kommt. Das Format bietet bei allgemeinen Hindernissen in der operativen Strategieumsetzung die Möglichkeit, schnell vor Ort Lösungen zu erarbeiten, ohne große Gremien zu durchlaufen.

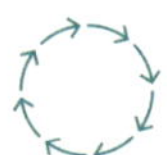

STRATEGIE-REVIEW

Monatliches Format, um den Fortschritt der Teams sowie im Steuerungskreis »Ziele« die Erreichung der Ziele und Schlüsselergebnisse zu überprüfen. Für den Steuerungskreis Transformation (bestehend aus den fünf Vertreter*innen der Ziele sowie Repräsentant*innen des strategischen Netzwerks) geht es um die Fortschrittsüberprüfung, mögliche Ressourcenfragen und Risiken mit Blick auf die Umsetzung von Initiativen, Projekten und Maßnahmen im Rahmen der Handlungsfelder sowie um Anpassungen des Fahrplans, soweit diese notwendig sind.

STRATEGIE-UPDATE

Quartalsformat, um alle Gruppenebenen und Steuerungskreise auf den aktuellen Informationsstand in den Bereichen Markt, Wettbewerber sowie allgemeines Umfeld zu bringen und Adjustierungsmöglichkeiten zu besprechen.

Zum einen gleicht der Steuerungskreis »Ziele« Ziele und Schlüsselergebnisse ab, gibt neue für das kommende Quartal vor und kaskadiert diese in der bestehenden Hierarchie nach unten.

Der Steuerungskreis »Transformation« bespricht die Ressourcenverteilung, Risikobewertung sowie die Genehmigung von weiteren weitreichenden Maßnahmen und aktualisiert den Fahrplan.

Der Steuerungskreis »Innovation« bewertet auf Basis des aktuellen Trend-Radars die relevanten Mikrotrends und entscheidet über den Handlungsbedarf. Ferner werden die laufenden Innovationsmaßnahmen im aktuellen Status überprüft und neue Mittel für Tests genehmigt. Auch die Vorbereitung von Innovationsvorhaben in einen anderen Status oder die Umsetzung von Venture-Vorhaben werden hier diskutiert.

STRATEGIE-RETREAT

Einmal im Jahr sollten Sie sich mit Ihrem Führungsteam 2 Tage Zeit nehmen und alle wesentlichen Elemente Ihres StrategyFrame® hinterfragen. Auf der Grundlage einer umfassend aktualisierten Situationsanalyse überprüfen Sie, welche Herausforderungen bestehen, wie weit Sie in der Gestaltung Ihres Spielfelds gekommen sind, ob Ihre Maßnahmen wirken und auf die Erreichung des Zielbilds einzahlen und wo Ihre Innovationsprojekte stehen. Sie können den Soll-Ist-Abgleich auf allen wesentlichen Ebenen durchführen und gegebenenfalls nachjustieren.

ADJUSTIEREN

Ihr Umfeld steht nicht still. Gleichzeitig bewegt sich Ihr Unternehmen in die neue Richtung der Strategie. Dabei geht es um die ständige Anpassung – nicht des großen Ganzen – aber vieler kleiner Stellschrauben, um auch weiterhin erfolgreich auf dem Kurs der Strategieumsetzung bleiben zu können.

LEITFRAGEN:

1. **Verändern sich Ihre Märkte, gibt es Neues vom Wettbewerb, oder stehen weitreichende Ereignisse im allgemeinen Umfeld bevor, mit denen nicht zu rechnen war? Wer ist für die Updates verantwortlich, oder können diese automatisiert werden?**
2. **Gibt es neue Trends, bei denen Sie dringend handeln sollten?**
3. **Wie oft sollten Sie Ihre Strategie und die einzelnen Module des StrategyFrame® adjustieren?**
4. **Wie schreitet die Zielerreichung voran? Was steht dieser im Weg, oder können Sie noch eine Schippe drauflegen?**
5. **Wer nimmt an welchen Steuerungskreisen teil?**
6. **Wer sichert die Synchronisierung für den Gesamtprozess und die einzelnen Kreise?**

7 Wann sollten Sie einen komplett neuen Strategieprozess wieder starten?

ANLEITUNG:

1. Legen Sie die unterschiedlichen Steuerungskreise für 6 bis 12 Monate im Voraus fest.
2. Lassen Sie auch die Koordinierungskreise auf Team- oder Community-Ebene für 6 bis 12 Monate festschreiben.
3. Benennen Sie die Teilnehmer*innen der einzelnen Kreise sowie jeweils eine*n Verantwortliche*n.
4. Stellen Sie die Verfügbarkeit eines klaren und zentral einsehbaren Trackings sicher.
5. Legen Sie Verantwortlichkeiten, Dienstleister und/oder Tools für die Updates im Modul-Markt, für den Wettbewerb, für das allgemeine Umfeld und Trends fest.
6. Legen Sie fest, wann Sie den nächsten vollständigen Strategieprozess starten wollen.

TIPP

Nutzen Sie den StrategyFrame® und die dazugehörigen Karten der einzelnen Module, um die Adjustierung vornehmen zu können. Somit bleiben die alten Daten erhalten, und Sie behalten weiterhin den Überblick über den Gesamtkontext der einzelnen sich verändernden Komponenten.

ACHTUNG

Stellen Sie unbedingt den horizontalen und vertikalen Austausch über adjustierte Ziele und Maßnahmen sicher. Die einzelnen Kolleg*innen erliegen über die Zeit häufig der Versuchung, wieder in ihre Silos abzutauchen oder sich nicht mehr an die gemeinsam festgelegten Vereinbarungen zu halten. Dann droht nicht nur der Stillstand der Umsetzung, sondern möglicherweise auch eine Asynchronität in Ihrer Strategieumsetzung sowie des Betriebsmodells.

STRATEGIE-ROUTINEN FESTLEGEN

	STRATEGIE-REVIEW	STRATEGIE-UPDATE	VERANTWORTLICHE*R	TEILNEHMER*INNEN
STEUERUNGSKREIS ZIELE				7
STEUERUNGSKREIS TRANSFORMATION				12
STEUERUNGSKREIS INNOVATION				Tbd.
TEAMKOORDINATION				
COMMUNITY UPDATE				
INNOVATIONSTEAMS				

UPDATE Verantwortliche/Dienstleister/Tools:

Markt: ______________________________

____

Wettbewerb: ______________________________

____

Allgemeines Umfeld: ______________________________

____

Trends: ______________________________

____

Start neuer Strategieprozess __.__.______

DER DIGITALE STRATEGYFRAME®

SOFTWARE, PLATTFORM & COMMUNITY

STRATEGY-FRAME.COM

Über unser Buch hinaus wollen wir Sie bestmöglich dabei unterstützen, Ihre Strategie mit Ihrem Team selbstbestimmt zu entwickeln und umzusetzen. Vorbei sind die Zeiten der PowerPoint-Schlachten und Excel-Marathons, in denen Geschäftsführer*innen und Inhaber*innen die neue Unternehmensstrategie erfolgreich im stillen Kämmerlein aushecken können. Mit dem Buch ist die Idee zu einer Strategie-Software entstanden, die Sie entlang des gesamten Strategie-Workflows durch die einzelnen Prozessschritte, Aufgaben, Meeting-Formate und die Arbeit mit dem StrategyFrame® begleitet.

Wir bieten Ihnen mit unserer digitalen Lösung erstmals eine zentrale Strategie-Plattform für Ihr Team: Strategie end-to-end, von der Planung, über Datensammlung, Analysen und Ausgestaltung der Workshops bis hin zum Leben Ihrer neuen Strategie-Routinen und der Erfolgskontrolle. Strategie digital – einfach in der Anwendung, stark im Ergebnis.

STRATEGY AS A SERVICE

Darüber hinaus haben wir zu Ihrer personellen Unterstützung smarte Pakete geschnürt, die Sie zur Nutzung des digitalen StrategyFrame® zum Festpreis hinzubuchen können. Möchten Sie Leitung und Koordination Ihres Strategieprozesses über den gesamten Workflow aus innenpolitischen Gründen oder Effizienzüberlegungen einer externen und neutralen Person übertragen? Benötigen Sie eine*n Moderator*in für einen Workshop? Oder braucht es nach getaner Arbeit nur einen Formulierungs-Check für Ihre Kommunikation? Für diese und andere Aufgaben stehen Ihnen unsere zertifizierten und erfahrenen Strategiemacher*innen gerne zur Verfügung.

Profitieren Sie auch von unseren ausgewählten digitalen Partnerangeboten, zum Beispiel für Datenerhebung, Markt- oder Trendanalysen. Sie können diese Dienstleistungen direkt aus dem digitalen Workflow heraus hinzubuchen.

Mit dem Code auf Seite 9 erhalten Sie als Leserin oder Leser dieses Buchs 10 Prozent Rabatt auf unsere Nutzerlizenzen.

Wir freuen uns darauf, Sie in unserer Strategiemacher*innen-Community mit vielen Vorteilen und dem Neusten aus der Strategiewelt zu begrüßen.

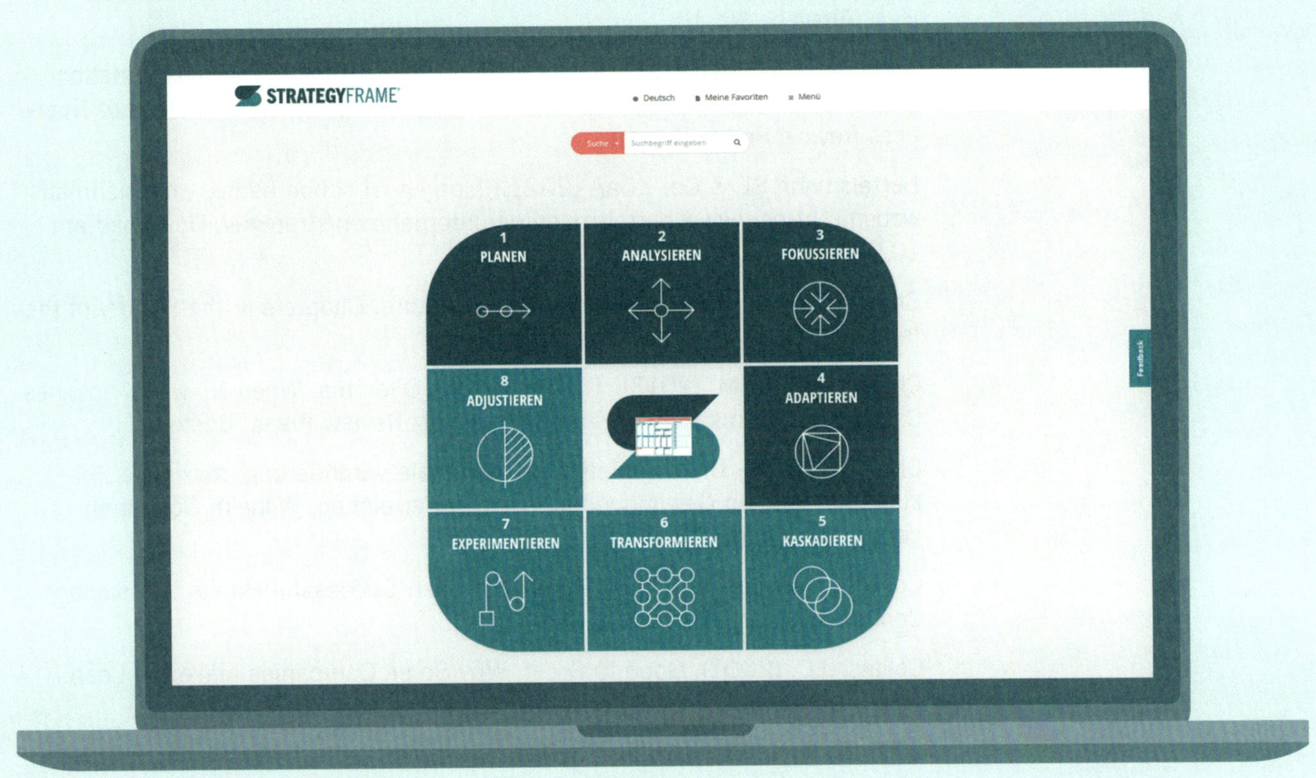
STRATEGYFRAME
Deutsch
Meine Favoriten
Menü
Suche
Suchbegriff eingeben
1
PLANEN
2
ANALYSIEREN
3
FOKUSSIEREN
8
ADJUSTIEREN
4
ADAPTIEREN
7
EXPERIMENTIEREN
6
TRANSFORMIEREN
5
KASKADIEREN
Feedback

QUELLEN

Adidas Group (10.03.2022): Pressemitteilung, ADIDAS präsentiert Wachstumsstrategie bis 2025: Own the game, https://www.adidas-group.com/de/medien/newsarchiv/pressemitteilungen/2021/adidas-prasentiert-wachstumsstrategie-bis-2025-own-the-game/, Download am 15.09.2022.

Ansoff, H. I. (1965): Corporate Strategy, McGraw-Hill Inc., New York.

Ansoff, H. I. (1957): Strategies for Diversification, in: Harvard Business Review, Ausgabe Nr. 10.

Anthony, S. D.; Gilbert, C. G.; Johnson, M. W. (2017): Dual Transformation: How to Reposition Today's Business While Creating the Future. Harvard Business Review Press, Boston.

Bertelsmann SE & Co. KGaA (2021): Morgen ist schon heute, Unternehmenswebsite, https://www.bertelsmann.de/unternehmen/strategie/, Download am 10.09.2022.

Chandler, A. D. (1962): Strategy and Structure. Chapters in the History of the Industrial Enterprise, MIT Press, Boston.

Christensen, C. M. (2013): The Innovator's Dilemma. When New Technologies Cause Great Firms to Fail, Harvard Business Review Press. Boston.

Clear, J. (2018): Die 1%-Methode – Minimale Veränderung, maximale Wirkung. Mit kleinen Gewohnheiten jedes Ziel erreichen, Wilhelm Goldmann Verlag, München.

Collins, J.; Porras, J. I. (2004): Built to Last: Successful Habits of Visionary Companies, Harper Business, New York.

Collins, J.C. (2001): Good to Great: Why Some Companies Make the Leap... And Others Don't. Harper Business, New York.

Collis, D. J. (2021): Why Do So Many Strategies Fail? Leaders focus on the parts rather than the whole, Harvard Business Review Juli-August, https://hbsp.harvard.edu/product/R2104E-HCB-ENG, Download am 15.09.2022.

Damm, C. (07. 02.2018): Aldi expandiert auf einem Markt, an den sich Lidl bislang noch nicht herangewagt hat, in: Business Insider, https://www.businessinsider.de/wirtschaft/aldi-expandiert-auf-einem-markt-an-den-sich-lidl-noch-nicht-heranwagt-2018-2/, Download am 12.09.2022.

Data Bridge (04/2021): Global Canned Wine Market – Industry Trends and Forecast to 2028, https://www.databridgemarketresearch.com/reports/global-canned-wine-market, Download am 14.09.2022.

Darwin, C. (2018): Die Entstehung der Arten. Nikol, Hamburg.

Doerr, J. (2018): Measure What Matters: OKRs: The Simple Idea that Drives 10x Growth, Penguin Books, London.

Duggan, W. (2007): Strategic Intuition. The creative spark in human achievement, Columbia Business School Publishing, New York.

Duggan, W. (2013): Creative Strategy. A guide for innovation, Columbia Business School Publishing, New York.

Esch, F.-R. (2021): Purpose und Vision. Wie Unternehmen Zweck und Ziel erfolgreich umsetzen, Campus Verlag, Frankfurt am Main.

Ferstl, E. (2015): Punktgenau. Aphorismen. BoD.

Gelb, D. (11.06.2011): Jiro Dreams of Sushi. Magnolia Pictures.

Gottfredson, C; Mosher B. (2010): Innovative Performance Support: Strategies and Practices for Learning in the Workflow, McGraw-Hill, New York.

Hasso-Plattner-Institut Academy (2022): Was ist Design Thinking? https://hpi-academy.de/design-thinking/was-ist-design-thinking/, Download am 17.09.2022.

Henderson, B. (1970): The Product Portfolio, The Boston Consulting Group, Boston.

Henderson, B. D. (1989): Origin of Strategy: What Business Owes Darwin and Other Reflections on Competitive Dynamics, Harvard Business Review, November-December.

Jonas, H. (11.06.1992): anlässlich seiner Ehrenpromotion durch die Freie Universität Berlin, in: Fatalismus wäre Todsünde - Gespräche über Ethik und Mitverantwortung im dritten Jahrtausend, Hg. v. Dietrich Böhler im Auftrag des Hans Jonas-Zentrums e. V., Lit Verlag, Münster 2005.

Jung, H.; von Matt, J. R. (2011): Momentum. Die Kraft, die Werbung heute braucht, Lardon Media, Berlin.

Kahnemann D. (2011): Schnelles Denken, langsames Denken. Siedler Verlag, München.

Kahnemann D.; Sibony O.; Sunstein C. R. (2021): Noise: Was unsere Entscheidungen verzerrt – und wie wir sie verbessern können. Siedler Verlag, München.

Kay, J.; King, M. (2020): Radical Uncertainty: Decision-Making Beyond the Numbers, WW Norton & Co, New York.

Keynes, J.M. (1924): The Treatise on Monetary Reform, Macmillan, London.

Kim, W. C.; Mauborgne, R. A. (2015): Blue Ocean Strategy. How to Create Uncontested Market Space and Make the Competition Irrelevant, Expanded Edition, Harvard Business Review Press, Boston.

Knacke, C. (2022): Trend und Innovationsmanagement, Wie Sie systematisches Trendmanagement einführen & Ihre Innovationsprozesse professionalisieren, in: Trendone Whitepaper https://www.trendone. com/whitepaper-trend-management-und-innovationsmanagement, Download am 10.09.2022.

Kotler, P., Armstrong, G. (2012): Principles of Marketing, Pearson Prentice Hall, Hoboken, New Jersey.

Kotter, J. P. (2011): Leading Change: Wie Sie Ihr Unternehmen in acht Schritten erfolgreich verändern, Vahlen Verlag, München.

Kotter, J. P. (2014): Accelerate: Building Strategic Agility for a Faster-Moving World, Harvard Business Review Press, Boston.

Kübler-Ross, E. (1969): On Death and Dying, Macmillan, New York.

Lafley, A. G.; Martini, R. L. (2013): Playing to Win: How Strategy Really Works, Harvard Business Review Press, Boston.

Markides, C. C. (2022): Don't Confuse Strategy with Lofty Goals, Harvard Business Review, https:// hbr.org/2022/06/dont-confuse-strategy-with-lofty-goals, Download am 10.09.2022.

McCall, M.; Lombardo, M. M.; Eichinger, R. A. (1996): Career Architect Development Planner, Lominger Limited, Minneapolis.

Menz, M; Kunisch, S; Birkinshaw, J; Collis, D. J.; Foss, N. J.; Hoskisson, R. E.; Prescott, J. E. (2021): Corporate Strategy and the Theory of the Firm in the Digital Age, Journal of Management Studies 58.

Mintzberg et al. (1995): The Strategy Process. Concepts, Contexts, Cases, Prentice Hall, Englewood Cliffs, N.J.

Mintzberg, H. (1994): The Rise and Fall of Strategic Planning, Prentice Hall, Englewood Cliffs, N.J.

Momentive (2022): Cascade Strategy Report 2022, https://www.cascade.app/strategy-report-2022, Download am 10.09.2022.

Osterwalder, A. (2010): Business Model Generation. A Handbook for Visionaries, Game Changers, and Challengers, Wiley, New Jersey.

Oberholzer-Gee, F. (2021): Weniger ist mehr. Reduzieren Sie Ihre Strategie auf das Wesentliche. Eine Anleitung, Harvard Business Manager 10.

Pietersen W. (2010): Strategic Learning: How to Be Smarter Than Your Competition and Turn Key Insights into Competitive Advantage. Wiley, Hoboken, New Jersey.

Porter, M. E. (1980): Competitive Strategy: Techniques for Analyzing Industries and Competitors, Free Press, New York.

Porter, M. E. (1996): What is Strategy?, Harvard Business Review, November-December.

Quadbeck-Seeger, H. (2006): Im Labyrinth der Gedanken. Aphorismen und Definitionen, BoD.

Rumelt, R. (2022): The Crux: How Leaders Become Strategists, Profile Books, London.

Samuelson, P. (1938): A note on the pure theory of consumers' behaviour, Economica 5, S. 61–71.

Schoemaker, P. J. H. (1995): Scenario Planning: A Tool for Strategic Thinking, MIT Sloan Management Review 36.

Schumpeter, J. A. (1911): Theorie der wirtschaftlichen Entwicklung, Duncker & Humblot, Berlin.

Schumpeter, J. A. (1942): Capitalism, Socialism, Democracy, Harper & Brothers, New York.

Simon, H. (16.11.1998): Wettbewerb ist ein Verfahren, Faulenzer und Fleißige zu trennen, in Süddeutsche Zeitung 16.

Simon, H. (2007): Hidden Champions des 21. Jahrhunderts: Die Erfolgsstrategien unbekannter Weltmarktführer, Campus Verlag, Frankfurt am Main.

Sinek, S. (2011): Start with Why. How Great Leaders Inspire Everyone to Take Action, Penguin Books, London.

Statista (2022): Bevölkerung - Zahl der Einwohner in Deutschland nach relevanten Altersgruppen am 31. Dezember 2021. https://de.statista.com/statistik/daten/studie/1365/umfrage/bevoelkerung-deutschlands-nach-altersgruppen/, Download am 15.09.2022.

Strategy& (17.01.2019): Drei Viertel der Manager zweifeln den Erfolg der Strategie des eigenen Unternehmens an, Pressemitteilung vom 17. Januar 2019, https://www.strategyand.pwc.com/de/ de/presse/2019/zweifel-an-erfolgsstrategie.html, Download am 10.09.2022.

Sull, D.; Homkes, R.; Sull, C. (2019): Von der Strategie zur Umsetzung, Harvard Business Manager 1, https://www.manager-magazin.de/harvard/strategie/von-der-strategie-zur-umsetzung-a-00000000-0002-0001-0000-000160795903, Download am: 12.09.2022.

Taleb, N. N. (2012): Antifragilität. Anleitung für eine Welt, die wir nicht verstehen, Random House, München.

Wittgenstein, L. (1918): Tractatus logico-philosophicus, Suhrkamp Verlag, Berlin.

WIR SAGEN DANKE

Selten werden Unternehmensstrategien von Einzelnen im Alleingang erdacht und zum Leben erweckt. Wenn sich Strategiemacher*innen Denkzeit nehmen, braucht es andere, die sich dann um die Routinen des Alltags kümmern und sicherstellen, dass das Geschäft weiterläuft. Strategiemachen ist daher nach unserer festen Überzeugung Teamarbeit. Und Teamarbeit funktioniert immer dann, wenn wir einem gemeinsamen Zielbild folgen.

Auch ein Buch zu schreiben ist Teamarbeit – nicht so sehr, weil dieses Buch zwei Autoren mit einem gemeinsamen Zielbild hat. Vielmehr wären wir nicht in der Lage gewesen, unsere Gedanken, Erfahrungen und Einsichten auf das digitale Papier zu bringen, hätten wir nicht viele Unterstützer*innen gehabt, die unser Zielbild teilten, uns in der Phase des Schreibens geduldig und nachsichtig die leidigen Alltagsroutinen und Notwendigkeiten abnahmen und uns inspirierten, motivierten und wohlwollend korrigierten.

AN UNSER TEAM, OHNE CHRONOLOGIE ODER PRIORISIERUNG, ABER IN HERZLICHER DANKBARKEIT UND DEMÜTIG:

WILLIE PIETERSEN, Unternehmenslenker im Ruhestand, Professor für praktisches Management an der Columbia Business School, Erfinder des Strategic Learning Cycle und für uns Quelle der Inspiration, um Strategie als Lernaufgabe und in praktischer Anwendung für Menschen zu denken. Thx Willie, never retire!
www.williepietersen.com

EVA ZIMMERMANN, Designerin, für die wunderbare und einzigartige Klarheit in der Visualisierung unserer Ideen und auch des gesamten Buchs. Danke für diese Unikate – und natürlich für Nervenstabilität in unzähligen Abstimmungs- und Änderungsrunden.
www.zmn.design

OLIVER KERN, unserem »partner in crime« für den StrategyFrame® als SaaS-Angebot und Verbinder von Strategie- und Lernwelten, rund um das Thema »workflow learning« und Electronic Performance Support Systems.

MARIUS KURSAWE, dessen Inspiration »Man(n) ist in Deutschland kein Experte, wenn man nicht ein Buch geschrieben hat« und Kontakt zum Campus Verlag ein echter »game changer« war.

DANJA HETJENS und **PATRIK LUDWIG** vom Campus Verlag, für ihr Vertrauen und den Mut, noch ein Strategiebuch – aber doch ein ganz anderes – zu machen.

ALLEN LEKTOR*INNEN für ihre Adleraugen.

UNSEREN KUNDEN aus mehr als hundert Strategie- und Transformationsprozessen, für das Vertrauen, »mit uns« neue Wege zu gehen.

UND ZU GUTER LETZT UNSEREN FAMILIEN: Amber, Brit und Zoe sowie Nicole, Sebastian und Sammy, ohne deren Rückendeckung, Verständnis für lange Nächte, einsame Wochenenden und Urlaube sowie aufbauende Worte dieses Buch niemals entstanden wäre.

ÜBER UNS

CHRISTIAN UNDERWOOD

Christian ist Unternehmer und Berater mit über 15 Jahren Beratungspraxis bei Strategie-, Transformations- und Innovationsprozessen in KMUs, Familien- und börsennotierten Unternehmen. Er ist zudem Co-Founder und CEO des SaaS-Anbieters StrategyFrame® GmbH sowie Co-Host des führenden Deutschen Strategie-Podcasts »Hoffnung ist keine Strategie«. Er hat einen Magister-Abschluss der Universität Heidelberg in Politische Wissenschaften Südasien, einen MBA in General Management der WHU und ein Post Graduate Diploma in Digital Business der EMERITUS (MIT Sloan + Columbia Business School).

underwood.de

PROF. DR. JÜRGEN WEIGAND

Jürgen ist seit 2015 stellvertretender Rektor und Prorektor Academic Programs der WHU – Otto Beisheim School of Management. Er ist Professor für Ökonomie und Akademischer Direktor des Instituts für Industrieökonomie und Institut für verantwortungsvolle Unternehmensführung an der WHU. Seine Spezialgebiete sind u.a. Unternehmens- und Wettbewerbsstrategie und Corporate Governance. Er hat über 20 Jahre Beratungserfahrung mit Unternehmen und im öffentlichen Sektor. Zudem ist er Co-Founder und Vorsitzender des Beirats der StrategyFrame® GmbH sowie Co-Host des Podcasts »Hoffnung ist keine Strategie«.

juergenweigand.com